梦的解析

THE INTERPRETATION OF DREAMS

插图导读版

[奥地利]
西格蒙德·弗洛伊德 著

陈晓云 那振玲 译

(鄂)新登字 08 号

图书在版编目 (CIP) 数据

梦的解析：插图导读版 / (奥)弗洛伊德
(Freud, S.)著；陈晓云，那振玲译．—武汉：武汉出
版社，2013.3

ISBN 978-7-5430-7392-0

Ⅰ．①梦…　Ⅱ．①弗…　②陈…　③那…　Ⅲ．①梦－精
神分析　Ⅳ．① B845.1

中国版本图书馆 CIP 数据核字(2012)第 305799 号

书名：梦的解析：插图导读版

著　　者：[奥]弗洛伊德 著　陈晓云　那振玲 译
特约编辑：李异鸣　杨　肖
责任编辑：黄义和
文字编辑：刘　璇
封面设计：木头羊工作室
出　　版：武汉出版社
社　　址：武汉市江汉区新华路 490 号　　邮　　编：430015
电　　话：(027)85606403　85600625
http: //www. whcbs. com　　E-mail：zbs@whcbs. com
印　　刷：北京中振源印务有限公司　　经　　销：新华书店
开　　本：787mm × 1092mm　　1/16
印　　张：20　　字　　数：320 千字
版　　次：2013 年 3 月第 1 版　2013 年 3 月第 1 次印刷
定　　价：29.80 元

梦的解析

梦的解析

The interpretation of dreams

The interpretation of dreams

梦 的 解 析

第一章

关于梦的科学文献

以下我将向大家证明，有一种心理学可以将梦的解析变为现实，利用这种方法，我们还可以将梦看成一种有意义的精神结构，并在现实生活的精神活动中为它寻找到相应的位置。我还会尽力解释梦中出现的一些奇怪的或令人不解的事物的缘由，并由此推导出某种精神力量，是这些精神力量促成梦接连不断地发生。

我想以一种前言的形式对前人关于这一问题的解释进行整理，并研究一下如今的科学界对梦的看法。在这些资料中，我可以看到很多有意思的事件，它们为我研究梦提供了大量材料，但是它们却没有涉及梦的本质，也没有讲到如何解释难以理解的梦的方法。显然，这些知识对于那些没有受过良好教育的人或非专业人士也是毫无用处的。

人们也许会问，原始的人类对梦有着怎样的看法？梦对他们的世界观和灵魂观念又产生了怎样的影响呢？这些问题的确很有意思，但是由于一些条件的限制，我无法对此加以解释。我希望将约翰·卢波克（John Lubbock）爵士、赫伯特·斯宾塞（Herbert Spencer）和泰勒（E.B.Tylor）等人的作品介绍给大家。

古代关于梦的解释观点，对现代人也有着一定的影响。他们认为梦与他们所信仰的神灵世界密切相关，梦即是神灵对某种意旨的传达——这在古代人的生活状况中可以看出。并且，可以肯定的是，梦是对未来的预测，是极为重要的。但是，由于梦的内容太过复杂，人们对它们的印象和看法也不尽相同，所以很难对它们进行统一的解释，也就没有必要对其可信度和重要性进行划分了。因此，古代的哲学家对梦的划分在某种程度上包含了很多个人的观点。

在亚里士多德关于梦的作品中，将梦提到了心理学的范畴。从中我们知道了梦并非神灵的旨意，也没有神圣的性质，而是一种“人神各半”的性质。梦即使再“神通广大”，也不会超出自然的范畴，然而自然本就是人神共有的。梦是人精神世界的一部分，然而精神和神在某些程度上来说确有相似之处。梦可以被界定为做梦者睡眠过程的一种精神活动。

亚里士多德认识到梦的一些特征。例如，他知道，梦是将睡眠时的细微刺激进行夸大而形成的，“在梦中感觉自己像行走在火中，身上异常的热，而现实只不过是受到某一些发热的东西的烘烤罢了”。由此，他得出以下结论：在清醒的时候常常无法感受到细微的刺激，因而不能够让医生有正确的判断。

众所周知，在亚里士多德之前的人们常常将梦视为神的旨意，认为其中暗含着深刻的意义，而非精神的产物。由此，我们可以看出，对于梦的解释自古以来就存在分歧，且难以达成一致。它们主要的区别在于：一种是现实而有价值的，可以让梦者预知未来或带给梦者某种警示；一种是虚拟而毫无价值的，只会让梦者更加迷茫，甚至将其导入歧途。

格鲁伯关于梦的划分，曾借用了马克罗比斯和安迪米德鲁斯的思想：“梦可以分为两类，一类是对生活的影响，现在的或过去的，但是并不包括未来的；一类则与之相反，是对未来的预测。这包括三个方面：①直接接受对事物的预测；②对未来事物的预知；③具有象征意义的梦。这种思想盛行长达数百年之久。”

根据梦的价值划分梦的类型就和“梦的解析”问题联系了起来。我们一般可以判断出梦的重要与否。由此人们就会寻找一种方法，将不能解释的内容转换为可以理解的内容。

曾经，马克罗比斯和安迪米德鲁斯对梦的解释被认为是最有权威性的，他们的观点弥补了前人对梦理解的缺失。毋庸置疑，古人对于梦的科学认知与他们对于世界的认识相一致。这种认知致使他们将心中幻想的事物映射到了外部的世界，好像这些东西完全是现实存在的。并且，这种对梦的认知还包括他们醒来之后对梦存有的整体记忆，此时他们的梦境好像与他们的生活毫不相关，无法与他们心灵中的某些东西相对应。

除此之外，还有另外一些人，他们虽然并不愚蠢、混沌，但是却常常用“梦是无法解释的”这一观点来为自己信奉神灵和进行某些宗教活动找借口。古代的一些哲学家，比如与谢林观点一致的人们，一直认为梦与神灵密不可分，在他们身上梦的神灵性质已经不容争辩。如今，梦的预知能力和对未来的启示力量仍是人们探讨的话题，准确的答案仍在探寻中。

若亚敬之梦

如果我们将梦的科学解释进程进行总结，将是件特别困难的事情，因为即使这一研究在某些方面取得了一些成就，但仍没有一条确定的研究方向。那些研究者想根据已有的材料和发现来构建一个基础，但是都未能如愿，因为每当他们沿着前人的方向投入到自己的研究中时，就好像这项工作刚刚开始一样。如果按照时间顺序给这些研究者的成果进行整理的话，是无法给大家一个清晰明确的结构图的。所以，我还是根据题目而非作者的顺序进行总结，并将其中的材料运用到我所要解答的梦的问题中。但是限于个人能力，我不确定自己对于各种有关梦的文献都已经一一翻阅，所以如果我没有遗漏其中重要的或基本的问题的话，还是请读者接受我简略的概括。

一直到现在，仍然有很多人认为睡眠和梦是一回事，并认为梦和精神病学中的一些病症或者一些幻觉、幻象相似。最近，出现了一种与此相反的观点，将梦作为一个单独的话题进行研究，就像研究其他专题一样。针对这一变化，我们看到了它们传达的信念：对于这些模糊的话题，只有进行一系列的研究才可以找到答案并得出统一的结论。本书所提供的正是一份具有心理学特征的调查。对于睡眠的问题我没有多余的时间加以研究，那只是生理性问题。虽然睡眠是让精神发生变化的基础，然而却不在本书的研究范畴。

科学研究之下，梦所引发的一系列问题，将在下面分条研究。当然，其中会有些重复的观点，这是不可避免的。

第二章
梦的解析方法

一个梦例的分析

在本书的开头，我已经交代了我所要采用的解析梦的问题的传统方法，我的目的是要人们相信：梦是可以被解释的。在之前的章节里，我已经在解决这一问题了，在我追求目标的过程中，这一收获并不意外。在提出自己的观点——“梦是可以被解释的”的时刻起，我就几乎公然向一切的梦的权威理论宣战了。而施尔纳是唯一的例外，对梦进行解析，就相当于是赋予它“意义”，使它变得有价值。正如我们所知道的，对于解释梦，科学理论没有任何的帮助，因为它们所秉持的是：梦只是一个躯体过程，而不是一种心理活动，它是呈现于感官的符号作品。而在外行人看来，则恰恰是相反的。我们都有权利坚持自己的看法；即便我们承认了梦是不可理解、不足为信的，却不能武断地认为梦是没有意义的。然而，被本能驱使着，我们能够确信，任何一个梦都有着它特殊的含义，即便这些意义并不容易发现。梦是其他思想的反映，想要对它进行解释，我们需要先彻底地对其他思想进行剖析。

给梦以解释并不是当下人才有的想法，在很久之前，科学界就曾以其为课题展开过研究，他们采用了两种在本质上截然不同的方法。

其一是视梦为一个整体，并致力于用可以被理解的、在某种意义上来讲有象征性的内容来代替它。然而这种方法却不适用于那些抽象且很复杂的梦。例如，《圣经》中提到的约瑟夫给埃及法老释梦。“七头肥牛被七头瘦牛追赶着，并最终被七头瘦牛吃掉。”这个梦可以解释为：在七个丰收之年后会出现七个灾荒之年，最终七个丰收年的盈余将会被消耗掉。这种对梦的象征性的解释，符合大部分作家的想象力，他们的意图在一种与自己编造的梦有共同特点的解释的掩饰下重现。

梦的主要意义即是预示未来，与未来将发生的某些事物相关。因此讨论能够预先显示未来的象征性的梦，便是我们探求梦的意义的目的所在。然而，这种象征性解释梦的方法却是不能仅凭语言传授的，睿智的头脑和敏锐的直觉是成功应用此法的关键。也正因为如此，应用这种象征性解释方法解析梦，并将它上升到一种艺术境界是完全可能的。

其二是“解码法”，它将梦作为一种密码进行解析，对于上述的要求也是不必完全遵守的。应用此法解析梦的过程中，梦里的每个符号，“解梦书”里都有一种与其对应的、意义已经明确的符号。例如，在我的梦中，我收到了一封信，参加了一个葬礼。在密码系统里，与“信”固定搭配的是“麻烦”，而“葬礼”被解释为“订婚”，应用同样的方式我可以替其他关键词也找到意义，如此所有的符号对号入座后，未来就清晰可见了。

显而易见，尽管这两种梦的解析方法都是行得通的，却都不能给梦以科学的解析。正如上文提到的，象征法的应用是受限制的，一些梦无法用它来解释。而若是没有了“解梦书”，解码法也不能够运用。而更需要特别提到的一点是，我们并不能足够确信“解梦书”的正确性。它是否是可以信赖的，我们无法确认。在这种情况下，人们便开始参考哲学家和心理学家的观点：将梦的解析视为空想，从而完全忽略它。

而我的直觉和所见的事实告诉我，在一些极常见的梦例中，一种古来有之、人们奉行已久的观点，相对于时下流行的科学判断似乎更接近真理。因此我不得不承认：任何一个梦都是有着某种特定意义的，而且用科学的方法为这些意义找到理论依据是可行的。

我对于这种方法的认识来源于下文中我即将陈述的途径。

在过去的很多年里，在寻求治疗的过程中，我也在努力地想要阐明一些精神病理结构。之所以会这样做，是因为我从约瑟夫·布洛伊尔那里获悉：将病理症状视为一些结构，当将这些结构攻克时，病症也就随之消失了。了解到这些之后，我就照着做了。这一观念的形成源于精神生活的元素对病人的影响，这些影响因素一旦消失，病人就康复了。在尝试了其他的方法，得到行不通的结论后，出于对这些疾病的复杂性的考虑，我决定跟随布洛伊尔的思路走。自然，我了解要做一个根本的解释是十分困难的。在后面的章节中，我将详细讲述采用这种方法后所选择的形式，以及最终努力成果。也正是在对精神做分析的过程中，我初识了梦的解析的问题。对于病人报告的每一个因某件事而产生的观念或思想，我都会了解。并且对于他们做过的梦，我也要求如实讲述。如此这样我便意识到，在对一个人的精神状态产生影响的时候，这个梦一定在里面发挥了作用。受到这样的启发，我认为我们应该将梦视为一种症状，针对这种症状的解除我们采取的方法就是解析梦。即便是有了这样深刻的了解，我们对梦的解析也只是有了初步的认识。

在应用此法开始治疗前，我们必须让病人有这样的心理准备：使自己对精神感受的注意力变得更强；对每天出现在头脑中的种种思想学会接纳和包容。只有实现这两点变化，一个人才能全身心地对自我进行观察。实施这种观察的最好环境是：合上双眼静静地躺在床上，并且停止对所有感受到的想法的批判。我们需要让病人明确地知道，他能否聚精会神地集中注意力，决定了精神分析的成败，在他头脑中出现的所有东西都要让我们了解。期间产生的任何想法，都不能因为主观上认为是无意义、没关联或是与自己不相关的内容而被舍弃，产生于头脑中的所有想法都要认真且没有偏见地对待。而他的梦、强迫观念或其他的一些症状不能得到合理的解释，正是他的批判态度所导致的后果。

在对精神分析展开的工作中，我清楚地意识到，处于不同情景环境中的人的心灵结构不同。例如，一个正在冥思苦想的人和一个正在观察他自己的人的心灵结构就是完全不同的。相比于专心观察自己，思考有着更多种精神活动。这一结论的依据，我们可以在下面的情形中找出答案，反省者、沉思者的表情是：严肃，庄重，紧皱眉头；观察自己的人的表情是：宁静，平和。处于这两种情境中的人的注意力都是高度集中的，不同的是人在沉思时，是带有批判功能的，因为这样，一些主观上以为不重要的感知就会被否定，而不会主动进入自己的意识状态中。一些别的、根本无法意识到的观念在未被感受之前，就会被阻止，而被追随的思想观念则会占据全部的思想空间。与之相反，自我观察者不会任由他的批判功能胡来，他的任何感知都不会受到压制。若是一个人能很好地压制住自己的批判功能，那么绝大多数进入他意识之中的观念都会被他感知。通过这种方式积累的用来解释病理观念和梦的结构的新资料，才能够连续和具有逻辑性。显而易见，我们首要解决的问题是：建立某种在分配精神能量上与一些睡眠前的状态相当的精神状态。当进入梦乡后，我们的大脑就停止了某些思考活动，而此时一些“非任意”观念开始运行。在醒来后，正是因为这些“非任意”观念的阻挠，我们自身的一些思想活动的发生才受到了主观的抑制。在这种思考活动运行后，它们便以意象的形式出现在我们的视觉和听觉中。在解释梦和病理观念的过程中，病人要坚决避免分散精力在这种思考活动上，而是要集中能量去思考追随此时产生于头脑中的不随意思维，这些思维都是保存着一定的观念特性的。由此，就完成了“非任意”观念到“任意”观念的转变。

看上去让人们以这样的对待观念的态度来处理自己的思想活动似乎困难重重，因为这些观念的产生根本不是人们的主观希望，而是由它们自己的意愿决定的；此外，撇开批判功能的干涉也是相当困难的，因为批判功能对这些观念发挥作用是最正常不过的事，人的“非任意”观念会竭尽全力地阻挠它们被感知到。若是我们相信伟大的诗人兼哲学家弗里德里希·席勒的话，那么，我们也必然相信诗歌的创作也应用了相似的态度。在写给哥尔纳的一封信中，他是这样回复那些自认为缺乏创造力而怨天尤人的朋友们的：

> 奥西昂的梦

在我看来，你们的这些抱怨是因为你们自身想象力的发展受到了自身理智的压抑。为了讲得更具体些，我给大家打一个比方。若是出现在我们周围的各种意念都要经过理性严厉的筛查，这样做不仅是没有必要的，反倒会使我们的创造力受到损伤。当研究对象是单个思想时，进行讨论是没有意义的，即便说成是疯狂的行为也不为过。而若是接连出现的思想与上一个思想有着类似的特征，那么我们就不能说对其进行讨论是没意义的了；若是接着再有许多相似的思想出现，并拼接成连续的流动画面，那么这一系列思想的联结将是极有价值的。这一过程的发生，若是不能保存从前的思想以最终做统一批判，理性是无法把握的。此外，一颗创造性的心灵，能使理性放松对“大门”的看守，以使得各种观念有机可乘，可以作为一个整体接受理性的批判。你可能是批判家或是别的什么人，这种无时无刻不在变化的放纵现象都会让你吃不消，然而对于每一个创造性的头脑来讲，这种放纵现象又都是普遍存在的。

需要强调的是这种存在是有区别的，它长久地存在于一些人的头脑中，例如艺术家；而在某些人那里却如昙花一现，例如梦者。在你因为自己缺乏灵感而怨天尤人时，你是否想过，自己就是真正的元凶，是你早早地安于了这种放纵现象的束缚，使得你的理性的批判变得无比的严厉。

（一七八八年十二月一日的信）

席勒所主张的使理性放松把关、采用非批判的自我观察态度，并不难实现。在我的授课中，绝大多数病人仅在听了一次课后就做到了。而若是要求记下所有出现在头脑中的观念，这一点我是可以实现的。用在批判活动上的能量与用于加强自我观念的能量成反比，批判活动耗用的能量越少，就有越多的精神能量用在加强自我观念的强度上。可以肯定的是，我们的关注目标在这其中起到了决定作用。

在运行这个方法的过程中，结束第一个步骤后我们发现，让一个人去关注梦的整体是不可能的，只能将它拆分开来进行逐一检查。当问一个没有经验的病人“这个梦和你有什么关联”时，极有可能出现的情况是他不明所以。然而，若是将他的梦拆分成一个个小部分再来问他，他的回答则会包含大量与它们相关联的信息，通过了解这些我就能给这一部分的梦以解释。这样，我对梦的解析方法就和一般的、由来已久的象征梦的解析法不同了，而与第二种解释梦的方法——“解码法”有着相似之处，它们都是将整体的梦分开来看。

在应用此法解梦之初，就将梦视为一个复合性事物，是包含了众多精神元素的混合体。在为神经症患者治疗的时候，我曾引用过的梦例有上千个，然而在此刻，在我介绍梦的解析的技术及理论的时候，它们却不能作为我的例证。因为一定会有这样的声音响起：那些梦都是精神神经症患者的，我们是正常人，它们不能代表我们。除此之外，我还有一个考虑，即是一些患者的病史与他们的梦的含义是有着必然关联的，因此我不得不放弃那些有价值的材料。

梦是难以解释的，因此对它的附加说明是很长的。在面对一个精神神经症的患者时，他的病症以及病因需要我们做一个较为详细的报告，可想而知这些问题的新鲜程度和难以理解程度，如此一来，我们对梦本身的注意力就会降低。而我们要牢记的是，以对梦的解析作为起点，解决更加棘手的神经症的心理学问题是我们的最终目的。然而，若是将我的那些神经症患者的梦抛开的话，我所要做的事的独特意义也就无从体现了，只是去听听周围的一些正常人不时向我讲述的梦例，以及去看些有关梦生活的文献里引用的别的梦例。然而这些梦都未曾被分析过，自然它们的意义我也无从发掘。

较之平常的“解码法”，凭借一本解码书就能把梦所包含的意念阐述出来，我的梦的解析方法是一个不简单的过程，对于同一个梦的片段，我希望发现在不同人和不同背景下有着不同的意义。因此我能依靠的只剩我自己的梦了，可喜的是，借由这些梦我获得了全面且便捷的材料，它们是一个正常人在日常生活中发生的种种事。不可避免的是，这种“自我分析”的可靠性会受到人们的质疑，而且一些人也会误以为凭借这些我就可以实现我的目的。对于这两点我有必要解释一下。首先分析自己要比对他人进行分析有利，自我分析对梦的解析可发挥的作用是巨大的，这一点我们可以通过做实验来证明。然而，就我自身来讲，一些困难是我必须克服的。将自己的许多隐私公布于众，我不但要在自身内心的激烈挣扎中取胜，还要做好这些内容会被他人误解的心理准备。然而这些困难是可以战胜的。正如德尔波夫所说：“当一位心理学家意识到袒露自己的弱点可以解决掉某个难题的时候，他就要义无反顾地去做。”这里我也许可以先做一个论断：可能最先吸引读者们兴趣的是我坦诚不做作的言行举止，但是慢慢地，他们则会被借助它们可以解决的心理学问题所吸引。

因此，此时我要列举一个我的梦例，以使梦的解析的方法能够被肯定。一个前言是所有的这类梦所必需的，在此我希望读者朋友们能把我的兴趣当成是自己的兴趣，即便是我个人生活中的那些繁杂小事，因为这是我们探求梦的隐匿意义所需要的。

前言

在1895年的夏天，我接收了一位女病人，名叫伊尔玛，在治疗的过程中，我采用了“精神分析”法。

这位女士是我和我的家人的一位很好的朋友，因此对她的治疗我是很为难的，我总是担心治疗失败会影响我们两家的友好关系。医生的权威性会因为他对病人以及病情的个人兴趣越大而越小。最终这次治疗并未取得全面的成功，尽管病人的歇斯底里症状得到了很好的控制，但她的部分躯体症状却没有得到彻底的消除。因为当时的我对歇斯底里终结的标准还把握不清，为了能更彻底地治疗，我提出了一个新的治疗方案，但这却遭到了病人的反对。于是彼此间就产生了些不愉快，治疗在暑假就终止了。

一次，我的一位同事奥托来拜访我，他是个年轻的小伙子，我们之间也有着很好的交情。因为他曾与伊尔玛一家一同度过假，我向他问起伊尔玛的情况，他告诉我：“较之以前是有了些好转，但进步并不大。”也许是他说话的语调，我的不自在感油然而生，我听出了他对我的不满，诸如我不该给病人那么多的承诺等等。最后我为奥托对我的反常表现找到了缘由——是病人的亲属影响了他，在我看来，他们并不满意我的这次治疗。然而当时我将我的这种情绪很好地掩藏了，并没有让他发觉到我有什么异样。当天晚上，我拿着伊尔玛的病历找到M医师，以证实我观点的正确性。就在那个晚上，即1895年7月23日晚，我做了下面的梦。

1895年7月23日晚的梦

有许多客人站在一间大厅里，我们负责接待他们。人群中有一张熟悉的面孔，是伊尔玛，我走向她，像是去回复她在信中提到的问题，责问她至今都不肯接受我的“治疗方法”的原因。我跟她说：“如果你还要忍受疼痛的折磨，这是你自己造成的，怪不得我。”她抱怨道：“我的嗓子、胃和肚子疼痛难忍，我快受不了了。”这句话使我大吃一惊，我才发现，她面如白纸，伴有些浮肿。羞愧感瞬间包围了我，这是我轻视某种器质性的疾病造成的。

我把她带到窗口，说要为她检查一下喉咙，她表现得像装了假牙的女人一般，很是不情愿。我认为她是不必这样做的随着她慢慢张开嘴巴，我看到在她喉咙的右侧赫然显露一大块白斑，看其他地方，有一些灰白色的斑点分布着，形似长在鼻子里的鼻甲骨。我立即找来M医师。复查了一遍后，他得出了和我一致的结论……

和平常相比，今天的M医师有些不同，他面色发白，似乎连路都走不稳，下巴是少有的光滑干净……

在伊尔玛身旁站着的还有奥托以及同样是医生的利奥波尔特，利奥波尔特正隔着衣服检查伊尔玛的胸部。他说道：“在她的左胸下部我听到了浊音。”接着，他指着她的左肩说：“这里有一处皮肤呈浸润性病状。”尽管是隔着衣服，但我仍旧看到了。M医师说：“这是受感染的表现，但并无大碍，拉肚子就能将毒物排出体外。”她被感染的原因我们大家都知道。前不久，因为难受，奥托曾为她打了一针丙基制剂——丙酸-三甲胺，这些药名在我眼前飘动着，是些很少使用的药。感染可能是当时使用的注射器不卫生引起的。

基督变容图

这个梦的好处在于，它和白天发生的事有着显而易见的关联。这一点我已经在我的“前言”中做了清楚的交代。白天我在奥托那里得知伊尔玛的近况，在夜晚进入睡眠后，我所获知的那些信息主导了我的大脑。然而仅是读了前言，获悉了这个梦的内容，并不能够将这个梦的含义说清楚，而且即便是我自己也不能真正地理解这个梦。梦里我见到的伊尔玛的病症也让我百思不得其解，她的这种病并不是我在为她医治的。至于奥托为其注射以及M医师说的那句安慰话，我更是无从理解。为了完全地解析这个梦，我做了下面的逐段分析。

分析

1.“有许多客人站在一间大厅里，我们负责接待他们。”那年的夏天我们是在贝尔维尤度过的，我们住的屋子位于卡伦贝格周边的山顶上。因为之前是避暑的别墅，所以它有一个格外大的客厅，如大厅一般。这个梦我正是在贝尔维尤做的，那时离我妻子的生日还有几天。我做梦的前一天，妻子在和我商量她生日宴会的事宜，她提出要多邀请一些客人，伊尔玛也在内。因此我的梦便提前上演了这样的场景：生日宴会当天，在贝尔维尤大厅，迎来了许多的客人，包括伊尔玛。

2.“因为伊尔玛没有采用我的治疗方法，我责备了她。我跟她说：‘至今你还要忍受疼痛的折磨，这是你自己造成的，怪不得我。’”这样的话我可能在清醒时对她讲过，事实上我是这样说过，当时的我就是那样认为的，尽管这样的看法在之后被证实是不正确的。找到隐藏在病人病症背后的始作俑者，我的工作仅此而已。而病人是否采纳我的治疗方法，是我决定不了的事，尽管所采用的方法与治疗的成功与否有很大的关系，但干涉病人的意愿不是我能力范围内的事。因为持有这样一个错误的观点（所幸的是这个错误现已被改正），我度过了一段心安理得的日子。那时我的一些失误是情理之中的，而成功地被治疗是人们所希望的。我能够意识到我在梦中责备伊尔玛的话正是急于让她明白，她仍在忍受痛苦的事和我无关。将责任归于她自己，我自然就没有感情负担了，这也是我做这个梦的目的所在。

3. “伊尔玛抱怨道，她的嗓子、胃和肚子疼痛难忍，折磨得她快受不了了。”伊尔玛本就有胃痛病，但当时不算严重，只是偶尔觉得恶心，干呕几下。而喉咙感到不适的症状，是她未曾有过的。我为什么会梦到这些，至今还是我心中的一个谜团。

4. “她面如白纸，伴有些浮肿。”现实中的伊尔玛面色红润，因此我推测出现在我梦中的可能是另一个人，被我误认为是她了。

5. “羞愧感瞬间包围了我，这是我轻视某种器质性的疾病造成的。”众所周知，治疗神经症的专家往往有着这样一种普遍心理：担心将器质性疾病表现的诸多病征当成是歇斯底里的症状处理，造成误诊。我的心里还有另一种猜测，但并不能表达出来，我不能确认我是否是真心地感到出乎意料。若伊尔玛的病痛不是器质性导致的，那么我就一点儿责任也没有了，因为诊治歇斯底里病才是我该做的事。说心里话，我是希望我的诊断是错误的。如此，没有使伊尔玛的病状有太大的起色就不是我的责任了。

6. “我把她带到窗口，为她检查喉咙，她表现得像装了假牙的女人一般，很是不情愿。我认为她是不必这样做的。”现实中我并没有为伊尔玛检查过口腔，然而梦里出现了这样的场景不禁让我联想起之前曾为一位政府女职员做的检查：她的外表非常美丽，然而在我要为她检查口腔时，她却不愿意张开嘴，因为她装了假牙。由此我又联想到了一些别的医学检查，在这些检查中，任何秘密都无法被掩藏，也因此常常造成病医双方的不快。

我觉得伊尔玛不必这样做的第一个可能是，我认为她是该被称赞的，然而我的心中还有别的猜测。我的记忆中，有另一个场景与伊尔玛站在窗口的模样吻合。伊尔玛的一个很要好的朋友使我印象深刻，那是一段不错的经历。

一天晚上，我去拜访她时，她刚好是站在窗口，情景和我梦中的一模一样。M医师在为她诊治后，得出了她喉头有白喉伪膜的结论。这样梦中的M医师和斑膜的形象就找到原型了。现在回想起来，我当时对她的诊断也是歇斯底里病。事实上，这件事我是在伊尔玛那里获悉的。那么我了解到的情况都有哪些呢？我至少可以肯定一件事：像出现在我梦中的伊尔玛一样，她也是歇斯底里性窒息的患者。因此在我梦中，伊尔玛的这个朋友取代她出现了。

而我为什么会在梦里将伊尔玛和她的朋友混淆呢？可能我是有过这样的假想的，希望她们能调换一下；可能我对这个朋友更同情；或是我认为她更明智、更聪明一些，我一直认为伊尔玛没有接受我的治疗方法是愚蠢的。也就是说，这个可能更明智的朋友，会更容易接受我的治疗意见。她会配合地张开嘴巴，并与我有更多的沟通。

7.“她的喉咙处出现了一大块白斑，还有一些灰白色的斑点群。”伊尔玛患有白喉，这是那块白斑的出处。它还使我回想起了一段痛苦的往事，两年前我的长女得了一场大病，那是一段难熬的日子，我的内心充满了恐慌。那些形似鼻甲骨的灰白色斑点群和我当时的健康状况有关。那时我因为鼻部肿痛难耐，常常会服用可卡因，以使自己舒服些。在几天前，我得知我的一位女病人因为仿照我的这种做法，导致大面积鼻黏膜坏死。1885年，我开展了向人们宣传可卡因用途的活动，然而我却遭到了人们的大肆批判。此前，我的一位好友因为滥用这种药品去世了。

8.“我立即找来M医师，他对其进行了复查。”我梦中的举动恰巧是M医师是医学界权威的证明，但“立即”却有着深层的含义。我由此回想起了我治病生涯中的一次惨痛经历。有一次，我的患者是一位女性，在治疗的过程中，我让她服用了大量的Sulphonal。在当时Sulphonal被认为是无副作用的，然而我的行为却造成了病人药物中毒，于是我立即向年长的同事求助。最终那位女病人中毒身亡。

少女的梦

我之所以会铭记这一教训，是因为它有一个我不能忘却的细节——那位病人与我的长女有着相同的名字，玛蒂尔塔。这一附带细节我从前并没有细加追究过，然而现在想来却似是早有的安排，我一直都未能逃脱对此事的忏悔。细细揣摩这种梦中人物的调换，它似乎还有更深层的含义：以这个玛蒂尔塔交换另一个玛蒂尔塔，以其人之道，还治其人之身。这倒很像我在做的事：搜集使自我受谴责的材料。

9. “M医师脸色发白，似乎连路都走不稳，下巴倒是少有的干净。”面色苍白说的是事实，M医师周围的朋友常常会为他病态的脸色担忧。至于剃得干净的下巴、跛脚则不是他的特征。我联想到了我在国外生活的哥哥，他的胡须一直都剃得很干净。若是我的记忆没有出问题的话，我在梦中将他和M医师调换了。前不久，我收到了他的来信，他提到他患了关节炎，走起路来一跛一跛的。可能就是因为这样在梦中我将两个人搞混了。接着我的头脑中又有一个想法蹦了出来，我对他们都是颇有怨辞的，因为在最近一段时间里，他们都没有采纳我为他们提出的一项建议。

10. “她左肩上的皮肤有一块呈浸润性病状。”这让我想到了我自己肩上的风湿病，它经常在半夜发作，每每醒来我都能清晰地察觉到。梦里提到的“尽管是隔着衣服，但我仍旧看到了……”它就存在于我自己的身上。“有一块呈浸润性病症的皮肤”的话常常会被我表述成“左上后部浸润性”，说的是肺部，我打心里希望伊尔玛患的是肺结核，这样治疗就容易多了。

11. “尽管是隔着衣服”，这是一句可有可无的话。当我们为儿童检查的时候，都会要求其脱掉衣服，然而当病人是成年女性时，一般都穿着衣服检查。有一位很有名的医生，他因为在检查中不要求脱掉衣服，而受到女病人的欢迎。针对这一段，我只作出了这些分析。事实上，我也没有作深层分析的欲望。

12. “M医师说：‘这是受感染的表现，但并无大碍，拉肚子就能将病毒排出体外。’”在刚回忆起这句话的时候，我感到很是可笑。仔细想来，却发现了其中的道理。梦中病人患了白喉，白喉主要为局部感染。自我的女儿患病后，我针对局部性白喉以及由其引发的全身性感染进行过探讨。利奥波尔特的观点是：因为是浊音部位引起的全身性感染，因此它就是疾病的转移源。但我要说的是，这对我的问题没有任何作用，像白喉这类的疾病是绝不会出现浊音的，倒可能是脓毒症的病症。

“无大碍”，这是来自M医师的安慰。在我的梦的前部分已经交代，

M医师证实了我的观点——是某种器质性感染引发了伊尔玛的病痛，如此我就没有一丁点儿的责任了，因为白喉并不在心理治疗的范畴。然而给伊尔玛加上这种严重的疾病，是我推脱责任的做法，这一巧立名目且有点冷血的行为令我感到羞愧。因此这个梦的后半部分内容朝向了好的方向。于是，我就借M医师的话表达了这样的意愿。安慰之词由M医师口中说出，其效用可想而知，然而为什么会是如此荒诞的话呢？

传统观念认为，身体里的病毒会随粪便排出体外，因此这句安慰话可能是我对M医师的嘲笑。他有一个习惯，即为还解释不清的现象附上牵强的解释，并作出让人意外的病理推理。我的一些有关痢疾的想法在此刻被勾起了。数月以前，我曾诊治过一个青年患者，拉肚子并不能治疗他的病，一些医生的诊断是“贫血营养不良”。我认为他患了歇斯底里，却没有要给他作心理治疗的打算，我建议他进行一次旅行。几天前我收到了他来自埃及的来信，信中的他很悲观，他说他的病在他的旅行过程中又一次发作了，一位医生为他诊治的结果是患了痢疾。是痢疾，而不是歇斯底里？我怀疑是那位医生误诊了。同时我也为让病人去那里，致使他在歇斯底里性肠道不适的剧烈发作期又患上器质性疾病而感到深深的自责。此外，痢疾和白喉在德文里发音极其相似。我的梦里反复上演着这样的情形。

让M医师说出“拉肚子就能……”的话，我想我一定是在嘲笑他。这和几年前他向我讲述的关于另一位医生的故事相似。当时M医师应那位医生之邀去为一名病情严重的患者诊治。检查后，M发现病人的小便中有白蛋白，他认为有必要将这一情况告诉给仍旧抱着希望的那位医生。听罢，那位医生非但没有惊慌，反倒说“白蛋白很快就会通过拉肚子排泄出去的”，显然他认为这不是什么大事儿。因此，这部分梦的内容是我对我的那些对歇斯底里知之甚少的同行们的嘲笑。我相信我是想这么做的，因为另一件事可以为此证明。我曾想，M医师是否看出，我的病人伊尔玛的病症不是单一因素引起的，患者在得结核病之前患有歇斯底里呢？或者是他误将歇斯底里诊断成了是肺结核呢？

然而我为什么会在梦中对他进行如此不留情面地嘲笑呢？原因很简单，同我的病人伊尔玛一样，M医师也质疑我的治疗方法。因此，发生在我梦中的内容是我对他们的报复，伊尔玛收到的是：“如果你还要忍受疼痛的折磨，这是你自己造成的，怪不得我。”对M医师，则是要他说出荒诞的安慰话。

13.“她被感染的原因我们大家都知道。”在梦中说清楚这种情况似乎是不符合逻辑的。因为这件事我们之前并不知道，利奥波尔特是第一个发现这一感染情况的。

14.“前不久，因为难受，奥托给她打过一针。”奥托曾跟我说过，在他同伊尔玛一家在度假村生活期间，应附近一位医生之邀，他曾为一个突然病倒的人打针。受这件事的影响，我又一次回想起了我那因可卡因而中毒身亡的朋友，我曾告诫过他要口服这种药，他也答应了我，然而他竟然注射了，最终过量致死。

15.“打了一针丙基制剂——丙基–三甲胺。”我为什么会想到这样一个药名呢？之前的一晚，即写病历和做这个梦的前一晚，我收到了来自奥托的礼物，是一瓶名为“安娜纳斯”的酒。奥托习惯给人送礼，任何一个可能的机会他都会很好地利用起来。因为这种酒散发出刺鼻的戊醇气味，我一直都不敢喝。妻子曾建议我将它送给仆人，但被我拒绝了，这是出于谨慎的考虑，我认为不应该让他们冒中毒的风险，也因此责备了我妻子。由戊基我也联想到了丙基、甲基等一系列的药物，如此，就为我梦中出现丙基制剂找到了根据。只是在梦里我将它们调换了一下，将闻到的戊基变成了梦见的丙基。而且在有机化学中，它们的这种交换也是可以实现的。

16.“三甲胺。”在梦里这种物质的化学结构式出现在了我面前，由此可见，我的记忆力还是值得褒扬的。此外，我面前的结构式是用黑体印刷的，如同加重符号，似乎是在强调某种特殊的意义。那么这是个什么样的意义呢？三甲胺所指的是什么？我的注意力被它带回到一个场景中：我在和我的一位老朋友谈话，我们对彼此的作品都十分熟悉。那一次，我在他那里获知了一些关于性过程的化学物质的情况，他认为三甲胺就是性的新陈代谢的产物之一。于是，我想到了性欲，这正是导致我主治的那种神经失调病的根源。伊尔玛是位年轻寡妇，如果要为我对她的治疗的失败找个借口的话，那她的寡居生活是最好的了。显而易见，她周围的人不希望她的独居状态发生任何的改变。让我疑惑的是，难道我梦中出现的那位年轻女病人也是寡妇？又有什么证据呢？

在梦中特别突出三甲胺的化学结构式的目的是什么？这是解决很多问题的关键。正如上文所述，三甲胺是性欲的暗语，同时它也暗指一个人。当我感到孤立时，他便欣然来到我身边。如此一个对我生命来讲非常重要的人，在任何情况下都会再现身来支援我。事实上，他曾专门研究过鼻腔和鼻窦性病，还指引人们去注意存在于鼻甲骨和女性性器官之间的某种显而易见的联系。我曾将伊尔玛介绍给他，希望他能帮她检查一下，看看是否能找到她胃痛和鼻腔间的关联。然而当时他也正受到化脓性鼻炎的困扰，我为此很担忧。可以肯定，梦中的脓血症是暗指这点，我深刻地记得它与梦里的转移相关。

17.“很少有人使用这种药物。”这句话是针对奥托说的，是在抱怨他考虑事情不全面。同样的事情也在我的身上发生过。在之前一天的下午，他的言辞以及表情都让我清楚地意识到他在抱怨，我当时就产生了这样的想法：他的思想太容易受他人的左右了，他的结论太轻率了。此外，这句话又一次使我想起我的那位因为注射过量可卡因而身亡的朋友。正如我说过的，我没有支持过注射可卡因。而在我责备奥托太大意的时候，我发现我的头脑中再一次上演了对不幸的玛蒂尔塔的回忆。显然我是在为证明自己的医德收集资料，同时它们也是说明我错误的罪证。

18.“也许是注射器受了污染。”这是从另一个方面说奥托的话。我有一个患者，是位82岁的老妇人，每天我都会为她注射两针吗啡。就在做这个梦的前一天，我遇到了她的儿子，他跟我说她现今生活在乡下，得了静脉炎。我的第一个想法就是，这可能是注射器不干净引起的。与此同时我也为两年的从医生涯中没有过这样的失误而庆幸。其实，我是很谨慎的。静脉炎勾起了我对妻子的回忆，在一次怀孕中，她得了血栓。如此我的关于我妻子、伊尔玛以及逝去的玛蒂尔塔的记忆就一起潜入了我的脑中，这三种情景的类似性使我在梦中将她们搞混了。

至此，对这个梦的解析已经完成了。在解释的过程中，控制梦的内容和其背后隐藏的含义的比较有着一定难度。而且我也一直受着梦的“意义”的影响。我觉得整个梦是有一个意象贯穿着的，梦的意义是实现这种意向，并且正是这个意向促使我做梦，借由梦实现了一种欲望。我的梦的最终结论是，导致伊尔玛仍感到疼痛的罪魁祸首不是我，而是奥托。在白天的谈话中，奥托对我的抱怨使我很恼火，因此我在梦中实现了对他的报复。此外，这个梦还为我摆脱要为伊尔玛的病情担负责任提供了其他的一些理由。而且一些我希望的事情，也在我的这个梦中发生了。因此，梦的全部意义是满足一种欲望，而也正是这种欲望推动着它发生。

到这里，这个梦的意义我已经交代得差不多了。然而对我自身来讲，这个梦的许多内容都是为了满足我的欲望。梦提供了我对奥托实施报复的机会，我控诉他在医疗上太大意，不仅是因为他跟我的立场不一致，还因为他拿戊醇味的劣质酒送我。我对他的这两种不满在梦中被我结合到了一起，对他实施了报复：注射丙基制剂。然而我并未满足，我对他进行了更强烈的报复：将他与他的一个强有力的竞争对手作比较，表达了我的“他似乎比你更强些”的意思。是的，我发泄愤怒的对象不止奥托一人，伊尔玛——一个不接受我的治疗方法的病人也是我的报复对象，我不但报复了她，还用了一个比她更聪明更容易配合的人替代了她。M医师也未能逃脱我的报复，因为他反对我的观点，我用“荒诞的安慰话”暗示“他不通医术”。我也找到了一个比他更有学问的人作比较——我的那位告诉我三甲胺的好友，正如我用伊尔玛的朋友替代伊尔玛，用利奥波尔特替代奥托。

> 青春期

“用我选的三个人代替他们，这样我就不必再被抱怨了。”在梦中我巧妙地证实自己是不该被责备的。伊尔玛的病情不该由我来负责，是她自己不服从我的治疗方法。她的病痛也和我无关，那是器质性疾病，不属于我的治疗范畴。她的寡居造成了她的病痛，这更不是我能管得了的。造成伊尔玛痛苦的是奥托，是他用了不卫生的注射器，并且也没有用对药。注射器的不干净导致了感染，正如我的那位老妇人患者因此患了静脉炎。其实我也知道，我的解释前后不仅不一致，而且还自相矛盾。

这里有一个关于辩护的寓言。一个人向他的邻居借了一把水壶，借的时候水壶是完好的，然而还回的却是一把坏水壶。这个人最先的说法是还的时候水壶还没坏，接着他又说借水壶的时候它已经坏了，最后他说不曾向这位邻居借过水壶。这三个说法中一旦有一个被认为成立，那这个人就没有做错事。

梦的内容也有一些和伊尔玛的病无关的：我女儿患病，和我女儿同名的病人Sulphonal引起的药物中毒，经我推荐去埃及旅行的青年患者的近况，联想到哥哥和M医师，还有我自己的鼻部肿痛，对那位未曾在我梦中出现的患化脓性鼻炎的朋友的挂念……在我将这些繁杂的片段整理好后，一个共同点冒了出来——“医生的良知是关心人类的健康，既包括自己的，也包括他人的。”当由奥托之口了解到伊尔玛的病况后，我感到不舒服，也就是这种感觉促使我做了这个梦，我在梦中将这一系列的思想宣泄了出来。奥托让我产生了这样的感觉：尽管你能成为一名医生，但你缺乏医德，你不能把你想做的事情做好。我在梦中为自己辩护，那组思想就是证据，我是一个负责任、有德行的医生，我牵挂着我的朋友和病人的健康。我所收集的资料中，有一份反证，它不能为我开脱，反而是支持奥托指责我的证据。这些材料是公正的事实；然而无论如何，梦中隐含的内容，和我在伊尔玛的病痛问题上的做法存在联系，这一点是可以肯定的。

我不能说这个梦的全部意义我已经解释清楚，也不能自夸自己的解释是完美的，我也没有那样的奢望。对于这个梦，我可以花更多的时间来讨论，找到更多的信息，发现更多的问题。我甚至可以重新给它一个解释。然而，梦的每一个片段的所有情况都与之相关，这样的分析工作我不想再继续了。若是有人站出来责怪我没有做到更好，我则有能力劝他去自己实践。在我看来，我对已取得的成绩已经很满意了。通过我的这种解释梦的方法，我们看到，梦的确是有意义的。那么某些权威所说的梦只是大脑不完整的活动的再现就站不住脚了。而且释梦的工作完成后，我们将会看到：梦也是一种欲望的表达。

The interpretation of dreams

梦 的 解 析

第三章
梦是欲望的满足

有一个人历经千辛万苦后，在一条布满荆棘的小路尽头，眼前突然出现了一片平川，这里景色优美宁静，道路宽广便利。于是，他停下了脚步，思考该走哪一条路。而我们的释梦也正是这样的一种处境。现在我们已经有了一次释梦的经历，借此我们看到了亮光。梦，不是凭空想象，而是出自音乐家之手的动听音乐。它是有意义的、有迹可循的，而并不是昏昏沉沉和头脑清醒掺杂的结果。它是欲望的表达，是有着一定意义的精神现象。它能反映可认知的心理活动，是异常复杂的精神活动的产物。

然而，兴奋的感觉还未来得及感受，我们的面前就出现了诸多的新问题。例如在释梦的过程中我们了解到，梦是对欲望的满足，那么我们如何解释这种显著而又难以理解的形式的来源呢？我们所记得的梦是我们醒来后存留于脑中的，那它是否一直就是这个样子呢？或是它经历了哪些变化？是什么提供了梦的素材？又是什么决定了梦具有的自相矛盾等特点？我们的一些新的内心活动是否可以在梦的指引下预知？我们在白天探究的内容能否通过梦的内容进行更正？

这些问题不是短时间能理清的，我认为应该将它们先搁置一旁，选择一条路径专心走下去。我们已经知道，梦是一种欲望的表达。那么这是所有的梦共有的特征，还是只为个别的梦所特有？这一问题是我们先要确定好的。因为，尽管我们已经明确了每个梦都有其意义和心理价值，但是我们并不能排除每个梦都有着相同意义的可能，一些内容可能是复制了白日的恐怖，一些内容可能毫无深意，还有一些可能只是记忆的复述。难道除了是欲望的表达，我们不能再为梦找到一个比较理想的意义了吗？还是说它仅仅只有这样一个意义呢？

梦直接表示欲望的满足。要证明这一观点并不困难，然而让人费解的是，长期以来人们并不理解梦的语言。像是我总会做一个梦，并且在我愿意的时候就能让它复现。若是晚餐我吃的是鱼、橄榄或别的很咸的食物时，当晚我就会感到口渴，我在醒前都会做一个内容相似的梦：我在喝水。梦的内容是我大口大口地喝水，那水异常甘甜解渴，而醒来后，我也都是要喝些水的。因为感到口渴，我做了这样一个梦，我想喝水的欲望在梦里得到了满足。这一过程中，梦很明显地发挥了功效。我睡觉很实，一般不会中途醒来。当我感到口渴时，在梦里喝到了水，那么我就不会醒来喝水解渴。这个梦为我提供了方便，它避免了我付诸行动，这种情况生活中有很多。在我喝水的需求被满足后，我的感受并不如我对我的朋友奥托和M医师所实施的报复那般舒畅，但它们的意向是一样的。

前不久，我做了一个特别的梦。临睡前，我倒了一杯水喝。但到深夜，我又感到口渴，但是水在妻子那边桌子上，我不得不爬起来取水。接着我便又做了一个关于饮水的梦。

我梦到妻子倒花瓶里的水给我喝，而那个花瓶是伊特拉斯坎人的骨灰坛，我在意大利买的，后来又将它送了人。在我尝到瓮里的水很咸时，便醒了过来。我们能够看出，梦是非常善解人意的。因为它的唯一目的就是要给欲望以满足，而那个欲望是我决定的。贪图安逸享乐与替他人着想原本就是两个对立的方面。骨灰坛会出现在梦中可能是另一种欲望的表达，只是不是我的，就像我要起来去妻子那边拿水一样。在那个骨灰坛和越来越渴的感觉的一齐作用下，我醒了。

白日梦

在年轻时，我总是会做这样的梦。那时总是工作到很晚，早上起不来，经常认为自己已经起来在洗漱了，但事实上，只是做了一个梦，自己仍躺在床上睡觉。类似的事情也在我的一位年轻的医学同事身上发生过，他也有早上赖床的习惯。他住在医院附近的一座公寓，因为担心上班迟到，他请女房东每天早上准时来叫他。然而女房东发现这不是一件容易的事。一天清晨，他睡得正香，这时房东的声音响起："佩比，起床了，要去医院了。"听罢，他做了一个梦，梦中他住进了医院，而且病床的尾处还挂着一个牌子，内容是："佩比，医科学生，二十二岁。""我还去什么医院啊，我不是已经在医院了吗？"说了这些话后他翻了个身，又睡去了。如此，他做梦的动机就明确了。

在睡眠中外物的刺激发生了作用。为了使这一观点更加可信，我们再看一个案例。我有一位手术失败的女患者，在医生的吩咐下，她需要在下颚的病痛的一侧戴上冷敷器，即使在睡觉时也要带着。但是每次睡觉时她都会将它拿下来。一次，这一情况被我发现了，我责备了她。她辩解说："这一次我真的不是有意的。昨晚我梦到自己坐在剧院的包厢里看戏，然后我听到在私人疗养院休养的卡尔·梅耶先生说自己的下巴很疼。我对自己说：'我的下巴根本就不疼，那戴这个东西就没用了！'因此我在梦中将它拽了下来。"她的梦揭示了人们在处于不愉快的情景下会说出的一类话：好吧！我们往好的方面想！这个梦也正实现了这样一件事——一件更令人高兴的事——将疼痛转嫁给他人，至于卡尔·梅耶这个人更是不必追究了，他可以是任何别的什么人。

我搜集到的其他正常人的梦，也都与梦是欲望的表达这一情况吻合。在了解了我的这一观点后，我的一位朋友将它分享给了妻子。一天，他找到我，对我说："我的妻子让我来问问你，她昨天梦到自己来了月经，你给分析一下，这是什么意思？"其中的意思我自然可以知晓：她梦到自己来月经就说明她想来月经。梦是一种欲望的表达，我完全可以理解一个已婚的年轻妇女是多么想在自己做母亲前能多些时间享受没有牵绊拘束的生活。而我也可以肯定的是她已经怀孕了。

我的另一位朋友在来信中写道，他的妻子在梦中梦到自己内衣的前襟上沾有奶渍。这也是在宣布她怀孕了，但这是第二胎了，这个梦寄予了这位年轻的母亲希望第二个孩子会有比第一个孩子更多的奶吃的愿望。

一位年轻女士已经有几周的时间没有参加任何社交活动了，她要照看得传染病的儿子。她做了这样一个梦：在儿子康复后，她出席了一个晚会，她在那儿见到了阿尔冯斯·都德、保罗·布尔热和马尔赛·普雷沃斯特，这是一群非常友善的人，她格外地高兴。他们长得和她收藏的画像一样，只有马尔赛·普雷沃斯特是例外，她没有他的画像，也不曾见过他。他与前天来病房消毒的工作人员有些神似，那是数周来她见到的第一个人。因此，这个梦的意思是：“枯燥的护理工作就要结束了，放松开心的日子已经在路上。”

诸如上述例子，它们都说明在大多数情况下，将梦作为欲望的表达是十分常见的。它们有着共同的特征——简短，在与杂乱冗长的梦比较时，它们往往引不起专家的更多重视。即便如此，简单的梦还是我们首先要讨论的，那些儿童所做的、形式非常简单的梦是我们所需求的。无疑，较之成年人，他们的精神活动是简单的。但正如我们通过研究低等动物的结构或发展来理解高等动物的做法一样，对儿童心理学展开研究也一定能够加深我们对成人心理学的理解。可惜的是，这一方法很少有人采用。

小孩的梦往往是直白的欲望表述，而在同样的情况下，成年人的梦则枯燥空洞，他们并不清楚什么才是亟待解决的问题。然而这也能作为证实梦的基础性——梦是欲望的表达的证据。我搜集到了一些来自我自己孩子的梦例。

1896年夏，我们一家做了一次旅行，地点是一个叫赫尔斯泰特的可爱乡村。在那里，我分别收集到了来自我八岁半的女儿和五岁零三个月的儿子的梦例。

首先需要作一些说明，我们一家在奥西附近的山里度过了1896年的夏天，在那里，逢天气好的时候我们就能够欣赏到达奇斯坦山的秀美风光。若是借助望远镜，甚至还能够看到山上的西蒙尼小屋，这是孩子们十分乐意干的事儿。

达奇斯坦山是我们的新目标，临行前，我告诉孩子们，我们正在达奇斯坦山的脚下，他们高兴极了。我们开始了爬山活动，在由赫尔斯泰特爬到埃契恩塔尔山上的过程中，孩子们对一路上的新奇景色表现出了极大的兴趣。然而不久后，我的儿子变得不耐烦了，每登上一座山峰他都要问一回“这是不是达奇斯坦山”，而我的回答都是：“不，这只是它下面的一座小丘。”如此几次下来，他就不再问了，甚至也不愿意跟我们一起去爬到石阶上看瀑布，他一定已经非常累了。

第二天清晨，他就开开心心地跑来告诉我：“我昨晚做了一个梦，梦到我们走进了西蒙尼小屋。”到这里我才知道，在我们第一次就达奇斯坦山展开谈论时，他的愿望是在这次旅行中走进他通过望远镜望见的小屋。在他们看它时，就曾对它有过许多的猜想和讨论。因此在我们看小山、瀑布时，他是不感兴趣和失望的，所以才一副有气无力的样子，而他做的梦就是对其欲望的一种满足。我想进一步了解一下这个梦，但却没有什么收获；“想要到达那里要走六个小时的山路才行。”其他人这样告诉他。

狂欢节之夜

在这次旅行中，我女儿也有一些愿望，它们也只能借助梦来满足。此次同我们一起出行的还有一个十二岁名叫埃米尔的小伙子，他是我上司的儿子。埃米尔已长成一位颇有绅士风度的翩翩少年，具备了虏获女孩们芳心的能力。一天早上，女儿告诉我：“太有趣了！在我昨晚的梦中，埃米尔成了我们家的一员，也叫你们‘爸爸’、‘妈妈’，和我们睡在一起，妈妈还拿了一大把包着漂亮糖纸的巧克力到我们屋子，扔在了我们床下。”

自然，她的兄弟们并没有遗传到理解梦的能力，因此他们的观点跟那些专家的一致，认为这些梦荒诞没有意义。然而这个孩子自己为梦的一部分进行了一定程度的辩护。若是用神经症理论来分析，她为之辩护的内容也是可知的。“尽管埃米尔是我家人这点不准确，但是巧克力是真的。”女儿提出的这点，也正是我不理解的。在我疑惑之际，她的妈妈出来做了解释。原来在回家的路上，孩子们在一个自动售货机前驻足过，想要掏钱从机器里买他们喜爱的包着亮晶晶锡纸的巧克力，这已经成了他们的习惯，而他们的妈妈却没有纵容他们的行为，她认为孩子们应该留些愿望由梦来满足。

这件事我根本没有注意到，我对被我女儿否定的那部分梦却十分清楚，我曾亲耳听到那个风度翩翩的少年告诉他们，要等到爸爸、妈妈来了才能走。这种暂定的亲属关系被我女儿当成了永久性的关系。在她的梦里，她实现了情感的亲近，但这种情感亲近并不能构成超越兄妹关系的其他形式的关系。但为什么会把巧克力扔在床下，这是我所不能理解的，需要问了她才知道。

在我的一位朋友那里，我收集到了一个和我儿子十分相似的梦，梦的制造者是一个八岁的小女孩。那是一次去维也纳的旅行，目的是要去看看附近的多恩巴赫山区的洛雷尔小屋，她和几个孩子由她的父亲带着，他们一起步行。但还未到达目的地时天色已晚，不得不中途返回，父亲答应他们以后会补上，不要太失望。在去的路上，他们看到了一个路标，指的是哈密奥的方向，孩子们也很想去那里看看，但仍被父亲以同样的理由拒绝了，并且许诺下次一定去。第二天清晨，这个女孩高兴地告诉父亲："爸爸，我昨晚做了一个梦，梦里我们一起去了洛雷尔小屋和哈密奥。"她的愿望已经在梦里被兑现了。

还有一个类似的梦，是关于我另一个女儿的，她被奥西的优美风景深深吸引。当时她只有三岁零三个月大，那是她第一次结识奥西湖。也许是因为我们在湖上待的时间太短，在下船时她表现了极大的不情愿，委屈地大声哭了起来。第二天她对我说，她做了个梦，梦到自己又到了奥西湖。但愿她的梦给了她足够的满足。

我的大儿子在八岁时，就做过这类愿望变成现实的梦：梦里他和阿喀琉斯一起乘坐一辆双轮战车，在疆场上叱咤风云。这个梦的素材来源于前一天他姐姐送他的一本希腊神话，他读完后很是激动。

若是儿童的呓语也可以被划入梦的领域的话，那么下面的这段也可以作为我的梦例。在我的小女儿十九个月大时，有一天，从清晨起她便开始呕吐，一整天都没停过，自然也没吃进什么东西。当晚睡梦中她兴奋地喊道："安娜，弗（洛）伊德，草莓，野（草）莓，蛋卷（饼），面登（丁）……"她当时有一个习惯，即是先说出自己的名字，然后再逐一说出她想要的东西。她喊出的一大串食物的名字都是她爱吃的。“草莓”之所以会喊两遍，是表示她对给她安排的饮食习惯的不满。“草莓”是护士反复叮嘱要尽量少吃的东西，因为这不利于她的健康。于是，她将对这种可恶的规定的不满在梦里表现了出来。

我们不能因为儿童期没有性欲，而以为他应当快乐，我们也应当对小孩的许多不满足引起重视，因为这正是梦的有效刺激物。这里列举一个梦例。我的侄子二十二个月大时，赶上我过生日，家人让他为我祝贺生日，并以一小筐樱桃作为寿礼。但是那个时节市面上并没有樱桃。他似乎也意识到了这一差事的艰巨，每逢逗他时，他都伸出手，反复念叨着“樱桃在里面”，但就是不肯将手伸开来。他有一个习惯，每天早上都会向自己母亲报告说自己梦到了“白兵”——他曾在街上看到过一个穿着白斗篷的军官，并对其羡慕不已。在我生日当天，即是要送出生日礼物的日子，他醒来便高兴地对妈妈喊道：“樱桃被赫尔曼军官吃光了。”这让他看上去无比欢乐快活。

我无法确定动物是否也有类似的梦，但我的一个学生所讲的谚语让我若有所悟，谚语道：“鹅梦到了什么？答曰：‘它梦到玉米。’”梦是欲望的表达在这里又一次得到了证实。

因此，我们的关于梦的隐义的理论可以在这样一些谚语里被迅速地证实，却不能在普通语言中得到公平的对待。但总体来讲，梦的常用语言是在表达欲望，这是既定的事实；若是事情的发展在我们的欲望和预料之外，我们则会兴奋地喊道：“这是我做梦都不敢想的。”

第四章
梦　的　伪　装

若我在此断言，每一个梦都是欲望的表达，即梦的唯一作用就是表达欲望，我想，这一定不会令人信服。

也许有人会这样说，将梦当成是一种欲望的表达，这已经不是新发现了，它早就被一些专家注意到了。是的，这在拉德斯托克、弗尔克特、普金吉、蒂茜、西蒙以及格雷辛格尔的论述中都有所体现。但是说只有表达欲望的梦而再无其他别的梦是片面的，并且根本站不住脚。事实上，很多梦的内容只是人的情绪发泄，而不包含欲望满足。

梦是欲望的表达这一理论遭到了悲观主义哲学家爱德华·冯·哈特曼的强烈反对。他的《无意识哲学》一书中这样写道："在我们进入梦乡后，觉得生活中的一切烦恼都一起潜入了，而独独一个有修养的人获得理性和艺术的乐趣不会入梦。"然而即便不悲观如爱德华·冯·哈特曼的观察者也会发现，痛苦和悲伤的梦的数量远远多于愉快的梦的数量。这一观点为萧尔茨、弗尔克特等人所认同。事实也确实如此，弗洛伦斯·赫拉姆女士和萨拉·韦德女士就自己的梦，依据不快的梦和愉快的梦的划分做了数据统计，结果显示前者较后者有明显的数量优势，前者的百分比为

骑士的梦

五十七点二，而后者的仅为二十八点六。此外，当生活中的所有不快入梦后，便会作用产生一种焦虑，以致梦中充满了恐惧的情绪，直至醒来。少年儿童是这类梦的最大制造者，因此说梦都是欲望的表达是不准确的。

这样一来，似乎我们真的不能将焦虑的梦作为总的命题，来对“梦就是欲望的表达”的理论进行判断。实际上，它们也是无视一切这类命题的。

想要反驳这些反对意见是很容易的事，只要说明一个事实即可，即我的理论不是基于梦所呈现的内容，而是基于通过对梦进行解析来揭示其背后的思想活动。梦所包含的显意与隐意需要我们进行比较。有一些梦是令人不快的，但有没有人对它的内容加以解释，来对其隐藏的思想进行揭示呢？若是答案是否定的，那么对我的观点的反对意见就是无稽之谈，其结果是，焦虑的梦和不快的梦也是一种欲望的满足。

在科学研究过程中，当遭遇难题时，我们可以试着为原来的问题再加一个问题，例如剥去一个核桃的硬壳是较困难的，而若是两个放在一起就容易多了。我们遇到的问题是：“不快的梦和焦虑的梦是如何成为欲望的满足的？”仔细考虑一下，我们可以在它的基础上加这样一个问题：“为何梦的内容需要被解释后，才能被证实是对欲望的满足，而不是由它直接传达呢？”像是我们已经做了大量分析的那个关于伊尔玛的梦，它不含有痛苦的情绪，但其最终的目的是欲望的满足，对发泄报复欲望的满足。但为什么一定要是被分析之后的结果呢？就不能直接表现本意吗？在看关于伊尔玛的梦时，我们并不能发现梦者有什么欲望要满足的迹象，它没给我们留下任何特殊的印象，而我自己在未做分析前也没有领会到这种含义。梦之所以需要被解释是因为它存在伪装现象，那么我们要解决的第二个问题就出现了：“是什么导致了梦的伪装现象呢？”

针对这一问题，我们可采用的方法有几个。例如，我们无法在睡眠中将梦中的想法直接表达出来。但通过之前的一些分析我们认识到，梦存在伪装这一解释是可以接受的。接下来我将再以自己的梦为范例。尽管需要我如实地将自己的隐私讲出来，但若是能将问题讲清楚，我认为还是值得的。

前言

1897年春，我得知自己被推荐到大学去做临时教授，推荐我的是两位在校的教授。听到这个消息后，我喜出望外，因为这表明我得到了两位优秀人物的认可，我实在难以相信这是真的。可是我勒令自己冷静下来，告诉自己这可能不是真的。因为近几年来，这类推荐压根就不被教育部考虑，有几个比我年长且与我成就相当的同事都还没有得到这样的机会，我相信我不会比他们更幸运。因此我对此事不抱任何希望。我是一个没有远大抱负的人，即便没有被授予任何头衔，我仍会对自己感到心满意足。此外，葡萄是甜的还是酸的就更无须我来参与讨论了，它们高得我根本无法接触到。

一天晚上，我的朋友R来拜访我，他的人生经历总是会为我敲响警钟，他是一个很早就被认为是教授候选人的人。对病人而言，教授是半人半神的人物，因此教授头衔是一块肥肉。相比于我的听之任之，R对其的追逐十分狂热，他常常去教育部询问，向那里办公室的上司表达他想尽早完成任命的愿望。

这次，他是去了部里后，才来的我这儿，他跟我说部里的一位高级官员已经被他逼得招架不住了。他直接质问他是不是因为教派所以才迟迟不对他任命，他得到的答复是：你当前的情绪不适合被任命。“至少我对我当前的处境有了了解。”我的朋友下了这样的结论。类似的事情我已听过很多了，这一次的作用不过是使我对此事的顺其自然的态度又坚定了些，因为我们是出自相同教派的。

当天晚上我便做了一个梦，梦里有两种思想、两类人物，一个人物持有一种思想。这里，我只对梦的第一部分作描述，因为第二部分与我的主题无关。

1.我的朋友R先生是我的叔叔，我们交情很深。

2.我仔细观察他，发现他的脸有些扭曲，似乎变长了些，黄色的胡子异常显眼。

对这个梦我做了这样的解释：

次日清晨，当我回想这个梦的时候，我自语道：“真是一个无聊的梦。”然而这个梦却反复在我的脑海里浮现。到了晚上，我终于不能再将它丢置一旁了，我为对它一整天的无视反省自己：“若是你的病人这样做，你一定会责备他，并会认为他在回避，因为他想隐藏某些东西，梦里一定另有隐衷。同样，若是你这样做，就说明你心里因为怕分析不出来而回避它。”因此，我开始了对这个梦的分析工作。

“R是我的叔叔。”这说明了什么呢？我的父亲只有一个弟弟，叫约瑟夫。我的这个叔叔有些不幸，他有案底。三十年前他一心想发财，做了违法的交易，最终受到了法律的制裁，在监狱中度过了几年的时光。为此我父亲很难过，瞬间就白了头。父亲一直强调叔叔不是坏人，只是一时头脑发热而已。这样，梦中的“R是我的叔叔”就可以被解释成我的朋友R是我的叔叔约瑟夫，即是说他是一个笨蛋。这样的解释令人难以置信，而且有些荒诞。但梦中我看到的异常突出的黄色胡须，确实是我叔叔的特征。R的头发本来是黑色的，但随着时光的流逝，他已不再年轻，头发也已变得花白。他们的每根头发和胡须都印证了岁月的无情：由黑色，变为黄褐色，最终成灰白色。这是任何人都要经历的变化过程，R也不能例外。而我也在这一变化过程中，正感受着这种不快的情绪。梦中的我叔叔和R的脸，是类似高尔顿复合照相法（为了突显家庭成员之间的相似性，高尔顿把几个面孔照在同一张底片上）的处理效果。因此，可以肯定的是，我的意思确实是R是一个呆子。

至此，我仍没弄清楚这种对比的目的何在，因此我们的分析还要继续，可取得的进展却不大。

我的叔叔是个犯人，而R却全然不同，他唯一的过失是他骑自行车时撞伤了一个小孩被罚过款。莫不是我要拿这个过错做比较？这也太可笑了。想到这我忽然记起了几天前我和同事N进行的一次交谈，他也是教授头衔的追求者。他就我被推荐升教授的事向我道贺，被我坚决地回绝了。我对他说：“这个玩笑是不该开的，这种推荐是怎么回事，你应该更清楚。”“那可不一定。”他笑着说道，“我是彻底没戏了。我被一个女人告到法院的事你听说了吗？案子最终被驳回了，这个我不说你也能猜得到。那就是一个无耻的敲诈，但原告要被法律追究是不可避免的，而这将会成为部里驳回我晋升要求的理由。你则不一样，你的品行有口皆碑。”

我知道了这是怎么一回事，也知道怎样去解释这个梦了。梦里我的叔叔约瑟夫所代表的是我的两个不会晋升的同事，他们一个是笨蛋，一个是嫌疑犯。此刻我也知道了，梦中为什么会出现这样的内容。若是导致R和N迟迟得不到晋升的原因是“教派”，那么，无疑我的晋升也是问题。若是导致他们不能晋升的是别的其他原因，那么，我就可能会升职。我的梦大致是按这样的程序发展的：先让R变成一个呆子，再给N安上罪犯的身份，若是他们因为这样的原因被当局驳回晋升的请求，那么既不傻也没犯罪的我，就有极大的可能会被提拔。

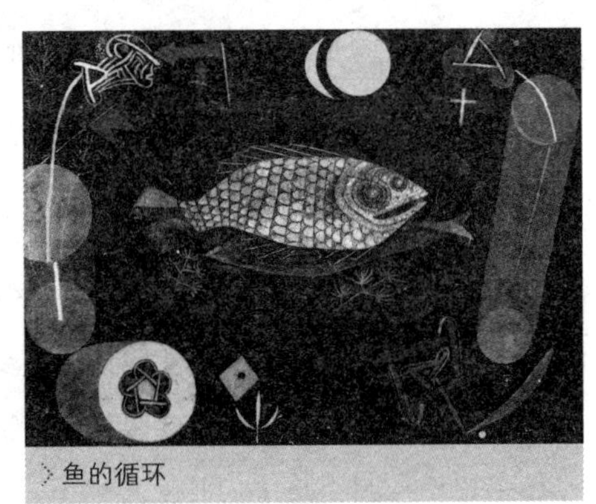
鱼的循环

但是我认为这个梦的分析还没有完成，它还有更深层的含义。为了得到教授的头衔，我诋毁了两位我所尊敬的同事，此事，让我深感愧疚。我开始竭力对R是傻瓜、N是犯罪嫌疑人的说法进行反驳。正如在关于伊尔玛的梦里，我让奥托成为伊尔玛病情转危的凶手一样，在这个梦例里表达的只是我的欲望，即这可能就是事情的真相。梦是我的欲望的满足，在这个梦例中这一理论似乎变得更有道理，因为它源于客观的事实：R收到了学校里同行教授的反对票，而我又在N那里听到了诽谤的事实。再强调一次，我对这个梦的分析仍需继续。

我忽视了梦中的一个片段。当R被认成我叔叔后，我产生了非常亲切的感觉。因何会产生这样一种情感呢？现实中我对叔叔约瑟夫的感情并不深厚，反倒是对R更友好，很久以来对他都尊敬有加。可是若是我向他表白梦里的情感，他一定会很惊讶，这种情感正如我在梦里评价他是傻瓜一样，是失真和夸张的，所以我用叔叔替代了他。

此时我又有了新的发现：出现在梦中的情感并不是隐藏在梦背后的思想的表达。相反，它们是对立的，这一情感的存在目的是阻止对梦做真正的解释，也因此有了梦。我记得我是如何拒绝解释这个梦的，以及我所说过的胡话。通过精神分析治疗我意识到，需要对这种否认的态度作重新的审视。它不具有任何价值，只作为一种情感的表达。当我的小女儿不想吃苹果时，她可能会说苹果太酸了，但事实上她并没有尝过。若是病人也作出和这孩子一样的表现，那我便知道，他们所压抑的观念正是他们真正关心的。我也有这样的表现，最初我不愿意就这个梦做分析，因为它有我努力压抑的东西。在完成分析后，我找到了我所要压抑的东西，即我对R是个傻瓜的评价。我对R的那种情感正是来源于我自己的这种被压抑的感情。若是我的梦做了这种伪装，而不是隐梦——伪装成为它的对立面，那么梦中我所表现出的情感就是在这种伪装的指引下产生的。简言之，这种伪装是一种非常巧妙的掩盖手段。我在梦里对R进行了诋毁，但我却没有意识到这点，这是因为我在梦中伪造一种相反的情形：我对他感到十分亲切。

这一发现可能有着普遍的意义。的确，我们在第三章中提到的梦例，有一些梦直观地表达了一种欲望的满足，也有些根本无法辨识是满足了何种欲望。然而在后者中，一定存在着不让这种欲望表现出来的东西。因为这种东西的存在，若不是通过另一种改装的形式，这个愿望将无法表达出来。我在尝试在现实中将这种深入心灵的事件对号入座，那么我们去哪儿寻找这种情况呢？当两个共处的人的思想不一致时，其中有一个人较另一个人更有权力，另一个人需要服从时便会呈现出虚伪客套的作风。此种情况下的另一个人不会完全表露自己的实际行为，或者他至少会作部分的保留。很多情况下我们都在作类似的伪装，就如某些时候我们表现出的礼貌谦逊；我要对我的梦进行如实地阐述，不可避免地，我要自己撕破自己的假面具，因此诗人对这种伪装的必要性表示了不满：

你们明白最高的真理

却不能向学生们宣传

（选自歌德《浮士德》）

政论家若是如实地将一些令人不悦的真相报告给当局，他就会遭遇此种情况。若是他们的言论没有加以修饰，就会被当局杜绝。如果他是口头发表，则事后的制裁是免不掉的；若是以书面形式发表，则不会有问世的机会。这种稽查也是作家需要小心的，他需要对自己的言语进行修饰，语气要温和。稽查的宽严和话题的敏感程度决定了他的可发挥空间，或者他可以用暗喻的方式代替直接推论，有些时候还要装天真，来使他的真实意图不被发现。例如，在提到本国两位官员的争论时，将其中的人物用中国满清的两个官员来替换，其意心照不宣。正是魔高一尺道高一丈，随着稽查作用的越来越严，其伪装手段也会越来越高明，而读者就会更巧妙地领会到真意。

由稽查作用和梦的伪装在细节上的一致性，我们得出结论：它们取决于相同的因素。因此我们可以作这样的一种假设：每个人的梦都包含了两种精神力量。一种指导形成梦需要满足的愿望，而另一种则对梦形成的愿望进行稽查，正是这种稽查作用迫使梦在表达欲望时做了伪装，而这起着稽查作用的第二种力量的本质是需要我们追问的。我清楚地记得，在未对梦做分析的时候，梦所隐藏的含义是不被知道的，而梦的内容是可知和能被记住的。所以，我们可以下这样的结论，第二种力量决定了思想是否可以进入意识中，这样似乎可以说得通。第一个系统产生的所有东西似乎都不能获得第二种力量的批准。此外，第二种力量又会仰仗自己的特权，依据自己的标准将进入意识的思想重新改造。于是，我们就形成了对意识的“实质”的清晰认识：事物转变成意识的过程是一种特殊的精神活动，它不同于甚至突出于形成表象或观念；意识是对来自别处的资料进行感知的。事实上，心理病理学也需要这些基本假设，而且是尤其必需的。所以，在后面的章节中我们将会对其仔细探究。

以上所作的讨论让我们意识到，我们能够通过梦的解析获得一些在哲学上得不到的、与我们的精神机制结构相关的结论。然而我不想再继续这个问题的讨论了，既然我们已经理清了梦的伪装这件事，那么就让我们回到最初讨论的问题上吧。现在所面临的问题是：为什么让人不快的梦的内容被分析成是欲望的满足？我们已经知晓，若是出现了梦的伪装，你希望的东西被让人不快的内容掩盖了，那么，这种分析可以被认为是正确的。

需要记住的是，我们做了两种力量的假定，这里我们不妨再做一个假定，让人不快的梦是第一种力量的欲望的满足，但它同时也是第二种力量要竭力打击的对象。若说每一个梦都是由第一种力量产生的，那么所有的梦就都是欲望的表达。而对梦来讲，第二种力量是防卫性的，而非创造性的。若是我们的考虑内容仅仅是第二种力量对梦的影响，那么我们的释梦工作将永远无法完成，而对梦的研究者来讲，他们在观察梦时所关注的难题也将不会解决。

就梦是欲望的满足这点作证明，是要花大力气的活，新的证据要通过对每个具体梦例做分析才能搜集到，因此，我打算列举一些痛苦的梦例，对它们作解析。我将会引用一些歇斯底里患者的梦，因此有时做一个讨论歇斯底里特征的心理过程的长篇“前言”是必要的。这是为了证实我的理论所必须要克服的困难。

弗洛伊德侧面像

如上所说，我在分析医治一个精神神经症患者的过程中，去了解他所做的梦是不可或缺的步骤。在与之交流时，为了掌握他的病情，对其作各种心理解释是我必须要做的。结果我招致的是来自患者的频繁的比同行们的批评还强烈的反驳。可以肯定的是，我的关于梦是欲望的表达的观点一定会遭到我的患者的反对，如下所述：

我的一个聪慧的女患者反驳我道：“你一直要我认同梦是欲望的表达的观点。那么，现在就让我告诉你一个全然相反的例子吧，我的欲望根本没有在梦中得到满足，你要如何解释呢？它是这样的：梦里我准备举行一场晚宴，然而家里只剩熏鲑鱼了。我想去外面买些东西回来，后来又想起这是周六下午，店铺不营业。我打算在外面订餐，却又发现电话出了毛病。因此，我办晚宴的计划泡汤了。”

我回应道：“当然，要经过分析才能知道梦的真正意义。虽然在初看下这个梦与我的理论相悖，呈现的是这个愿望没有达成。然而，这个梦是如何产生的呢？我认为，事情是因为白日想着，才在夜晚入梦的。”

分析

这位女士的丈夫是个忠厚、精明的肉商，在她做梦的前一天，他对她说自己越来越胖了，需要减肥，决定以后每天早早起来，做早操，严格遵守饮食规则，不再参加任何晚宴。说到这里，她想起了一件好笑的事，她丈夫在经常去的一家餐馆里遇到了一位画家，这位画家非常想为他画一张肖像，理由是他从未见过像他这样动人的面孔。这个要求遭到了她丈夫的直接回绝，他对画家说，非常感谢，但他认为一个妙龄女郎的背影更值得一画。她非常爱自己的丈夫，而且喜欢开他的玩笑。她还跟我提到曾请求丈夫不要再给她买鱼子酱了。我问她为什么，她告诉我鱼子酱三明治一直是她的最爱，但她不舍得花钱。当然，她知道若是向她丈夫提出要求，他会立即满足她。然而，事实是，她不希望他为她买鱼子酱，她希望能继续嘲笑他。

在我来讲，这是一个说不太通的解释。这种勉强的解释往往说明了它有一个没有坦白的真相。由此我想到了伯恩海姆对病人的催眠。当他建议病人接受催眠却受到病人的质疑时，他不会答复不知道，而会令人意外地编造一个明显不完美的理由。显然，我的病人和鱼子酱之间是有关联的。我们能够看出，她的这个未被满足的愿望是在清醒的状态下迫于形势编造的，她的梦正是这种无法得到满足的欲望的表达。但是她为何要如此呢？

目前她所提供的素材还不足够来解释这个梦。我要求她再多说些，她停顿了一下，似乎是在进行很激烈的斗争。接着，她跟我说，前一天她曾去拜访过一位女友。她的丈夫总是赞赏这位女士，这使她很妒忌。不过，她的这位朋友太瘦了，而她丈夫更青睐丰腴的女人。我问她们都谈了些什么，她说是关于那位女士希望长得丰腴些的话题，那位女士还向她询问：“什么时候你再邀请我们去你那里吃饭呢？我非常喜欢你做的饭菜。”

至此，这个梦的意义已经分析出来了。我这样告诉病人：“其实，在她要你请客时，你心里在说：‘想得美！我请你吃饭，等你吃胖了去引诱我丈夫？我不会再请你吃饭了！’在这个梦中你得到了不能举办晚宴的结论，你的欲望——不想帮你的朋友长丰腴就得到了满足。你丈夫因为太胖，决定拒绝一切宴会的邀请，你从中明白了：别人家的餐桌会将一个人养胖。”

现在除去个别巧合因素外，这一分析结果的内容都清楚了。但是还有熏鲑鱼未被解释。我问道：“你为什么会梦到熏鲑鱼呢？”她答道：“我的那位女友最爱吃的食物就是它。”我们所谈及的女士也是我认识的，她确实舍不得花钱吃熏鲑鱼，就像我的这位病人舍不得花钱买鱼子酱一样。

若是我们也对那些附加的细节仔细分析的话，那么这个梦的解释必然可以更精妙。我们已经知道，病人的某个欲望在梦里未被满足时，在现实生活中就一定想放弃这个欲望。我的这位病人的女友也做了一种欲望的表达，因此，若是这位病人的梦中女友的欲望没有得到满足，是情理之中的。作为代价，她放弃了自己的欲望，如此对这个梦的新的解释就诞生了，我们可以作这样的假定，梦中的那个人是她的女友而不是她，是她和她女友做了互换，也可以这样认为，她使自己转换到了女友的角色当中，认为这正是她现实生活中的表现。正因为这类“仿同”的存在，她在现实生活中放弃了一种欲望。

我想，她其实是把自己仿同成了她的那位朋友，因而造成了自己未能遂愿的情况。那歇斯底里的这种“仿同作用”是什么呢？这是需要我们解释的问题。仿同作用是歇斯底里症状形成机制中一个特别重要的因素，它使一个病人在症状中既能表示出他自己的体验，也能表现出很多其他人的体验，这就像是在一出戏里，一个人扮成了其他人，他感受的便是其他人的感觉。可能有人会说，这只是寻常的歇斯底里模仿——歇斯底里有模仿别人的症状，目的是吸引别人的注意，博取同情，其真切程度几乎是再现。但是，我们所能获知的只是歇斯底里模仿的心理过程，这与沿其发展的精神活动是两回事。较之常见的歇斯底里模仿，后者复杂得多，它通过推论得出潜意识，这可以借下面的例子来说明。

若是将一位患特殊抽搐病的女病人与其他病人安排在同一间病房里，当医生发现病人都模仿起这种歇斯底里抽搐时，他不会感到惊讶，反倒会以平静的口吻说："这是病人对这一症状作模仿的结果，只是一种精神影响。"事实正是这样。精神影响的发生过程是这样的：通常来讲，病人间的了解会比医生对他们的了解多。医生查过房后，他们便会开始交流。于是一天某个病人突然发病，其他人便会马上知道，是不幸的婚恋或其他一些事情造成了这样的结果。他们会对其产生同情心，并作出推论："若这种病是因为这样的原因引起的，那么我也将有发作的可能，因为类似的情况也发生在了我身上。"潜意识里形成了这些想法。若是这些想法进入意识层面，相应的恐惧就会产生。然而事实上，这种推论来源于不同的精神领域，最终意料之中的恐惧来了。所以，自我等同并不是平常的模仿，它是建立在同病相怜基础上的同化作用。它具有一种相似性，是由存留在潜意识中的共性因素引起的。

在歇斯底里中，"仿同作用"往往会被与性有关的情况联系到一起。一个患歇斯底里的女性的症状表现是，容易把自己当成那些与她发生过性关系的男人，或是把自己当成与这些男人有性关系的女人，这种状态与情侣间的"仿佛一体"的描述相似。在歇斯底里的幻想里，患者无需真的发生性关系，而只要有性关系的思想便会实现自我仿同。按这种思想表达方式来表达病人对她女友的妒忌就是我的分析结论：她在梦中替代了女友，并以获得的虚假身份呈现了一种症状——欲望未被满足。

过程是这样的：我的病人在梦里将自己当成了她的女友。因为她丈夫对她女友有很高的评价，她想代替女友接受这种赞赏。

我的另一位非常聪明的女患者的梦，也与我的理论相冲突，不过问题很轻易就被解决了。这个梦的发展符合了我的观点，即一个欲望未被满足的同时，有另一个欲望被满足了。她做这个梦的前一天晚上，我向她阐述了梦是欲望的满足的观点。梦里她和婆婆要一块去乡下，并决定在那儿生活一段时间。我已经知道她最抗拒的就是跟婆婆一起度过夏天，几天前她因为不想跟婆婆住得太近，在离她们度假地较远的地方租了一处房子。现在她的梦和她所希望的结果根本不一致，但是这并不与我的梦是欲望的满足的理论矛盾。自然，要解释这个梦，我们先要沿着这个梦的逻辑顺序分析。我曲解了她的愿望，她的梦正是她欲望的满足。但她并不希望我是正确的，在与度假村相关的事情上，这一欲望得到了满足。事实上，这个梦还连带出了一个更为严重的问题。之前，从与她相关的材料中，我已推论出她的病一定与她过去生活中的某件事相关。最初她断然否认了，她说根本不记得发生了什么事。可是不久，她便不得不承认我是正确的，希望推翻这一结论。在梦中她用与婆婆一起去度假替代了这个欲望，以获得充分且合理的理由，来使她最初意识到的情况不再发生这一愿望得以实现。

我还有一位病人做了一个不幸的梦，也和我的理论相矛盾。

这位年轻女郎对我说："你可能还记得，我姐姐现在只有卡尔一个孩子，另一个孩子奥托在我们还住在一起的时候就夭折了。我非常爱奥托，他几乎是我一手带大的。当然，我也爱小卡尔，但和对奥托的感情不一样。昨晚我梦到卡尔死了，他安静地躺在一口小棺材里，双手交叉在胸前，四周摆满了蜡烛，和当年奥托死时一样，我受到了很大的打击。现在你能否帮我分析一下，难不成我真的如此恶毒，希望姐姐唯一的孩子也死掉？或者是说我希望卡尔代替我更喜欢的奥托死去？"

弗洛伊德和他的女儿

我告诉她，后一种解释是绝不可能的。深思了一会儿后，我给了她真正的答案，后来她也认可了这个答案。我的分析能得到认可，是因为我十分清楚她过去的经历。

她自幼便失去了父母，成为了孤儿，是大她许多的姐姐将她抚养长大的。拜访姐姐家的客人中，有位男士曾使她很动心。人们都很看好他们，并认为他们一定会结婚，但是事情并未能如愿发展，后来姐姐出面干涉终止了这段感情，也没有给出理由。之后那位男士就没再出现过，于是小奥托成了她感情的寄托。在小奥托死后不久，她便搬出来一个人生活，但对那位男士的情感一直未中止。自尊心作怪，使她一直躲避他，并且拒绝其他人的求爱。

她钟意的那位男士是一位文学教授。他的每一次演讲，她都是听众；所有能够远远观望他且不会被注意到的机会她都紧紧抓住。她告诉过我前一天那位教授会去参加一个专场音乐会，她也会去，如此就又能看到他了。梦是在前一天做的，而音乐会在之后的一天举行。这使我的解释进行不下去了。

我向她询问是否记得小奥托死后的事，她不加思索地回答道："当然，很久之后教授再一次来访，我们在小奥托的棺材旁重逢了。"这正如我所想，我向她解释道："如果现在小卡尔也死了，同样的事情还会发生，你会一直陪在你姐姐身边，而教授必定会来哀悼，于是和上次一样，你会再一次看到他。这个梦表达了你想再次见到他的愿望，这个愿望一直存在你心里。你的手里一定握着一张音乐会的票，这是一个急于实现的梦，因为它，你提前几个小时实现了见他的愿望。"

显然，出于伪装自己愿望的目的，她选择了一种情形来压抑它，这是一个悲痛得不会使人想到爱的情形。然而这个梦仍旧再现了真实情景，她所喜爱的孩子的棺木摆在她面前时，她依然抑制不住对许久未见的旧情人的一片深情。

我的另一个女病人做了类似的梦，我给了她另一番解释。年轻时期的她聪慧过人、热情大方。在对其进行治疗的过程中，她的这些特点在她的言行举止中表露了出来。她做了一个很长的梦，梦里她十五岁的独生女死了，用一个"木箱"装着。尽管她也认定"木箱"的一些细节隐含着某些意义，但她却很想用这个梦来反驳我的关于梦是欲望的满足的理论。

我开展了我的分析工作。她说在前一天的晚会上，她和朋友曾就"box"译成德文时的几种意思，诸如"箱子"、"包厢"、"胸部"、"耳光"等展开讨论。分析这个梦的其他内容，我们能够发现，她知道"box"这个词和德文Buchse相关，也知道俗语里Buchse有指女性生殖器的含义。若是她还掌握了一些解剖学的知识，那就能将躺在箱子里的孩子假定为是子宫里的胚胎。

到了这里，她不得不承认这个梦是满足了她的愿望的。正如多数已婚的年轻妇女一样，她讨厌怀孕，讨厌生孩子，甚至希望孩子干脆死在子宫里。怀孕期间，她曾因为和丈夫激烈争吵，而以拳头击打腹部，想将腹中的孩子打死。如此，孩子便如她所愿死了。然而这个愿望产生于十五年前，之后便没被记起了。若是一个被放置很久的欲望得到了满足，而未被察觉，这再正常不过，因为这期间不可避免地会发生很多变化。

关于我上述的几个梦例，我会在“典型的梦”一节中继续分析。现在，我要为我的梦是欲望的表达这个理论提供新证据：尽管一些梦使人不快，但它们仍旧是欲望的满足。

我所要列举的梦例，并非是我的病人的，而是来自一位我熟知的律师。他因为想要我知道并非所有的梦都是欲望的满足，而告诉了我这个梦。他向我讲述道：“梦里我搀着一位女士向我的家走去，门口停了一辆开着门的马车。一位男士朝我走来，他向我出示了警官证件，然后让我跟他走一趟。我请他允许我把事情安排一下。”

“难道我的欲望会是希望警察把我抓起来吗？”我应道：“自然不是。那你知道你被捕的原因吗？”“知道，可能是杀婴罪。”他答道。“杀婴罪？”我有些惊讶。他回答道：“但是你不是也知道这种罪只有母亲才会犯吗？我不得不说，这件事并不单纯。”“但你一定要告诉我，不然我的解释将进行不下去。”我认真地看着他。“好吧。”他说道，“听着，我昨天去和一位我非常喜欢的女士幽会了，并且在外面过的夜，我很爱她。早上，我们又做了一次爱，而后便又入睡了，接着做了这样的梦。”听后，我问道“她结婚了吗？”“结了。”“你不想使她怀孕？”“对，我不希望我们的关系暴露。”“那么，之前你们都没有进行过正常的性交吗？”“我一直很小心，并没有射过精。”“你整个晚上都采取了这种谨慎的做法，但是早晨这次你没把握好？”“肯定有这种可能。”

结束了问答，我的分析也完成了，我向他解释道：“若是如你所说，这个梦就是你欲望的满足，你在梦里确认了你们没有孩子，或是有也被你杀死了。这解释起来并不困难，几天前我们曾讲到结婚的种种困难，其中最显著的一个是：性交时一切避孕手段都是允许的，然而若是精子和卵子结合了，那么道德和法律范围内则不容许一丁点儿的干预了。说到这，我又想起了中世纪的争论：人们相信，灵魂就是在那一瞬进入胎儿体内的，也就是这一刻，才诞生了生命。莱劳的那首使人不悦的诗——《死者的幸福》想必你还记得吧，诗里说避孕就是杀婴。”我停顿了片刻，“真奇怪，今天早晨莱劳确实在我脑中突然闪现。”他插话说。“这是出现在你梦里的一种预兆，我可以确切地告诉你，这个梦还满足了你的另一个欲望。你搀着那位女士走进了家门，而在现实生活中，你只能偷偷去她家过夜。构成这个梦的核心欲望的满足之所以会采用这样一种让人不快的形式表现，其原因不止一种。我的一篇关于精神神经症病因学的论文中提到，不完全性交也可能导致焦虑性神经症，你不妨拿来了解。你的情况正是如此，你总是进行不完全性交，导致你心情抑郁，这后来出现在你的梦中，并伪装了你的梦。补充说一下，关于杀婴话题的讨论还没有开展，你怎么会认为这种罪是妇女才会犯的呢？”“这是又一件不光彩的事，几年前，我和一个少女发生了性关系，并使她怀了孕，为了避免不幸的发生，她打掉了孩子。我并不知道有这件事，然而我却在很长一段时间里都焦虑不安，担心被发现。”“我能够理解你的心情。在这段回忆里我发现了另一个原因：你对你的举措并不放心。”

> 熟睡的维纳斯

在听了我的一次有关梦的演讲后，一位年轻医生的印象十分深刻。回家后，他采用了我的模式对他的一个主题的梦进行了分析。前一天，他将自己的所得税表上交了，他申报了很少的报表，因此在填写的时候很认真。当晚，他梦到一位熟识的税务委员刚刚参加完会议回来。这个人告诉他，其他人的税表都通过了，唯独他的存在明显的疑点，还要他交很多的罚款。这个梦是欲望的满足这一点几乎不存在伪装，因为他渴望拥有很多的钱。这和一位大家都熟悉的少女的故事相似，一位脾气暴躁的人向她求婚，人们都不看好这段婚姻。如果嫁给了他，她一定会遭到家暴。“他打我我也愿意”，她有着非常强烈的结婚愿望，不但已经考虑到了会有的不幸结果，还使其成为了自己的欲望。

下面我再列举一位病人的梦，以证明这一原则。这是一位少妇的梦，为了请我继续为其治疗，她曾拒绝接受她的亲戚和其他专家的建议。梦里她的家人不同意她找我来治疗，于是她提醒我，我曾说过若是需要的话，我可以为其免费治疗，我说：“钱不是问题。”不可否认，这个梦很难理解成对欲望的满足。然而，这类梦中却藏着另外一个谜，解决它，原来的问题也就能被解释了。出现在她梦中的那句我说过的话来源于哪里？我并没有跟她许诺过这样的话。而她的一位影响她很深的兄长，可能会将这种观点按在我头上。这个梦满足了他兄长是正确的欲望，并且她的整个生活也是受这种意念支配的，甚至成为她的致病原因。

反欲望的梦的第二个来源因为过于明显，而往往被人轻视，甚至包括我自己。在许多人的性格结构中，潜藏着一种受虐狂的成分，攻击性施虐成分的颠倒导致了它的产生。“精神受虐狂者”指的是一群从羞辱、精神折磨而非自身痛苦中得到快感的人。如此，我们便知道，他们会产生反欲望的、让人不快的梦，同样满足了欲望，它们实际上是梦者受虐倾向的满足。我们来看下面的梦例。

这是一个年轻人的梦，小时候他很喜欢折磨哥哥，他对哥哥有超过兄弟情的爱慕。在性格发生了本质的改变后，他做了一个梦，梦的内容包括三个部分：①他哥哥嘲笑他；②一对成年同性恋正相互抚摸；③他一直想要当董事长的那个商行被他哥哥卖掉了。醒来后，他十分痛苦。无论如何，这个梦是与受虐狂相关的，它可以解释为：“若是我哥哥卖掉了商行来惩罚我以前的行为，这是公平的，是我该有的报应。”

我列举上述梦例的意图是要人们相信，即便梦是使人不快的，它也一样是一种欲望的满足。没有人会相信，解释这类梦时，我们需要面对那些令人不快、宁愿忘记的话题是纯属巧合。由这种梦引发的痛苦情感，与我们不愿探讨或提出这类题目的抵触情绪相一致，若情况迫使我们不得不那样做，这种情绪就要受到抑制。然而，出现在梦里的这种不快情绪，并不能说明梦中没有欲望。所有人都有一些不想对别人说，甚至自己也不愿承认的欲望。同时，我们已经在一定程度上证明了这些梦的不愉快性质是各种程度的梦的伪装。我们已有理由说，这些梦被伪装了，并且几乎无法辨识。这是因为人们极反感梦的主题以及由此产生的欲望，并极强烈地想要将它抑制下去。因此，其实梦的伪装就是梦的稽查作用的运行产物。

第五章
梦的材料及来源

在分析完伊尔玛的梦例后，我们获知，梦是一种欲望的满足。现在，我们致力于寻找梦的普遍特性，回顾一下我们自己的经历，以一个新的起始点，对那些被忽视了的问题重新展开挖掘。因此，让我们先将梦是欲望的满足这一问题搁置一边，尽管这一点是否为“最终结论”还没有定论。

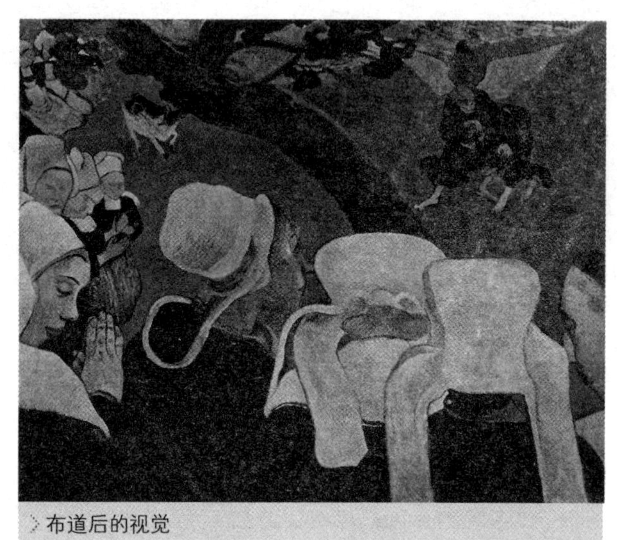

布道后的视觉

通过前面对梦的研究，我们已经发现，梦的隐意有着比它的显意更为重要和深刻的意义，那么此刻我们首要的任务是重新审视梦所包含的问题，看看能否借由隐意找到那些不可解决的难题和冲突的线索，以实现问题的解决。

在第一章里，我们已经讨论过一些关于梦与现实生活之间的关系以及梦的来源问题。显然，大家也都会记得梦中记忆的三大特点，当时尽管多次提及，却没有认真探讨：

1.梦通常与发生过的事情相关联，尤其是那些近期发生的。参考资料：罗伯特、斯图吕贝尔、希尔德布兰特以及哈勒姆和韦德的相关文献（1896）。

2.与清醒记忆不同，能记住的梦的情景通常是次要且容易忽视的小事。

3.梦往往会受我们童年时期的最初印象影响，即便是清醒时根本不会记起的童年小事也常常会在梦中重现。

针对梦在材料选择方面存在的问题，早已有作者做过研究，然而可惜的是，他们大多都停留在显性意义的层面上。

一、梦的近期和无足轻重的材料

凭经验，我马上就可以作出梦一般与前一天的生活相关的结论。这一点，我分析过的所有梦都可以证明，不论是我自己的梦还是别人的。由此，我的解梦工作就可以简化为研究做梦前一天的事件。绝大多数情况下，这都是最优之选。我在前几章列举的两个梦例，就是这一点的说明。为了进一步说明，我将引用一个我自己的梦，自然，不需全部引入，能够说明梦的要点的片段才是有用的部分。

1.我去拜访了一个并不欢迎我的家庭……一位女士不得不一直候着。

来源：前一天晚上，我与我的一位女亲戚聊天，我对她说："你想购买什么东西就一定非买不可。"

2.我完成了一本植物学的作品。

来源：当天早上，我曾被书店橱窗里的一本有关樱草属植物的专著吸引。

3.我在街上遇到了一对母女，女儿曾接受过我的治疗。

来源：前一天晚上，我的一位病人对我说，她母亲不让她再继续找我治疗。

4.我在SR书店征订了一类期刊，年费是二十费洛林。

来源：前一天，妻子提醒我，我应该把一周二十费洛林的家庭生活费交给她。

5.我收到了一封信，似乎是被人误认成会员了。

来源：自由选举委员会和人权同盟理事会的来信几乎同时到了我手上，我选择了其中之一。

6.我看到有一人站在海边陡峭的悬崖上，他的长相和柏克林十分相像。

来源：电影《妖岛上的德赖弗斯》以及我当时从英国亲友口中获知的消息。

至此，可能有人要问：“你所说的来源是具体到做梦前一天的事件，还是指近期一个范围内的印象呢？”做梦的前一天是我所倾向的，我将它称作是“梦日”。乍看去，似乎将梦的来源确定为两三天前的印象更准确，但仔细思量后，我们会发现，几天前的事件在做梦的前一天被重新想起了。几天来的印象在做梦的头一天复现，它介于事件与梦之间，通常可以找到发生这种现象的原因。

因何梦会从近期的印象中选取材料呢？为了将问题弄清楚，我们来就下面的梦进行分析：

植物学专著的梦

我曾就某种植物写过一本书，记不清是哪种植物。书就摆在我眼前，展开的是一页彩色插图，书的每页里，都夹了一个精致的植物标本，像是植物标本册。

分析

那天清晨，我到一家书店买书，一本《樱草科植物》吸引了我的注意力。

我妻子最喜爱的花便是樱草，我总是因为自己没有给妻子带回些她喜欢的花，而责备自己。我忆起了我常跟朋友讲起的一件趣事，也是我理论的证明。遗忘通常是在潜意识支配下发出的有意识行为，它能使遗忘者内心的真实想法露出马脚。

我的一位朋友，每逢他妻子生日的时候，都会送上一束鲜花。而有一年，他没有送，妻子为此哭了起来。丈夫回到家中，见妻子饮泣，便问她为什么哭，妻子说今天是自己生日。他连忙对妻子说：“对不起，我忘了，我现在就去买给你。”然而这却未能给他妻子安慰，因为她感到丈夫已经不像从前那样重视自己了。两天前，这位夫人曾来拜访过我的妻子，她曾是我的病人。

此外，需要补充说明的是，我写过的那本关于植物学的专著中，有谈及古柯植物的文章。后来，这篇文章引起了科勒的兴趣，最终他发现了古柯碱的麻醉作用。我在文章中提到，古柯植物所含的类碱可能有一天会被用在麻醉用途上，当时我却未能对这一观点做深入的研究。而在做了这个梦的第二天清晨（我因为太匆忙，尚未有时间解析这个梦，我的分析是在第二天晚上开始的），我的白日梦的内容又涉及到了古柯碱。我梦到自己得了青光眼，在柏林的一位朋友家里接受一位外科医师的手术，这位朋友的名字我记不清了。因为不清楚我的身份，这位外科医生向我吹嘘起来，他说在有了古柯碱之后，手术变得太小儿科了。而我，并没有说自己曾是发现这种药物的功臣之一。因为我考虑到，得知我们是同行后，他向我索取诊疗费时，我们彼此会很尴尬。我不愿意与他有什么交情，更不愿意欠这位柏林眼科专家的人情。梦中，我干脆地付了账。在我清醒过来后，我思索着这个梦，发现了它的隐含意义。在科勒发现“古柯碱”后不久，我的一位眼科专家朋友格尼希斯坦为我患了青光眼的父亲做手术。科勒亲身参与了其中，他负责古柯碱的麻醉。在手术室里，他曾这样说道：“看！这个手术竟聚齐了我们这些与古柯碱的发现有关的家伙！”

接着，我又记起了最近一次提到古柯碱的时间。事情发生在几天前，我正在读《纪念文集》，它是学生为感谢他们的老师和实验室主任而编著的一本书。书中列举了很多对实验室作过贡献的卓越人物，在看到科勒发现古柯碱有麻醉性能时，前一天的事件突然复现了。在回家的路上，我和格尼希斯坦教授很高兴地交谈着。在我们走入门厅后，加特纳教授和他的妻子也加入了我们，我当时还夸赞他们夫妻是才子佳人。《纪念文集》出版前的工作是由加特纳教授负责的，也可能是这点使我想到了《纪念文集》。此外，我们的谈话也提到了那位在生日当天发生不愉快的夫人。尽管只是一带而过，我却产生了新的联想。

梦里还提到，书的每一页都夹有干枯的植物标本。在中学读高年级时，我曾奉校长之命，和其他同学一起检查清理学校的植物标本册。但是，他并不放心把这份工作交给我，只让我负责了较少的部分，我记得其中的几页是十字花科植物。我并不喜欢植物学。一次植物学考试中，我就没有将十字花科植物分辨出来。所幸的是我的理论知识好，尤其是关于我最爱的法国百合的。妻子总是会记得为我买一些这种花。

摆在我面前的就是植物学专著。它勾起了我对一些事的回忆。我收到了弗利斯从柏林寄来的信，信中他描述了自己的想象力：你的这本关于梦的书使我深深着迷，它就摆在我面前，我正一页一页地看着。我想，对我来讲，没有比看到自己的书已完成并摆在我面前更幸福的事了。

>梦

我正看着一页彩色插图。我非常喜爱图书，对其中的彩色插图十分着迷。尽管我当时的生活条件并不好，但我依然订了许多医学杂志，这种不懈的学习精神使我深感自豪。在我也开始写作后，我不得不自己配插图。印象中有一次，我画的插图因为太糟而成为了同事们的笑柄。我想起小时候，父亲曾送给我和妹妹一本名为《波斯旅行记》的图文书，给我们撕着玩。这种教育方法可不怎么好。当时我五岁，妹妹三岁。撕书的具体情景我已经记不太清了。上了学后，我便开始收藏书，并在很短时间之内发展成了一个书虫。我因此欠下了很多债，至今都没还完。尽管我买书是用来学习的，我父亲却没有因此原谅我。长大后，我经常会和朋友谈起这些事儿。

在梦的解析过程中，我想到了与格尼希斯坦之间的谈话，而且还要从多方面谈起。构成这个梦的事件链是：记起妻子和我自己分别钟爱的花，提到古柯碱，又忆起同事之间求医的窘境，又想到我对书的着迷以及对植物学没好感等等。若是对这些都进行研究的话，最终结论会是我和格尼希斯坦谈话内容的一两项。之后，又会出现我们分析的第一个梦的状况，开始进行自我辩护，竭力维护自己的权利。若是我们将梦中出现的内容放到一个较高的层面上，参照过程中出现的新材料来分析的话，就会发现即便是那些原来与梦看不出一点关系的事件也变得有意义了。现在，我们所发现的意义是：不管怎么样，我完成了一篇重要论文。我一直在坚持：劝说自己去做这件事，显然，不需再解释下去了。因为我已经为我的观点“梦中的内容与前一天发生的事件相关”提供了足够的证据。所以，使人们在分析梦的内容时，能自发地将它与梦中的某一事件联系起来，这便是我的目的所在。

此刻我们所要了解的，依然是梦中的这两天的印象之间是什么关系，与晚上所做的梦的关系是什么。我们所记住的梦的内容几乎都是无聊的部分，像是为了证明梦来源于白天一些琐碎的事件。同时，所有解释的线索却又都来自几个主要的记忆，来自那些引发我们情感的印象。若是只能通过分析获得梦的意义，那么，我们获得的将是一个鲜明的、有意义的事实。至此，追究梦为什么只与白天一些无足轻重的琐事相关就没有意义了。事实上，白天的生活并不一定入梦，如此，梦便成了一种对无用材料的心理活动的消耗。事实如此，印象却不同，而且恰恰与之背道而驰：在白天我们的思想受着一些材料的支配，而这些材料也驾驭着梦，即那些能引发我们回忆的事件，才会在我们的梦中出现。

即便是那些白天里令人兴奋的印象引发了我的梦，那为什么只有那些无关紧要的琐事入梦？可以肯定，这是梦的伪装的结果。上一章中，我将它视为一种起稽查作用的心理力量。因此，我会忆起《樱草科植物》专著，是在暗示我和我朋友交谈的真正意图，正如在那个放弃晚宴的梦中，“熏鲑鱼”暗指梦者对她女友的想法一样。此刻，需要我们解决的是，贯穿于专著的印象和眼科医生的谈话之间的核心问题是什么？事实上这两个看起来毫无联系的问题有一个共同点：两者发生在同一天，上午我看到了那本专著，而谈话发生在当天晚上。我们能得出这样的结论：这种联系并不是一开始就存在的，而随着不断联想，一种印象与另一种印象渐渐融合。这个梦的一些核心问题我已经注意到了，在分析中特别关注了它们。

若是排除其他因素的影响，那本樱草花植物学的书能使我记起的只是我妻子钟爱这种花，也能使我想起没有收到花的那位夫人，出乎我意料的是，这样一些背景性思想竟然共同制造了一个梦。

但是等一下，我又想起是加特纳打断了我们的谈话，他有一个非常漂亮的妻子。在将这些内容记录下来时，我又想到了一个名叫芙萝拉的病人，芙萝拉是罗马神话中花神的名字，而这一点正是我们要讨论的，这一定是其构成环节，它们来自植物学的概念，在两个经验之间起连接作用，即连接无足轻重的和激发梦的两个印象之间的桥梁。而随即出现了一个更为重要的连接物——关于古柯碱的印象，它将格尼希斯坦这个人物和我的植物学专著联系了起来；而正是这些关系又将两组观念的融合强化了，使一种体验成为了对另一种体验的隐含意义。

我知道，这种做法一定会招来一些人的批评，他们会认为它存在任意性和人为性，我料到了这些并也准备好了应对。可能有人会问，若是加特纳教授和他漂亮的妻子没有参与呢？若是我的女病人叫安娜或是别的什么的，而不是叫芙萝拉又会如何呢？这些都不是问题，若是它们都没有出现并不奇怪，因为一定有其他情况出现了。一个思想链的组成是极其容易的，如我们出于娱乐目的猜谜语、双关语一般，正是娱乐无边界。也就是说，若是缺少了将这两个印象连接起来的中间链接，梦就是另一番面貌了。出现在同一天的两个印象可以在梦里发生互换，例如我们提到的“专著”被另一个不重要的印象替代，而与其对应的谈话内容也会在梦的解释过程中被记起来。因为是“专著”引发了这一切，于是，它就被认定是中间环节的最优之选。

如我解释的，在梦中，没意义的经验代替了对心理上更有意义的精神经验，这一定又会遭到人们的批评。对这明显反常的操作特征，我将会在下一章中解释得合理些，以更易理解。而在此那不是我们讨论的主题，我们需要知道的仅仅是这个过程的结果，其真实与否，我只能根据分析过程中总结来的规律作假定。中间发生的事情，所产生的看似是一种“移置”性质的作用，有着抑制精神活动的属性。因为中间环节的存在，使得原本很微弱的原始观念分散了原本很集中的强烈观念的能量，并最终获取了足够的能量，寻找到一条通往意识之路。当我们讨论的问题围绕情感性质或一般运动时，并不会有人察觉到这种移植作用的存在。当动物成为了一个老处女的情感寄托，一个单身汉非常热衷于收藏，一名战士誓死捍卫自己的国旗，情侣间通过紧握对方的手来表达爱意，或者如戏剧《奥罗赛》上演的一样，狂怒仅仅由一块失落的手帕引发等，它们都是精神移置作用的体现。然而，若是我们的应对方式和原则是一致的，便会下定一个结论，或者说依据它来思考。这里我要提前公布后面将推出的观点，即在梦的移置作用中的发现，其间的精神过程尽管不能用病理障碍作结论，但它和正常过程也有异，因此将它定义为一种更具原发性质的过程。

所以，连同琐碎经历残存的梦在内都可以被解释成是梦的伪装，由此我们可以联想到我们已得出的结论——作用于两种精神能动作用间通道上的稽查作用产生了梦的伪装。我们可以确信，在梦的分析过程中我们能够看到真实的、在精神上有重要性的现实生活来源，尽管其重点已发生了转移——由这个来源联想起别的琐事。这种解释与罗伯特的理论相悖，但我们已经完全没有必要顾全后者了，因为他的解释并不存在证据。对他而言接受了根本不存在的东西只是因为误解，他不能很好地完成梦的真实意义与梦的显意之间的转换。此外，还有一个原因导致了我没有接受罗伯特的理论。若释放白日经历中的“残渣”真的是梦的意义的话，那么这一发生在睡眠中的特殊精神活动，较之我们清醒时的心理活动要更使人疲惫。因为会有更多出于保护目的的无关紧要的印象掺入我们的记忆；更可能不需要介入什么精神力量来积极抵制，就把无关紧要的过程给忘了。

然而若是我们没有深入考虑罗伯特的理论就对其置之不理，则是极不应该的。清醒时，尤其是做梦前一天，不重要的印象为什么往往会成为梦的内容？这是一个还没有解决的问题。梦在潜意识中的真正来源与这个印象之间的关联并不是原来就存在的，我的理解是，它们是后来建立的联系，是在梦的发生过程中，它在不断地使有意的移置作用合理化。所以，在与近期不重要的印象建立联系时，一定存在着某种力量在强制发挥作用，而且这种印象必定具备与实现这种目的十分相符的某种属性。不然，将无法使梦念的重点在此停留，而无法轻易地转向它们自己观念范围内的无意义部分上去。

为了解决这一问题，我们来看下面的观察。

若同一天内的两个或更多的经历导致了我们做梦，那么在梦里它们就将作为一个整体出现。将它们结合为整体是必然的，这里有一个例子。

但丁之梦

某年夏天的一个下午，我坐火车的时候，巧遇了两个熟人，他们彼此并不熟悉。其中一个是位名医；另一个出自名门，和我有职业联系。我介绍他们认识。然而整个旅途中，他们之间没有任何交流，只是各自与我交谈，因此我需要不断变换话题，以继续和他们的谈话。我对那位医生朋友说，希望他能借自己的影响来推荐我们共同认识的一位年轻医生。他回答我道，他也认为这个年轻人很有实力，但他的长相实在愧对观众，跻身上流社会是不可能的，不能当他们的家庭医生。我对他说，所以才要他帮忙啊。之后，我又开始询问另一个同伴他姑母的健康状况，得到的答案是，她还病着。当晚，我便做了个梦，梦里我要推荐的那个年轻医生，同我的一群上层社会朋友一起站在一个非常豪华的客厅里，他正在为一位老夫人致悼词，声音庄重且哀婉。如此，在我的梦里前一天留存的两个印象便又一次结合在一起，成为了一个场景。

诸多的相似经验使我确信，梦的发生是受了某种需要的召唤，它将全部的刺激诱因结合在了一起。

这一问题的讨论还要继续，我将借由分析工作，来指出梦的诱因来源，其通常都是近期的一个事件，或是一种心灵体验。也就是说，这个事件从精神上来讲相当重要，不但产生了刺激梦的物质，还能发挥作用。大量分析可证，刺激梦发生的应该是一种心理过程，并且往往是第二种作用。

前一天的思想活动转变为最近的一个事件似乎就会引发这种心理过程。

这里，我将梦的来源所运作的各种条件做了整理，它们可以是：

1.一个发生于近期的、重要的思想经验直接呈现在梦中。

2.几个发生于近期的、有意义的经验在梦中结合出现。

3.一个或多个重要的经验在相同时间内发生，但在梦中却出现了琐碎的记忆。

4.一个近期的、不重要的印象通常会取代一个近期的重要经验出现在梦中。

在梦的解析过程中，有一个我们必须要满足的条件：构成梦的材料通常来源于对前一天或近期事件的印象，这个印象可能属于梦的真正刺激诱因周围的观念群，也可能属于不重要的记忆范围，但无论如何，它都或多或少与刺激梦形成的中间环节相联系。至于那些控制力量，其实并不如想象的那般多种多样，它只取决于两种选择，即移置作用产生的是与否。在这种假定成立的情况下，梦之间存在的差距范围就可以获得解释了，其容易程度正如脑细胞从部分醒来到全部醒来一般。

如此，我们还会发现一个重要但不是近期事件的记忆，会被一个没意义的近期记忆取代。这个过程的发生，需要符合两个条件：①当晚的梦能联想到一个发生在最近的记忆；②梦的刺激本身要保持在心理上有重要意义。在提到的四种梦的来源中，能够由同样一个记忆来满足这两条的只有第一个。除此之外，我们还会发现，梦的材料——不重要的印象在之后的几天内就会失效。所以，我们可以断定，印象的新鲜性对于构成梦具有相当的价值，这种价值与该记忆所附的感情色彩的价值几乎相等。与梦相关的这些最近印象的重要性，在之后的心理学的讨论中是显而易见的。

讲到此，我们还会注意到，当这种记忆的和观念的材料在晚上被意识所忽视时，情况则会不同。因此，在做重大决议之前，我们往往会被告诫

“好好‘睡一觉’”，这是一个很有道理的劝告。这属于睡眠心理学的范畴，在此我们还是先回到梦的心理学。在之后的章节中我们还会对此进行深入的探讨。

从以上论述中，我可以得出这样的结论：梦都不是空穴来风，即梦都是有“预谋”的。若是将儿童的梦以及夜晚睡梦中对感官刺激的简单反应除去的话，我几乎是完全认同这一结论的。而且我们的梦的内容可能一眼就能看出具有重要的精神意义，也可能是做了伪装，要深入分析之后才能作出判断。梦绝对不是琐事引发的，我们绝不会容许琐碎的小事来打扰我们的睡眠。那些看似没有任何意图的梦，在我们仔细分析后，都会变得不那么“清白无辜”。它们正像是“披着羊皮的狼”一般。我担心这一点可能不会被人们认同，因此我很乐意在这里就梦的伪装是如何工作的作出说明。下面的梦例来自我的病例记录，我将就它们进行分析。

1.一个年轻、聪颖、性格较内向的女性曾告诉我：“我梦到因为很晚才到菜市场，肉和菜都已经卖光了，我没买到。”这个梦任谁看都是清白纯真的，然而这却不符合梦的一般属性。我要求她再多说些细节，她接着说，梦中她是和她的厨师一起去的菜市场。她问了卖肉的几句话，卖肉的回话说：“已经没得卖了。”之后递给了她一样别的东西，说：“这也不错。”她摆了摆手，又来到菜摊，摊主是个女人，摊上摆着一种菜，非常特殊，它是一捆捆的，而且呈黑色。女菜贩向她推荐，她拒绝了，说：“我从未见过它，不想买。”

这个梦再次印证了我们之前得出的结论：梦与前一天的事密切相关。她确实去菜市场了，而且也晚了，什么都没买到。整个梦可以这样总结：“肉店关门了。”仔细考虑了一下，这说的不正是男人衣帽不整的粗话吗？然而梦者自己却以隐语的方式说出了这句话，因此我继续就这个梦的细节进行询问。

当梦的内容出现口头表达时，不管是说出的或是听到的，不只是联想的，通常都交代了一个事实——在清醒生活中说过这样的话。自然，可以肯定的是，这类东西只作为一种原材料的形式存在，删去或改动都是可以的，特别是在其与上下文不一致时。在解释的过程中，这句话就引出了一种分析方法。那么，肉贩说的“已经没得卖了”是什么意思呢？意思是：来源于我自己。

前不久，我曾告诉一个病人，童年形成的记忆“不会再想起来了”。然而在做了分析后，我获知它们已被“移情”和梦代替了，这里我扮演的正是那个肉贩的角色。回到她的梦的分析，她会拒绝这些移情，是她以前的思想和情感的体现。梦中她说的“我没见过它，不愿意买”又是源于什么呢？为了能继续分析下去，我们要先将这句话分离开来。“我没见过它”是她在前一天对那位厨师说的话，当时他们起了争执，她还说了“你要自重，举止检点些”的话，这里又明显发生了一个移置。在她与厨师说的两句话中，被选入梦的是与重点无关的那个。然而那句被压抑下去的话才更符合此梦的情境。当某人对我们提出不合理的要求时，我们常常会这样回敬：他的肉铺子忘了关。到这里，这个梦的真正意义已经初露端倪了。接下来，我们再来看看发生在菜摊的事儿。菜是黑色且成捆的，按此分析，推论的结果可能是芦笋，又像是黑色小萝卜。但哪怕是有丁点儿常识的人都不会分析芦笋，而“黑萝卜”暗示的是种感叹，漫画中常有“小黑，滚开”的话。于是，它就可能和我们起初的怀疑——性主题联系起来，我们最初对这个梦的解释是肉店关门。对梦并非“单纯清白”的观点，我们只需交代这个梦具有一种意义就足够了，而无需再去探求它的全部意义。

2.这是来自另一个女病人的梦，和前一个梦一样，它被断定为是一个纯洁的梦。梦里她丈夫问她：“家里的钢琴需要调调音吗？”她回道：“不必了，但是琴键必须要调一下。”

同样，这也是前一天真实事件的再现。那个问题她丈夫问过，她也是如梦中那样回答的。但是这个梦说明的是什么呢？她曾对我说过，她非常讨厌那架钢琴，称它是十分恶心的老木盒子，发出的声音非常刺耳，是她丈夫婚前的东西。但那句“不必了”的解释是值得注意的。前一天她去拜访一位女友，进门后，那位女友建议她脱掉外衣，但她没有，并说道：“谢谢，不必了，我只待一会儿。”听着她的讲述，我联想到了在之前一天的分析中她突然抓紧自己短上衣的情景，那有一个纽扣明显松动了。

所以，她的举动是在说：“不必看了，没什么好看的。”“盒子”代表了胸部，通过对这个梦的解析，我发现了一个事实：自开始发育时起，她就没有对自己的身材满意过。若再将“十分恶心的”和“刺耳的音调”与这个梦联系到一起，我们将会注意到梦者所关心的自身的两件琐事——身材、嗓音，只不过是某种更为重要的东西的代替或参照。

3.这是来自一个未婚男士的梦，是一个纯洁简短的梦。他梦到自己又一次穿上了厚厚的冬衣，情况有些恐怖，似乎寒冬就要来了。若是我们仔细分析一下，便会得出这个梦不符合逻辑的结论。在寒冬穿一件厚实的外衣如何会“恐怖”呢？而且，在向我讲述的过程中，梦者的第一个联想，就使这个看似单纯的梦不攻自破了。他说，前一天一个女子向他讲述了她自己的一件秘事，说她之所以会生最后一个孩子，是因为使用避孕套失败。在了解了这些后，他产生了一个想法——避孕套若是太薄的话会有受孕的风险，而若是太厚则会不舒服。分析到这里，大家就会明白了，在梦里外套（衣）合理地替代了避孕套，它们都是人们穿着的东西。听到这样的事，对一个未婚男子来讲，感到“恐怖”是正常的。

4.接下来，我们再来看之前那位女士的另一个清白的梦。梦里她要把一根蜡烛插到烛台上，然而蜡烛却折断了，无法直立起来。一个女学生笑她笨，她极力辩解说这不能怪她。

这也是一个真实生活的重现。前一天她真的干了梦中的事，只是现实中的蜡烛是完好的。这有着很明显的象征意义，女性的生殖器官会因为看到蜡烛而兴奋，若是它折了，不能直起来的话，就相当于男人性无能。然而我对一个家教甚严的女士是否会了解这些常识而感到怀疑。所幸的是，她亲自解开了我的疑惑，告诉了我她获知这种知识的经过。

> 最初的关怀

一次，他们划船在莱茵河上赏玩，一只船自他们身边划过，船上坐着一些学生，他们很欢快地唱着一首歌：

瑞典皇后，

藏在紧闭的百叶窗后，

用那根阿波罗蜡烛……

她当时并没听清楚最后那句话，她不明白其中的意思，便让她丈夫解释。于是，便出现了梦中的情景，并且是以有所掩饰的形象出现。以前在学校的时候，她曾因关窗帘的动作笨拙而受到过同室人的嘲笑，这是由紧闭的百叶窗这一相同因素引发的联想。应该不会有人不知道手淫与性无能之间的关联。歌中的“阿波罗”与前文出现的纯洁的智慧女神雅典娜有着密切的联系。经解析后，最终证实这个梦也不是清白纯洁的。

5.至此，若是就梦的真实性作结，不免言之过早，因此我再列举一个来自同一个梦者的梦。这同样也是一个看似很清白的梦。她告诉我：“梦的内容是一件我真正做过的事。之前一天我将书塞到一个小箱子里，因为塞得很满，箱子合不上了。结果这件事就在我梦中上演了。”梦者就这个梦和现实的一致性做了反复的强调。即便是在清醒后才对这个梦进行判断和评论，事实上它们有一部分也是梦者隐含的想法。这一点也可以在本书之后提到的梦例中得到证明。我们需要了解的是，这个梦确实是白天经历的事的再现。若是想将这种思想的产生原因交代清楚，可能要花上好些工夫。然而我们只要知道这个梦的关键是“箱子”就好了。它已经装得太满，再放不下别的东西了。所幸，这并不是一个蕴含邪念的梦。

由上述的几个梦例可知，“清白纯洁”的梦并不是那么回事。在这些梦里，引发稽查作用的显然都是性因素。在后面我会对这个重要的命题做详细的分析。

二、梦的另一个重要来源：童年的记忆

我认为儿童时期的一些记忆应该被归纳到梦的第三个特征里面。看上去它们似乎很容易被彻底忽视，因此，我们拿不准，而在醒来后，我们所讨论的材料的来源又无法辨认。因此要证明我们的印象源于童年，就得理论依据充足，然而这却不是容易的事。由默里提出的一个例子极具说服力。有一个人将要回到他离别二十二年的故里，临出发前一天，他做了一个梦，梦里他来到了一个不熟悉的环境，他和某个人在街上谈着话。在回归后，他发现梦里的那个陌生的地方就在家乡附近，而那个和他交谈的人，竟然就是过世父亲还健在的旧友。这充分证明了：幼年时的他到过这个地方，也见过这个人。同那个手中握着音乐会入场券的梦以及前面引用的父亲许诺带女儿去哈密奥的梦一样，这个梦也是显性的。梦者使自己童年时的某段记忆在梦中复现，而其动机若不通过分析是不能发现的。

此外，还有一种方法对证明梦的材料包括童年时期的印象大有帮助。这里要介绍一类称为“反复呈现型”的梦，是一些童年的梦在成年之后反复出现的现象。类似的梦我能列举多个，有一个是我亲自记录的，尽管我不曾做过这类梦。我的一位三十岁的医生朋友告诉我，自童年至今，他的梦里总是会出现狮子，对这只狮子他甚至能详尽地描述出来。后来他终于找到了这只狮子的来源，他曾经的一件瓷器上就刻有这只狮子，只是那个瓷器很久前就被他丢弃了。向母亲询问之后，他得知那是他小时候非常喜爱的玩具，尽管他自己对这件事情已经没有印象了。

若除去显性的梦，只探讨经分析才能获知其意义的隐梦，我们的发现将会是非常出人意料的：我们常常完全不会注意到的童年记忆在梦中起着不容忽视的作用。在这位常梦到狮子的朋友那里，我还搜集到一个有趣的典型梦例。听过了奈森极地探险的报告后，他做了一个梦，梦里他出现在一片冰原上，在那里，他正在以电疗法医治勇敢的探险家的坐骨神经痛。在对这个梦做分析时，他提到了一段童年往事，而且仅凭这段往事就可以给这个梦以一个不错的解释。在三四岁的时候，他常听大人们讲航海探险

的故事，于是他问父亲航海是不是一种病，那时的他一定是将Reisen（航海）和Reissen（腹绞痛）搞混了，而他的哥哥和姐姐则不存在这个问题，这个使人尴尬的错误一直清晰地留在他的记忆里。

这里我要就之前讲过的一个梦例再一次进行分析，是那个我的朋友R与我的叔叔发生调换的梦，我们定会从中受益。跟随分析的思路，我们曾获得一个清晰的动机，即我渴望拥有教授的头衔。其中我对朋友R的感情，是在梦中安抚我对两位同事的诋毁而虚拟的情感。因为这是我做的梦，因此我并不满足于目前已得到的结论，我的分析还要继续。我明白，在梦中我的这两位同事的形象遭到了一定程度的污蔑，那是在清醒时不会出现的情况。在教授头衔的争夺战中，我在梦里与清醒生活中表现出的是两种截然不同的态度。我不希望自己有同他们一样的遭遇，若是对晋升教授的渴望程度强烈到产生一种我自己都未曾意识到的病态心理的话，我则会感到非常遗憾。我并不清楚熟知我的人会如何评价我的功利心。可能我是有野心的，然而事实若如此，我的野心不是更该转为对别的事情的追逐吗？比较起来副教授的头衔就不是什么诱惑了。

那么，究竟什么才是形成梦的野心的根源呢？想到这里，我忆起了发生在童年时期的一件事。我刚出生不久，一位老农妇曾应我母亲之邀为我算过命，她的结论是我将来会成为一个伟大的人。这是再正常不过的预言了，每个母亲都希望自己的儿子有出息，并且还有着无数的农妇或别人因为自己未能实现心愿而希望由他人来弥补遗憾。此外，说好听的话本来就是那些三姑六婆们津津乐道的。难道就是它促使我去追名逐利的？

这时，我又记起了一段往事，这也是童年时的事，它较之前提到的那个晚些，但可能更具有说服力。那时我十一二岁，常常会被父母带去维也纳郊区的一个著名的公园散步，即普拉特公园。一天晚上，我们又来到公园散步，在公园的一家餐厅里，我们遇到了一位特别聪明的男士。他不断地从一张餐桌上换到另一张餐桌，每到一张餐桌他都能即席对任何题目作出一首诗来。父母请他到我们这边来，当时他向我们表达了谢意。在我们出题目前，他便先为我作了一首小诗。他兴冲冲地告诉我们，我将来会成为内阁部长。

至今我仍记得这个预言。当时内阁部长是比格尔，就在那不久前，我父亲买回了些官员或商人的肖像，有赫布斯特、吉斯克拉、昂格尔和比格尔，并挂在了家中非常显眼的地方。他们中有犹太人，而且当时非常流行比格尔部长式的公文夹，每个犹太学生的书包里都放有一个。这些事在刚上大学的我那里引起了不小的波动，于是我决心要学习法律。然而，在上大学前不久，我改变了主意，学了医学，这使我远离了部长的事业。让我们来继续分析我的那个梦。现在我明白了，这个梦实际上已将我从毫无希望的现在带回到满是希望的比格尔内阁时代，而我努力要实现的正是回到比格尔内阁时代去。我的那两个有本事又卓越的同事，也都是犹太人，因此在梦里，我将他们说成是傻瓜和罪犯，我会这样做，是因为我已将自己当成了部长。并且我还对部长实施了报复，因为他没有批准我晋升。在我的梦里，我干脆就取代了他以报复。

蒙娜丽莎的微笑

这充分表明：尽管梦的刺激点来源于近期，但是此时，它是以儿童时期的记忆为基础的。我记起了我的众多想要去罗马旅行的梦，很久以来我都希望借由梦来给这种欲望以满足，因为我每年的旅行计划都因为身体不适而不得不放弃。例如我的一个梦是，我坐在火车里望着窗外，从泰伯河和安基洛桥经过。火车启动了，我才突然发现我不曾到过这个城市。而这正是我由一位病人家的客厅里摆放的一幅著名的版画上看到的风景。在我的另一个梦中，我被人带上了一座小山顶，他向我介绍笼罩在云雾中的罗马城，它远远地矗立在那儿，我却惊讶地发现我看得异常清晰。梦的内容还有很多，尽管我不能在此一一详述，但我却清楚地了解“远眺梦想之地”的主题。梦里我第一次看到的笼罩在云雾中的城市就是吕贝克，而我脚踩的那座小山正是格利欣山。在我的第三个梦中，我终于辗转来到了罗马，在梦中我并没有预期的激动，反倒失望至极，这里根本看不到城市的迹象。有一条小河，流淌着黑色的浊水，它的一边是黑色的峭壁，另一边则是一片草地，上面开满了大朵白花。我遇到一个叫朱克尔的人，我打算向他询问如何去城里。梦所上演的景象，只能是现实生活中出现过的，因此我不可能看到未曾见过的城市。于是，我将这个梦分解开来，百花的原型是我曾去过的拉文纳，有段时间它成为了意大利的首都。在拉文纳城外有一片沼泽地，那里开着可爱的水百合花，水是黑色的。就像生长在我们家乡奥塞湖的水仙花一样。因为无法从水中采摘，它们在梦中出现在了草地上。伫立在水边的黑色峭壁，让我联想到了紧挨卡尔斯巴德的泰伯尔河谷。我向朱克尔先生问路的事情就发生在卡尔斯巴德。这个梦的内容包括了两个使人发笑的犹太人的故事，它们既是人类智慧的体现，也反映了人世的艰难，它们常常大篇幅地出现在我们的书信和谈话中。第一个故事是关于“体质”的。有一位贫穷的犹太人，他没有钱买票，便偷偷地混上了去卡尔斯巴德的快车。在验票时，他被发现了，被赶下了车，而且还承受了很严厉的体罚。在他又一次被赶下的车站里，他遇到了一位熟人。那个人问他要去哪儿，他回道：“在我的体质允许的情况下，我要去卡尔斯巴德。”接着，我又记起了另一个故事。一个不会讲法语的犹太人在巴黎街头，向人询问要如何才能到里希尼街。很久以来，我一直向往巴黎，当我第一次踏上巴黎的土地时，仿佛其他的愿望也都实现了，充满了幸福感。“问路”是谚语“条条大路通罗马”的暗示。并且，朱克尔也是卡尔斯巴德的暗示，因为那里常常会被我们推荐给需要疗养的体质性糖尿病病人。我与一位柏林的朋友约定复活节那天在布拉格碰头的事产生了这个梦，在那里我们将就“糖”与“糖尿病”的进一步联系等话题进行讨论。

继上一个梦不久，我又做了一个梦，梦里我又一次来到罗马。在前方的墙角处，我意外地发现那里贴有很多用德文写的告示。前一天，我曾给我那位朋友写过一封信，信里说，我认为德国人不会愿意去布拉格，并且还提到了我希望在罗马而不是在波西米亚的城市集合的愿望。在我的学生时代，我就迫切地这样希望。那时，布拉格通行的还是德文。补充说一句，在小时候我就懂捷克语了，我的童年是在摩拉维亚的一个小镇度过的，而斯拉夫人就居住在那里。在十七岁时，我对曾听过的一首捷克民谣印象非常深刻，至今我仍旧能将它背诵下来，尽管我不明白它的具体含义。所以，这两个梦是与我童年时期的生活相关的。

在我的上一次意大利之旅中，途经了特拉西美诺湖。经过泰伯河后，在距罗马还有五十英里的地方被迫返回了。终于看见了这条通往罗马城的路，又一次加深了我对早期的印象的记忆。在本书开始写作的第二年，我经由罗马去那不勒斯时，想到了一位古典作家的话：当他终于下定决心去罗马时，他感到很纠结，来回在书房踱着，内心深处进行着非常激烈的斗争——是当温克尔曼的副校长，还是去做汉尼拔大将军？事实上，我和汉尼拔的经历类似。我们都一样，无缘见到罗马，他是在人们期盼他进军罗马时移师去坎伯格纳的。在学校读书时期，我视汉尼拔为偶像，在这些方面我步了他的后尘。同那个时代的大多数孩子一样，在三次布匿战争中，我同情的是迦太基人，而不是罗马人。步入高年级之后，我第一次意识到作为异族意味着什么，我由其他学生反犹太族的情绪明白我需要有明确的立场。与此同时，我也越来越崇拜这位犹太将军。我当时的观念是，汉尼拔连同罗马一起代表犹太人誓死与罗马天主教会斗争的决心。在这种反犹太运动的影响下，我的思想情感有了固定的模式。因此去罗马的欲望就成了我梦中的其他的愿望的伪装和象征，这些欲望是要有腓尼基人的决心和毅力才能实现的，而最终的结果又通常会和汉尼拔一样，终生也未能进入罗马。

我对这位迦太基将领的敬仰自我童年时期就开始了。这再次印证了我将已形成的情感投入到了另一个新的事物上。当我学会阅读时，我读了退耳的《执政与帝国史》，现在仍记得我用标签记下拿破仑手下元帅的名字，将它贴到那些玩具木兵的背上，当时我最喜欢的是马赛那。拿破仑会将自己视为汉尼拔，是因为他同汉尼拔一样翻越过了阿尔卑斯山。在童年的更早期，我便有了这种尚武精神。那时，我常常会和一个比我大一岁的孩子一起玩，我们之间的关系时好时坏。在身型有着明显差别的关系里，弱的一方自然就会产生这种欲望。

在人们深层次地分析一个梦时，便会发现有很多童年记忆被带出来，它们所起的作用是最关键的。

我们已经知道，梦极少是记忆的再现，它既没有减少也不发生变化，就像上面提到的，童年时期的早期印象绝大多数都是通过隐喻入梦的，即便我们记录下了它们，也不会有人相信。因为记忆是太模糊的东西。从一般分析过程获得的解释，是由已提供的全部材料推断出的童年事件。脱离了背景，若是将一些推论来的童年期经验记录下来，却不知目的何在的话，人们是不会对它们留有任何印象的，尤其是在提供的原材料没有用武之地时，然而我依然要举几个这样的梦例。

工作中的弗洛伊德

1.我有一位女病人，她所有的梦仅有一个主题“匆忙”：诸如无论何时去何地都坚持不误火车，等等。她的一个梦中，她准备去一位女友家，她的母亲建议她打车去，她却没有听从，而是跑着去了，最终一路上接连地摔跤。在我更详细询问时，她想到了儿时打闹嬉耍的情景。后来的一个特殊的梦使她忆起了那时常常会说的一个绕口令：“牛在跑，跑到倒”，说的时候会越来越快，最终它会变成一个无意义的单词。事实上，这也是“匆忙”的一种形式。这些与女友们玩闹的清白经验留在了记忆中，取代了那些不纯洁的事物。

2.这是来自另一位女病人的梦：在梦里她待在一个类似外科手术室的大房间里，周围摆放的是各种各样的机器。一个人告诉她因为时间关系，她需要同其他五个人一起接受治疗。她不肯接受这个要求，拒绝躺下，站到了角落里，等着我说那不是真的。那五个人笑她不明智——而她，竟然在画小方格子。

我们来分析一下。梦的第一部分是与治疗有关的内容，并且产生对我的移情作用；第二部分的内容隐喻的是童年时期的一个情景。连接这两部分的是床。

由外科手术室我记起了我曾对她说过的一句话，我将治疗长期性和性质的复杂性比作一次矫形手术。在治疗之初，我对她讲，尽管之后的每天都会给她进行一个小时的治疗，但目前我的时间排得很紧。于是她神经过敏，儿童歇斯底里症的一个很重要的特征便是这点，他们有无限地渴望爱。我的这位病人家里总共有六个孩子，她是最小的一个，因此她父亲最宠爱她。然而即便如此，她依旧认为她敬爱的父亲没有给她足够的时间和关心——这便是她希望我说“那不是真的”的根源。她在一家裁缝店定做了衣服，当她付钱给前来送衣服的年轻的小裁缝后，她担忧地问丈夫，若是钱被弄丢了，她是否需要再付一次。丈夫开玩笑说，需要再给一份的。于是她焦急起来，不停地问，希望丈夫说的是假的。由此可知，她可能是联想到了若是我给她的治疗时间是双倍的，她是不是就需要付我双倍的诊费——这让她认为我是贪财的，或是可耻的。若是我断定这段梦的内容隐含的意义是“不洁”，那么“她站在角落里”和“拒绝躺下”的情景都与她童年经历的一件事相符：她把床弄脏了，被罚站在墙角，父亲也许不会爱她了，哥哥姐姐们都会取笑她等等。小方格子的原型是她见到过的她小侄女玩的一种游戏，总共由九个方格子构成，是要求横竖相加之和都等于十五的算术游戏。

3.这是一个男人的梦：梦里两个小孩在打架，他们似乎是桶匠的孩子，因为周围的地上散落着桶匠的工具。其中一个被摔到了地上，他戴着昂贵的蓝石耳坠儿。之后，他挣扎着爬了起来，握着棒子朝那个摔倒他的孩子冲去。而那个孩子跑向一个妇人，并躲在了她身后，妇人倚着木栅栏站着，似乎是那个男孩的母亲。她是一副劳动妇女的模样，背对着梦者。当她回过头来时，样子很恐怖，梦者一惊，而后跑开了——她的眼皮下耷拉着一块血红的肉。

这个梦充分地利用了梦者前一天的一些琐事。他真的在街上看到两个小孩打架，其中一个将另一个摔到了地上。他走过去想劝架，但是两个孩子见到他便跑开了。因何说他们是桶匠的孩子，这可以由后面将提到的梦中的谚语——“把桶底打穿”来解释。在梦者的认知里，蓝石耳坠通常是妓女所佩之物。之后，他又记起了一首与那两个男孩相关的诗，“另一个男孩叫玛丽——女人登场了”。在两个孩子跑走后，梦者沿着河走，在打量四周没人看他后，他对着木栅栏撒了泡尿。之后，他看到一个有名望的老妇人正笑着看他，因为这个女人刚刚在同一个地方小便过。这便是“红肉”的解释了，指的是下蹲时打开的阴户。这个情景他在童年时也见过，它后来以“浮肉”——伤口的形式，留在了记忆中。

这个梦结合了他早年时期曾两次看到女孩生殖器的情景。这两次经历分别是：女孩被摁倒在地上时，女孩小解时。由梦里的其他内容，也能够发现他在小时候有因为对性好奇而被父亲责备和惩罚的经历。

4.下面要提到的是一位老妇人的梦，在她看似单纯的梦里十分巧妙地编入了许多童年的记忆。

梦中，她非常匆忙地跑出门去买东西，路上她因双膝瘫软跪倒在了格拉班大街上。有许多人来围观她，其中有位出租车司机，却没有人向她伸手。她试图自己站起来，但失败了。她最终肯定站了起来，因为她被搀进一辆出租车里，并被送回了家。一只沉重的篮子由她身后的窗户扔了进来。这位梦者在童年时期就喜欢追逐嬉闹，因此在梦中也常常很“匆忙”。可以肯定梦的第一部分内容的原型就是马跌倒的景象。“跪倒”指的是，赛马过程中马没能坚持下来。在年轻时期，她就常常骑马，那么无疑，更小时候的她就是一匹小马。跌倒景象来源于童年时期的一个记忆。在她幼小的心灵中，癫痫症发作的情状留下了深刻的印象，而后期歇斯底里发作时的形式又受到了一定程度的影响。若是一个女人梦见自己摔倒了，那她一定产生了与性相关的意识：她认为自己很“堕落”。而对于我们正在分析的这个梦，我则更加确信这一点，因为梦者正是倒在了维也纳著名的妓女聚集地。购物篮的解释则可以有多种，她可以由此想到她多次拒绝掉求婚者的经历，也想起后来自己主动向其他人求婚遭到拒绝而发出抱怨的记忆。这与没有人帮助她联系了起来，也是拒绝的一种形式。此外，在她的提示下，购物篮可以解释为在婚后她需要自己去买东西。最后购物篮还可以被解释成是仆人，这使她想起了小时候的事。她第一个想起来的是，在她十二岁时，曾见到过一个因为偷窃而被解雇的女厨师跪在地上请求宽恕；她还想起因为同马夫偷情而被解雇的一个女仆。如此，在梦中出租车司机代替了马夫出现。而其他的尚需解释的就是从她身后的窗户投进来篮子。这一情景使她联想到了常见的将货物扔上火车运走的情景；以及一种来自乡村的风俗：情人会通过翻窗户进入姑娘的屋子；还有她在乡村生活的逸事，例如，小伙子是如何由窗户向姑娘抛送青梅的，她的妹妹曾受到站在窗口偷望的傻子的惊吓，等等。她又想起了十岁时的一个模糊记忆。在乡村生活期间，一个女佣和一个男仆因为被发现发生了性关系，而双双被解雇了。针对这一故事我们已做了很多种解释。在维也纳，仆人的行李被叫做“七个梅子”，因此便有了这样一句俗语：“带着你的七个梅子，滚吧！”

我收集了很多病人的梦，通过分析它们可以找回一些早期的已经模糊的，甚至完全忘记的记忆，这些记忆可以上溯到三岁时。然而如果在通常情况下，应用分析它们得来的结论，则就不一定可靠了。因为所有神经症患者的梦，特别是歇斯底里症患者的，他们梦里的童年时期的印象所引起的反应，并不是由梦的性质所决定的，而极大可能是由他们神经症的性质所引发的。不过，总归我的梦是没有神经症状干扰的。在我分析它们时，总是会突然想到与梦相关的属于我的某些童年时期的记忆，而且整个梦的内容会与我联想起的童年经验瞬间建立起联系。我已经列举了我的几个例证，这里我要再引入几个联系密切的梦例。我想为我这一节的内容画上完美的句号，希望它能够令人满意。

第一个梦

结束旅行后，我疲惫不堪，尽管很饿，但沾上床便睡着了。然而，某些时候人也会在梦中极尽可能地给予自我满足，因此便产生了下面的梦：

我走进厨房想找根香肠吃，有三个女人站在屋里。其中一位是这家旅店的老板娘，她手里拿着一个东西，正在搓揉，像是在做类似汤圆的东西。她告诉我还要等上一会儿才会做好，那时候再来喊我，我极不耐烦地转身走开了。我想要穿上大衣，然而我选的是一件很长的大衣。我决定脱掉它，就在这时我惊奇地注意到这件衣服竟然配有名贵的毛皮。我又穿上了第二件衣服，这件衣服的带子上绣有漂亮的土耳其图案。之后一位陌生人出现了，让我将这件衣服脱下来，说这是他的衣服。他的脸长长的，胡子很短。我对他说这是件印有土耳其图案的衣服，他回应道："这和你有什么关系？"不过很快我们的关系便友好了起来。

在我开始这个梦的分析后，我竟出乎意料地想起了自己读过的一本书，实际上我的阅读是由第一卷的结尾处开始的。我至今都不知道这本书

维纳斯的诞生

的名字和作者，却对它的结尾印象深刻。主人公疯了，他的口中反复地念着在他的生命中扮演过重要角色的三个女人的名字，她们给予了他幸福，也狠狠地伤害过他，其中的一个名字是佩拉姬。现在我还是不清楚我为什么会在解析梦的过程中记起这段回忆。由那三位女性，我联想到了手握人类命运的三位女神，我知道赐予生命的母亲是她们中的一位，她提供了营养。女性的乳房同时满足了人类精神上——爱情和物质上——温饱的需求。有一个年轻人十分仰慕女性之美，他在一次讲到自己小时候的一位漂亮的奶娘时，脱口说出："太可惜了，我那时没能抓住那么好的机会。"在精神神经症机制中，当对"推迟动作"的因素做解释时，我常常会引用这件轶事。分析到这里，我们好像可以解释了，有一位女神在用两只手搓揉着，似乎是在做汤圆，这是命运女神的一种奇特职责。这可以上溯到我更早期的一些童年景象。在我六岁时，母亲告诉我人类是由泥土做成的，最终的结局也是成为尘土。在讲述时，我母亲的双手搓揉着——正如揉汤圆

的样子，而其实她的手上并没有面团，最终我看到的是搓下来的表皮鳞屑形成的黑色泥团，她以此向我证明人是由泥土做成的事实。见到眼前的证据后，我感到非常的惊奇。之后我也认同了："生命最后要复归自然。"因此，我在屋里看到的确实是命运女神，多年来我一直保持着童年时的习惯：在饿时，就会跑进厨房，而每次都会被站在火炉边的母亲劝回，她说等到晚饭做好了才可以吃。我们再回来讲汤圆。在读大学时，我有一位叫Knodel（克诺德）的老师，他教授组织学。他曾指控一个叫Knodl的人抄袭了他的作品，于是这就为梦的第二部分提供了素材，我被认成了偷大衣的贼。写下"剽窃"这个词并不是我思考后的结果，它主动跃入了我的脑海中。然而此刻我才发现，是它将梦的各种显意串联起来的。这个梦的关键词是：佩拉姬、剽窃、横口鱼、鱼鳔，把旧小说和克诺德以及大衣联系起来。其中有些与性工具相关。我们看到，这一连串的词根本就毫不相关，若不是出现在梦里，它们是绝对不可能同时出现的。但是，我们好像有必要建立起一个不把一切事物视为是神圣的强制性的联想。令人尊敬的布吕克，将我召回到了那个我度过无忧无虑的快乐学生时代的校园——

那段快乐时光，每天酝酿着智慧的宝藏，
无为而有为的追求，有无限欢乐的欢畅。

这与梦的情景刚好相反，我在梦中饱受着欲望的折磨。接着我想到的是一位受人尊敬的老师，他的名字是弗莱契尔（Fleischl与Fleisch同音，后者是"肉"的意思），同克诺德一样，听上去像是食物的名字。这时我的思路广阔起来，众多景象同时上映：我母亲与旅店女主人一起到药店疯抢可用来充饥的药物——古柯碱。

如此，沿着这条盘根错节的思想链，我们的分析就可以进行得更深入，最终梦的所有部分都会被逐一解析清楚，然而我却不能那样做，这涉及到了我的隐私。所以，我只选取了梦的一段，以此示范我的解梦方法。梦中出现的那个不让我穿大衣的陌生人，与斯巴拉多一家商店的老板很相像，在他的店里，我妻子买下了很多土耳其物件。他有着一个非常奇怪的名字——波波维。幽默大师斯太滕海姆曾说过这样一句话："报上自己的名字后，他紧紧地握住我的手，满脸通红。"这里，我又一次乱用了别人的名字，我已经用过佩拉姬、克诺德、布吕克、弗莱契尔等。我们很容易就会发现，儿童时代往往喜欢拿别人的名字开玩笑。若是我开了别人的玩笑，作为应承受的报应，我也会被别人开玩笑。我记得歌德曾在一个地方提到人们对他的名字是如何的敏感，他讲到赫德曾用他的名字（Goethe）作过一首诗：

你是神仙的后代，
或者野蛮人是你的祖先？
——尽管你的形象高贵，
最终也不过是一抔黄土。

现在我们转回之前的话题。想到我妻子在斯巴拉多的那次购物，我又记起了在卡塔罗做的另一次买卖。当时我因为太谨慎，而与一次大买卖失之交臂。我这个由饥饿引发的梦的意义是："当机会来临时，我们就要好好把握，即便要担些风险也在所不惜，要紧紧抓住它。一个人应当把握住每一次机会，一生很短，而人都要经历一死。"因为这一观点有着明显劝人及早行乐的嫌疑，又由于它所表现出来的欲望并不惧压抑作用，因此有充分的理由因为担心稽查而做了伪装。可出现在梦中的内容包括：所有给了梦者精神满足的记忆，各种带有抑制性质的思想，甚至对人们最厌恶的性惩罚的威胁等。

第二个梦

首先我需要为这个梦附上一个较长的前言：

我驾车来到维也纳西站，打算坐火车去奥赛湖消夏。然而赶到月台时，之前的那班开往伊希尔的车还没有驶出。站在那里，我看到了要去伊希尔晋见皇帝的图恩伯爵。尽管前一天下了雨，他仍然是坐敞篷马车来的。他径直朝区间车入口处走去，却被门口的验票人员拦住了，他不认识他，要求他出示车票。他没说一句话便将验票人员推开了，态度极其傲慢。当那列火车开走后，我被告知：离开月台，去候车室等候。然而我还有些事要办，我需要待在这里。在软磨硬泡后，我被允许留了下来。之后的一段时间我都是在密切关注是否有人有行贿行为，以求得已保留的包厢。我已做好了一旦发现这种情形就大声抗议，高喊人人平等的准备。此外，我还随口哼着自以为是《费加洛婚礼》，其实是费加洛咏叹的调子：

爱的寓意

若我的主人有跳舞的兴致，
有兴致跳舞，那就跳吧，
我非常愿意为其伴奏……
（我不确认别人是否听懂了）

当天晚上我尤其兴奋，总是找机会和别人争吵，不停地取笑车夫。此刻我的心中涌动着各种冲动的和革命的观念，比如《费加洛》的台词；在法兰西剧院上演的博马舍的喜剧；那些自命不凡的人的言论；阿尔玛维瓦要对苏珊行使领主的初夜权；还有充满敌意的反对派记者拿着图恩伯爵的名字开玩笑，称他为“游手好闲的伯爵”。我不是嫉妒他，我自己才游手好闲呢——在度假的路上，我思考着该如何消遣度日。我看到一个我认识的绅士走上了月台，他是政府医务监考官，由于工作能力出色，被人们称为“与政府同眠者”。凭借官员的身份，他要求享受头等厢半价的优惠。之后我便听见一个乘务员向另一个乘务员询问：“我们该如何安置这位半价头等票的先生？”我认为，这就是一个特权实例的典型。因为对我来讲，要付全价才能买到头等厢。其实我已经买到了一个包厢，却不是通廊的，因此到晚上就不能使用厕所了。就此我向列车长抱怨过，却最终无果，于是我愤怒地说道："那你们为什么不在每个包厢的地板上开个洞呢，乘客尿急怎么办？"而且我真的在凌晨两点三刻时醒来去厕所，在醒来之前我做了这样一个梦：

一位伯爵正在为一群学生做讲演，他以挑逗的口吻谈论着对德国人的看法。他极其傲慢地宣称：款科是他们最钟爱的花，而后将一片残损的叶子——准确来讲是一片枯叶子——插进了他衣服的纽扣孔里。我瞬间愤怒得直跺脚，而为什么会作出这样的表示，我自己也不清楚。

而后我发现自己似乎置身大学的一个礼堂里，警卫在门口把守着。我们要逃离这里，我奔跑起来，接连穿过好几个装饰华丽的房间，那些是部长级的套间或其他公用房，里面陈设着棕色或紫色的家具。最终我来到了走廊，门口坐着一位剽悍的妇女。我想躲开她不与她纠缠，然而她显然同意我通过，因为她询问我需不需要照明灯。我用手势或话语告诉她，在楼梯口等着，我认为自己非常巧妙地躲过了这次检查。我朝楼下走去，之后面前出现了一条狭窄的、向上去的小路，我走过去。

我从大厅逃了出来，剩下的问题就是如何从这座城市逃离了。我拦下了一辆马车，让车夫送我去火车站。车夫看起来非常累，不耐烦地抱怨了几句，我告诉他："我没让你到铁路上去赶车。"然而，我们似乎是在沿着铁路走。所有的车站都戒严了，我还在去克雷姆斯还是去赞尼姆之间徘徊。想到国王正在那儿，我就决定要去格拉茨之类的地方了。此刻我正坐在火车的包厢里，感觉像是坐在斯塔特巴恩的客车车厢。有一条长形瓣状的东西插在我的纽扣孔里，旁边有一朵假花，是由塑料做的紫棕色紫罗兰，非常显眼。

又一次来到火车站时，我和一位老绅士站在一起。我有了一个不被别人认出的计划；我感觉这个计划马上就能实现，思考和实际在这里实现了统一。他好像是盲人，至少他有一只眼睛瞎了。我递给他一个夜壶，因此我顺理成章地拥有了护理员的身份，他需要我给他递夜壶，因为他是什么都看不见的盲人。这个样子若是被验票人员看到，他们一定会准许我们通过，而不会检查我们——此时这位老人的态度和阴茎已发生了形变。

这个梦的全部内容给人一种幻觉的印象，梦者被带回了一八四八年的革命时代。一八九八年的五十周年纪念会和在瓦休的短暂休假共同作用引发了我对那一年的回忆。在瓦林期间，我曾去爱默斯多夫革命学生领袖费肖夫的隐居地参观过，那使我想到了我和我兄弟在英格兰的住所。他总是拿一首诗中的话逗引妻子，孩子们则总会在一旁纠正道“是‘十五年前’”。之所以会有这一革命的联想，是因为看到了图恩伯爵，它们之间的关系正如意大利式教堂的正面和背后的结构一样——不存在联系，不同的是，它无序、布满裂痕并且大部分的内部结构都暴露在外面。

梦的第一部分包含了几个景象，我们不妨把它拆开来逐一分析。伯爵的傲慢态度源于我中学时代的一个记忆，那时我年仅十五岁，因为厌恶一个男老师，我和同学们一起拟定了一个整人计划。带领我们“起义”的是我的一位同班同学，在计划实施的过程中，他模仿了英格兰亨利八世的做法。他安排我领导进攻，我们商定好：在谈到多瑙河对奥地利的重要性时，就开始公然反叛。我们的反叛队伍中有一个男生出身贵族，他因为肢体太长而被同学们戏称是“长颈鹿”。在受到老师批评时，他就直立在那儿，正如我梦中那个伯爵的样子。而喜爱的花和插在纽扣孔里系着花的物件，使我自然地联想到了莎士比亚历史剧《亨利四世》的第一幕第一场中上演的玫瑰战争开始的那一幕。分别有德文和西班牙文的两段小诗，被引入到我的分析中：

玫瑰，郁金香，康乃馨
她们都会凋零
伊莎贝拉，请不要
为花儿的凋零而哭泣……

看到西班牙文的诗后，我想到的是《费加洛的婚礼》。在维也纳，不同颜色的康乃馨有着不同的含义，白色康乃馨是反犹太人的标志，而红色康乃馨则是社会民主党人的象征。我由此想到了我在乘火车旅行时遭到反闪族挑衅的经历。梦中的第一个情景和第三个情景源于我大学时代的回忆。我曾参与过一个德国大学生俱乐部举行的讨论会，讨论是就哲学与自然科学的关系展开的。当时的我涉世不深，推崇唯物主义。于是，我轻率地在会上提出了一个很激进的观点。结果我们这些低年级的小孩，遭到了一个高年级学长的严厉训斥。尽管还是名学生，但是他已然具备了作为领袖或一个大团体的组织者的能力。他向我们讲述，他原来是养猪的，后来悬崖勒马，回到了父亲的身边。我瞬间勃然大怒，无理地反驳他道，因为知道他自小就跟猪打交道，所以就对他刚刚的讲话语气不意外了（梦里，我很意外自己对德国民族主义者的态度）。这引发了一阵骚乱，人们都要求我为刚刚说过的话道歉，我没有照办。所幸的是，那位受我侮辱的学长很明智，并没认为我是在挑衅，因此并没有发生预期的冲突。

我们再来看梦的第二个景象。忆及稽查作用，我的分析就无法做得细致了。我想象自己已经在那个时代拥有了一定的地位，有过一段很传奇的经历，此外还大便失禁，等等。尽管霍夫拉特讲述了这个故事的主体，我仍认为稽查作用在这方面不能很好地发挥。梦中出现的那些房间是那位爵爷的客厅或车厢。然而“房间”在梦中的含义常常是女人——这里特指妓女。我描绘的女管家的形象，表明了我对她的态度——并不真心感激。在我来到她管辖的范围时，她对我很友好，还给我讲了很多动人的故事，然而我给予她的却是恶意的答复。灯暗是指《情海惊涛》，这是由格里帕泽结合自身体验撰写的一段关于希罗和黎安德的感人肺腑的故事，也使我想起了西班牙的勇猛舰队和风暴。

关于梦的那两段内容，我并没有深入分析的打算，我只选取了构成童年时期两个回忆的部分元素。这也正是这个梦的讨论的开端。人们担心我会顾及是性材料，而不愿放开手脚，事实却不全是这样的。尽管一个人可能会对别人隐瞒一些事，但他对自己却是完全透明的。我们应当追究的问题不是我知而不言，而应讨论对我隐瞒梦的真实内容采取内部稽查。所以我必须解释，梦的这三个景象有着一个共同的特征——都是一种脱离实际自夸的表现，是在清醒生活中受压抑，而只能在一些梦的显意中得到满足的狂妄自大。这也很好地证明前一天晚上我的情绪确实很亢奋。在很多方面，我的自我夸耀都有所体现。

下面我将讲述构成我童年景象的一些元素。我为自己的旅行购置了一只棕紫色的箱子。在梦中这种颜色出现了很多次：塑料制成的棕紫色的紫罗兰，装饰用的一个“少女饰品”，以及那些房间里陈设的家具。儿童们通常都会认为，凡是新鲜的东西就会打动人。我曾听人讲过我小时候的一个情景，而这个描述给我的印象取代了我本该对这个景象的记忆。据说我在两岁时仍旧尿床，每次在接受责备时，我都会宽慰父亲道，等我长大后就到附近的城里给他买一张红色的新床。梦里出现的“我们要到城里去买或已经买了便壶”的话便源于此。也就是说，人应当遵守诺言（便壶对男性来讲，相当于衣箱或木箱对女性的意义，它们的价值相当）。我许的这个诺言体现了我童年时的自以为是和妄自尊大。我们已讲过儿童小便困难在梦中的重要作用，以及神经症状和自大的性格特点之间的关联。

我至今对发生在我七八岁时的一件家庭琐事记忆深刻。一天晚上，临睡前，我违反了家规，要与父母同睡。结果我被父亲责备道：“这个孩子将来不会有什么作为。”这如当头棒喝，极大地伤害了我的野心。在我之后的梦里总会出现这幅景象，而且与其一齐出现的还有我取得的成就，我的意思是：“看，我是有出息的。”事实上梦的最后一个情节源于这一景象。然而出现在梦里的角色已经调换过了。老人在我的对面撒尿，这里老人显然是我父亲，盲了的一只眼睛暗指父亲的一只得了青光眼的眼睛。小时候我也总是这样冲着父亲撒尿。由青光眼我又联想到了古柯碱，在手术中它发挥了作用，似乎这样就兑现了我的承诺。我还和他开玩笑，因为他看不见，需要我递便壶给他，这个暗示是指我发现了癔症理论，为此十分得意。

小时候出现的两次小便的景象，很大程度上要归因于我的狂妄自大。然而我在游奥塞湖时忆起了它们，因为一个偶然事件——我所在的包厢没有洗手间，又因为我料想到了第二天一早就会出现解手不便的窘境，更加促成了我梦里上演的这种情景。我因这种生理上的需要醒来，或许有人会认为真正诱发我做梦这种生理上的感知。然而我希望另一种观点被采纳，即在梦念的作用下产生了排尿的感觉。

总结梦的解析经验，我注意到了这一事实：即便梦轻易就可获得解释，然而它的思想链也会上溯到童年时期，因为很容易便能发现它们的出处和充满野心的欲望。因此，我要向自己求证，这一特征能否满足梦的先决条件。总的来讲，它有着这样的意义：与梦的显意相关的是近期的印象，而隐意则要追溯到早期的印象。其实，在对癔症的分析中我已有所斩获，这些早期的人生经历至今印象还非常清楚。要找到这种设想的证据非常困难。接下来，我将以另一个角度来讲解在梦的产生中童年早期经验可能发挥的作用。

> 呐喊

在这一章的开始我已讲到梦中记忆的三个特征，第一个是梦的内容通常是无关紧要的琐事，并且这一点已由梦的伪装证实。我们也已证实其他两个特征的存在，即梦强调最近印象与童年期的景象。然而我们尚不能从促使梦产生的意念方面来解析它。因此，对后两个特征和评价的研究还需继续。对它们的确切定义，我们应当去其他地方寻找，像是深入研究睡眠状态的心理学，或者到将来要采取的有关精神机制的构造的讨论中去寻找。然而它的实施有相当的难度，因为要到我们理解梦的解析就像是一个可以窥见精神内部机制的窗口时才能实现。

但是，由对后来列举的几个梦例的分析，我们还可以得出另一个结论：通常看来，梦有多个意义。我们能够发现，梦不但可以同时满足好几个愿望，而且它包含的意义或满足的愿望会叠加到一起，最底层可以是童年早期的一种愿望的满足。如此就冒出了一个问题：将这种现象的发生说成是“经常的”，而不是“一定的”，是不是更确切？

三、梦的身体方面来源

在本书的第一章，我已详细地就科学家们对躯体刺激对梦形成的作用的态度做了讨论，现在来看看他们的研究成果，我们很容易就会注意到有三种完全不同的躯体刺激来源：一是源于外部世界的客观感官刺激；二是由主观的感官内部兴奋诱发的；三是由体内的感觉刺激产生的。在结束对以上观点的分析后，我们的研究成果是：身体刺激对梦的形成有一定的作用，这些专家尝试着将精神来源作为不重要或是可以完全忽略的部分。在结合了与躯体来源方面相关的观点后，我们可以肯定地说：在几个因素中（包括睡眠过程的偶然刺激，部分包括影响睡眠的心理兴奋），感官的客观刺激部分起着主导作用，这是经多次观察后得出的共识。对于主观感觉刺激作用的存在，我们可通过梦中再现临睡前的感觉意象来求证。尽管目前还不能证明梦中出现的意象和观念与躯体刺激的关系，却不能忽视一个事实：梦受着我们的消化、排泄和性器官的兴奋状态的影响，并且它们还为梦的形成提供素材。这是学术界已普遍认同和支持的观点。

一些人认为梦的躯体来源仅仅有“神经刺激”和“躯体刺激”两种，而别无其他。与之相反，另一些人质疑此理论，其中的一部分人认为证据不够充分。

不管支持这一理论的人如何确信他们理论的依据，他们都不得不承认梦的主要来源是外部刺激。玛丽·惠顿·卡尔金斯小姐于1893年，就自己和别人的梦做了历时六周的观察研究，她发现由外部感官知觉元素引发的分别占13.2%和6.7%；在她的梦例中仅有两个是肌体感觉诱发的。这两个统计学方面的数字，证实了我们的怀疑的正确性。

还有人提出要将“源于神经刺激的梦”同其他的形式主义的梦分开，使其自成一派，并专门对其进行深入的研究。其实这个想法早在1882年就由斯皮塔实践了，他将梦分为两种，分别是“源于神经刺激”的梦和“源于联想”的梦。然而，这种区分的成果也没能使人满意，它并不能交代清楚躯体来源与观念内容之间的关系。除这一点外，它还存在另一个弊端，即不能给梦以充分合理的解释。人们向这种理论的拥护者提出了两点质疑，并要求他们作出充足的解释。①在梦中为什么外部刺激被感知到的往往不是它的刺激的真实性质，而是被曲解？②为什么心灵对这些被误解的刺激的感知又是各不相同的？

对于这一问题，斯图尔特做了这样的解释，处在睡眠状态时，心灵与外部世界是隔离的，因此它不能给客观感官刺激以正确的解释，并且只能在综合了多方面不确定的印象后，形成歪曲知觉。他如是说："所有睡眠状态中，在外部和内部神经刺激的作用下会产生一种感觉或复合的感觉，会在心灵中形成一种情感或全部精神过程，并被心灵感知到，这个过程会不断地从清醒时遗留给梦的经验范围内搜集与之相关的感知体验。也就是说，唤起了也许是毫无价值的或者带有适当精神价值的那些早期印象。这一过程的发生，不可避免地伴有这类意象的出现，并借由这些来自神经刺激的景象体现出自身精神价值。我们所讲的是睡眠状态中的心灵在'解释'神经刺激所形成的印象。这一解释的结果被我们称为'源于神经刺激的梦'，也就是说，引发精神作用的神经刺激决定了梦的构成元素。"

即便梦的躯体刺激理论非常盛行，看起来也非常吸引人，然而这都不足以遮盖它的弱点。任何一个需要在睡眠中构建错觉才能给梦以解释的躯体刺激，通常都会形成诸多这一类的解释意图——尽管形成梦的刺激是多种多样的。然而斯图吕贝尔和冯特主张的理论，却无法产生所有的动机，去解决外部刺激与为解释而选择的梦观念之间关系的问题。换句话说，即不能解释李普斯描述的由这些刺激"在其创造性活动中常常作出的非同寻常的选择"。

对于梦的躯体刺激理论的不完善之处，别的一些方面可以给予补充。由观察能够发现，尽管外部刺激也构成了梦的部分内容，却不是有外部刺激就能做梦的。例如，在睡眠中我感觉到被碰触了一下，我对它的反应可能是多种多样的。在梦中我没有加以理会，然而醒来时，我可能会发现我的腿露在了外面，或是我的手臂被某些东西压住了。病理学为"在睡眠时，一些亢奋刺激或运动刺激并没有发挥作用"的观点提供了充足的例证。此外，睡眠还为我体验某种感觉提供了最佳场所，人可以在梦中体验某种感觉，然而却不能在梦中创造出一种感觉。再次，在被刺激后，我还能作出清醒的反应，之后将它排除掉。还有一种可能性，即神经刺激，它将导致我们做梦。需要在与后一种可能性同步的时候，其他可能性的实现才能形成梦。若不是来源于躯体刺激的动机，梦的形成是不可能的。

施尔纳和认同他观点的哲学家弗尔克特，对我上述的解释——梦源于躯体刺激中出现的漏洞，曾做过正确的评价。他们致力于从躯体刺激所引发的各种梦的幻象中更精确地界定精神活动。也就是说，他们在努力尝试再一次将梦当成一种精神主导的东西，即一种心理活动。施尔纳不仅对梦形成时所表现出的所有心理特征给予了充满诗意和栩栩如生的描述，还确信自己已发现了心灵处理所呈现给它的刺激的原则。他认为，人在夜晚的想象力会无比的丰富，梦会以象征的形式重现，形成刺激的感官和刺激的本质。因此他写成了一本指导梦的解析工作的“梦书”。如此，人们就能够根据梦象推论出躯体感觉、器官的状态以及相关刺激的性质。例如，猫被视为是坏脾气的象征，一块光滑浅色的面包暗指裸体。

这一梦的解析理论很难赢得别的梦研究者的支持，因为可能除了夸张性之外它再无别的重要特征。在我这里，它的论证根本就站不住脚。因为这一方法早在古代就已有使用，它照抄了象征主义梦的解析方法，用于对人体的解释。因为无法用科学来解释，施尔纳的理论的应用范围受到了极大的限制。凭借它我们可以对梦做出一切解释，而且在梦的内容中相同的刺激会由不同的方式来表达。因此，即便是施尔纳的弟子弗尔克特，也没有办法证明为什么一座房子就一定代表人体。

> 姐妹

关于施尔纳的躯体刺激的象征理论，还有一种特别强烈的质疑，即便说它是当头棒喝也不为过。这些刺激普遍存在，而且存在这样一种共识：相比于清醒时，人们在睡眠中会更容易感受到它们。于是，下面的情况就解释不了了：为何心灵不是做一整夜的梦，并且每夜梦中都出现全部器官？为了避开这样近似谴责的质疑，就需要有一个附加条件，即想要唤醒梦，必须有眼、耳、手、肠等器官所引发的强烈的兴奋才行。然而想要证明这些刺激增加的客观性质，则是个大难题了，因为它只有在个别梦例中可能被证明。若是出现在梦中的飞翔代表的是肺中翕张，那么如斯图姆贝尔已指出的，可能这种梦就会出现得较频繁，可能需要证明的是在梦中进行的呼吸活动更加活跃。当然，还有另一种可能，而且它的可能性是最大的，即当时有一种意向在发挥作用，它对梦做了伪装，使梦者的注意力转向通常恒定存在的内脏感觉。但是，这种可能性却不包含在施尔纳的理论范围内。

施尔纳和弗尔克特主张的理论的意义在于，将人们的注意力引导到一些有待解释的梦的特征上，以取得新的进步。身体器官和功能的象征出现在梦中是非常正常的。梦里出现的水代表的是撒尿，直立的棍棒或柱状物代表的是男性生殖器等。那些活力无限和五彩缤纷的梦被称为“视觉刺激所产生的梦”。

在与梦的躯体来源相关的讨论中，我一直都没有采用我的梦的解析方法。如果可以应用一种未曾使用的其他方法，证实梦是一种有精神价值的活动，梦形成的动机是欲望以及梦的内容源于前一天所发生的近期印象，那么，其他所有对这种重要性不重视，而单单是将梦作为是一种由躯体刺激引发的精神反应的理论，都不够准确。不然——这似乎不可能——形成迥异的两种梦：一种是自身观察的结果，一种是早期专家们的观察结论。所以，我们应致力于为由躯体刺激所构成的梦在我的梦的理论中找到应有的地位。

当我们意识到梦的工作必然会把同时进行着的所有刺激联系起来时，我们已经开始了这个方向的探索。我们注意到，梦是前一天的一些印象和欲望的共同作用结果，并且这些印象通常是不重要的。只要它们之间有一些常常相互沟通的意念贯穿，它们就能为梦提供素材。我们已做了分析的梦材料中，梦材料是由留存的精神和记忆痕迹构成的，在我们可知的范围内，它们被我们赋予了一种还未确定的“当时活动”的性质。如此，不需太多的努力，我们就能预见，若是梦中有新的元素以感觉的形式浮现，那么它就是当时活动的记忆的再现。当时的这些感官刺激的活动性，又一次证实了它们对梦极其重要，它们结合了当时活动着的别的精神材料，组成了形成梦的素材。也就是说，是睡眠中产生的刺激与我们清醒时的剩余的印象的组合，满足了我们的欲望。也不是非要这种结合的，我已讲过，睡眠中躯体刺激所引发的反应有许多形式。若是它真的发生，那就可能会出现观念材料充当了梦的内容的情况，这种梦来源于梦者躯体和精神两方面。

梦的本质并不会因为躯体材料与精神来源的结合而有所改变：梦仍旧是一种欲望的满足，而不管受当时材料支配的这种欲望的满足会是哪种表现形式。

在这里，我要对几个特殊因素做一下讨论，因为它们有转变外部刺激对梦的重要性的可能。前面已讲过，梦者在睡眠时受到剧烈刺激的反应取决于必然的个人生理的和偶然因素的突发组合。对于一个睡眠中的人来讲，当突然有一定强度的刺激渗入时，他可能继续睡，也可能醒来，并在之后的睡眠中将它编入梦中。在不同人的身上，外部刺激所引发的反应要结合个体的具体情况来考虑。我的睡眠质量很好，即使在有干扰的情况下，也能入睡，因此较少有外部刺激能入我的梦，我的梦大部分都是由精神动机引发的。其实，我只记录了一次取材于客观痛苦的梦，注意看一下外部刺激如何在这个梦中产生影响，这一点是值得我们关注的。

我坐在一匹灰色马的背上，战战兢兢的样子很是可笑。我的同事P在我身旁，他也骑着马，然而却和我形成了鲜明的对比，他端正地坐在马上，腰杆挺得笔直。他穿着花呢制服，提醒我调整自己的骑姿。于是我慢慢地稳定下来，感觉自在了许多。我的马鞍像一个盖着马头到马尾的垫子。就这样，我行走在两辆拉货的车中间，走了一段路后，我想转身下马。起初我想停在附近一个开着门的小教堂前，实际上我是在另一个教堂前下的马。我的旅馆就在附近，我原本可以骑着马一直到旅馆的，可我还是下了马，选择拉着它走，因为我不愿意骑着马回去。在旅馆的门口，店里的服务人员交给我一张纸条。那是我的纸条，他找到它并同我打趣，纸条上的字的下面都划有双线，有一句“无食物”，好像还有一句“无业”，之后是一些含糊的概念，似乎我置身在一个陌生城市。

这似乎不是一个由痛苦刺激引发的梦，然而前不久我的阴部长了一个疮，致使我走路艰难。我发了烧而且全身酸疼，不想吃东西，加上重荷工作和疮疖的折磨，使我非常沮丧，还不能停止我的工作。因此，骑马对我来讲比进行其他任何活动都艰难。于是，骑马的活动进入我的梦，这可能是我所能想到的对疾病的最坚决的否定。我不会骑马，之前也从来没梦到过骑马。我只骑过一次马，而且骑的还是没有马鞍的马，非常难受。而这次在梦中骑马则是要表明我下身根本就没有长疮。综上所述，马鞍对我的入睡起的是安抚剂的作用，它缓解了我的痛苦，使我似乎感觉不疼痛了。之后那种疼痛感又不断袭来，想要将我叫醒，因此我做了这个梦，以此安抚自己：“不要醒，继续睡吧！没有生疮疖，你现在正骑在马背上，若是你的屁股上长了疮，你是绝对不能这样做的。”因此梦发挥了作用，成功地压抑了疼痛感，我得以继续睡下去。

然而，一个与实际不符的顽抗意念并不能蒙混过梦这关，它不允许随意将我应付过去。像是丢了孩子的母亲和赔了钱的商人在事发后会出现幻觉一样，梦中常常会再现被否定了的感觉的细节和压制此感觉的景象的细节，梦将心灵同时正在活动着的其他材料联系起来，并作为构成材料使用，使其在梦里有一个重现。我骑的马是灰色的，这一颜色正是我最后一次在乡下见到P时他穿着的麻呢套装的颜色。通常来讲，长疮的人忌调味品太多的食物，以免引起不良反应。自接受P接收了我的一位女病人之后，便喜欢到我面前来炫耀。事实上，在接受了我的医治后，那位病人的病情已经有了好转。她正像是周末骑士的马一般，很愿意听从指挥，因此梦中的马就代表了这位女病人。我的自在感觉源于P取代了我在女病人家里的位置时的感受。近期我的一位城里的很出名的医生朋友也跟我提到了这个家庭，他对我说：“你像是稳坐马鞍上。”而在经受疼痛折磨时，我仍每天坚持工作八到十个小时，这也是有很大功劳的。其实，若不是完全康复了，我是不能够继续承担这样的工作的。梦中的我十分压抑，这是真实困境的写照。在进一步的分析中，我为梦的解释工作开辟出一条新径，将骑马的欲望景象联想成幼年时与一位亲戚吵架的情景，当时那位亲戚在英格兰。而梦中的一些材料则来自意大利：那个街道就有维罗纳和锡耶纳的印象。若是再继续分析下去，就是关于性的梦念。

在我之前引用的那些梦例中，有几个可以拿来做这个梦神经刺激的研究。例如，我大口喝水的那个梦，它仅是由躯体刺激引发的，并且是感知到的，而且明显是唯一的动机。

有三位命运女神的梦是一个由饥饿引发的梦，然而它却将对食物的渴求转变成了儿童对母亲乳房的渴求，它将一个不可公开的更诱人的欲望伪装成了一个天真纯洁的愿望。那个关于图恩伯爵的梦，是一个突发的躯体需求如何能与最强烈的、最难以压抑的精神冲动联系起来的例证。加尼尔记录了这样一个梦：在炸弹声中醒来之前，拿破仑一世正做着一个打仗的梦，梦中出现了爆炸声。这个梦明确地证实了其仅有的动机是将精神活动引到对睡眠中感觉的影响上。一位没有办理破产诉讼案经历的年轻律师，在初次办理时，做了一个类似的梦。他的梦中出现了在诉讼过程中认识的一位来自赫斯廷斯的名叫赖希的先生。梦中他不断地受到这个名字的干扰，醒来时他发现患有支气管炎的妻子正剧烈地咳嗽着。

我们将拿破仑一世的梦和我那位贪睡的医生同事的梦做一下比较。房东叫他起床去医院，他反而继续大睡。他认为自己已经在医院了，就不必再起床去医院，因为他做了一个自己正倒在医院床上的梦。这显然是一个方便的梦，梦者做这个梦的动机在梦中显露无遗，我们也能从中发现一个秘密。通常来讲，任何梦都带有方便的属性，它们的目的是使梦者继续睡眠。梦对睡眠来讲，是保护者而非干扰者。在后文讨论精神因素的唤醒作用时，我们再就这一点作阐述。现在我们也许可以下这样的结论：梦是客观外部刺激所产生的作用的结果。心灵不是对外部刺激在睡眠中引发的感觉忽略，就是用梦来对承认刺激进行否定，或是因为必须要承认这些刺激，而寻求一种解释，因此当下的一些感觉就被编入到有欲求的部分情节中，并使它与睡眠相一致。之所以会把当下活动的感觉编织入梦，是要否定感觉的真实性。拿破仑得以继续睡下去的原因是，他将那些干扰认成了对阿柯尔枪炮声的回忆。

所以，在任何情况下，睡眠欲望都可以看成引发梦的动机之一，而所有成功的梦都是对欲望的满足。在后面我会对这个具有一般性、未曾改变过的睡眠欲望和不断更新的、总能被梦的内容满足的欲望之间的关系做讨论。我们发现斯图吕贝尔和冯特理论存在的缺陷可由睡眠欲望中的一些因素来补充，并且这些因素能说明外部刺激解释的反常性和随意性。处在睡眠状态的心灵必然能对外部刺激作出准确的解释，它包括自发兴趣和要求睡眠的终结。所以，在对外部刺激的解析中，人们才会认可那些与睡眠欲望所发挥的稽查作用相一致的解释。

若是心灵真的会对外部神经刺激和内部躯体刺激产生关注，而它们又只产生梦，不打扰睡眠，它们就会成为梦的核心；如同在两个精神刺激之间寻找中介观念般，材料的核心也能成为一种欲望的表达。在某种程度上，绝大多数的梦确实是取决于躯体因素的。这类的例证，通常不包含欲望，而且并未活动，它只是为了形成梦才会被唤起。梦只能是欲望在特定情境中的表达。梦的工作似乎是以当时活动着的感觉材料为素材完成对某种欲望的满足。若是这些材料是不快或悲伤的，它们也依旧能够构成梦。那些带来满足的不快的愿望是由心灵控制着的，这种说法似乎自相矛盾，然而当我们想到存在两种精神动机和两者之间的稽查作用时，这种矛盾的存在就是情理之中了。

> 圣女德列萨

心灵中积压着一些“被压制”的欲望，这是我们知道的。这些被压抑的欲望属于原发系统，而继发系统不允许对它们进行满足。我的讨论，并非就历史资料谈起的。精神神经症研究中的压抑理论认为，尽管受到了一个与之共存的制约力量的压制，这些欲望依旧存在。促使这种愿望得以实现的精神机构，持续保持着存在状态和有序工作状态。然而如果这种被压抑的冲动发挥作用，继发系统就必然会受挫。引发痛苦和不快。所以，如果睡眠中感觉到一种来自躯体的疼痛刺激，梦就会结合这种感觉来完成对某个原本受压抑的欲望的表达，尽管会在一定程度上受到持续出现的稽查作用的制约。

因为这种事态的出现，一组焦虑梦才有可能形成。另一组焦虑梦则受到不同机制的管制，因为梦里的焦虑情绪是神经症的焦虑，它是心理性欲兴奋的产物，在此种情形下，焦虑与被压抑是一样的。因此，同焦虑梦一样，焦虑是神经症的症状，如此，我们就遇到了问题，即欲望的满足到了何种程度才会失去作用。

有些焦虑梦的焦虑感来自于躯体，例如，肺病或心脏病会导致呼吸困难。在此种情况下，焦虑可以通过梦的工作来使那些受到压抑的欲望得到满足，若这些欲望是因为心理原因而入的梦，焦虑就会被缓解。为这两种看似迥异的焦虑梦调解并不困难。

这两种焦虑梦都包括两个密切相关的精神因素：一是感情的，二是观念的。若二者有一个是非常活跃的，它就会在梦中唤醒另一个。在一种情形下，受躯体掌控的焦虑唤醒了被抑制的观念内容；在另一种情形下，受压制的带有性兴奋的观念内容获得解放，从而使焦虑得到了缓解。

我们能够判断，在第一种情形下，被躯体左右的自我感情获得了精神上的解释；在第二种情形下，尽管精神是决定性的因素，与焦虑相符的躯体因素却可以代替被抑制的内容。我们的理解不会受到梦的干涉。我们会面临困难是因为我们考虑到了焦虑的形成和压抑原因。

身体的普遍感受性包含在内部机体的刺激里，内部机体的刺激控制了梦的内容。这并不是说它自身构成了梦的内容，而是说它会操控梦念去选择梦的素材，并能对其做有选择的取舍。此外，前一天留存下来的身体普遍感受性还会将自身与对梦有重要影响作用的精神残余物结合起来。在梦的进行中，这种总的心境可能一成不变，也可能做出改变。因此，不快的也可能变成愉快的。

在我看来，睡眠中的躯体刺激源若不是强烈到一定程度，它在梦的形成中所能发挥的作用，将会与最近几天留存下来的那些无关紧要的印象产生同等力度的作用。我认为，若与来自梦的精神来源的观念内容相一致的话，它们对梦的形成就会产生作用，不然就是一堆废料。

它们被视为无关紧要的东西，而有用的材料，经由指定的途径方能获取。例如，一位艺术爱好者交给艺术家一块玛瑙石，请他雕出一件艺术品，这块材料的形状、颜色、纹理都分别体现了某种主题和景物，艺术家只有结合了它们才可做出设计。如果材料是普通的石头，加工灵感来源只能是艺术家自己的想象。

所以，我们现在能够解释为什么来源于一般强度的躯体刺激所构成的梦内容不会在每晚或每个梦中都出现了。

下面我将用一个例子来更好地说明这个问题。

有一次，我想弄清楚为何会出现四肢动弹不得的情况，梦里经常会上演这样的景象，似焦虑梦般。当晚我梦到：

我衣冠不整，一步三个台阶地向楼上走去，我为自己能迈这么大的步子感到高兴。忽然，一个女仆迎面向我走来，我感到有些不好意思，想立刻躲开。然而我的脚一下子僵住了，动弹不得。

分析

梦是以现实为素材的。我在维也纳的家是一套两层的楼房，楼梯却是公用的。一层是我的诊室和书房，楼上是卧室，每天工作结束后，我就会上楼休息。做梦前一天，上楼时，我已将硬领、领带和硬袖摘了下来——我的形象有些乱七八糟。而在我做的梦中，我脱得更利索了，同往常一样，我并没多大印象。梦里我一下迈过三个台阶，这也是一种欲望的满足。这是我心脏很好的体现。此外，这种轻快的上楼方式，使之后的被制止的感觉变得更加鲜明。我从中获知，梦里的运动非常完美。

然而，我上的楼梯是公用的。在最初我并没有意识到这点，直到看见有人向我走来，我才明白过来。她是我的一位女病人家的佣人，我们同在一栋楼内，她也有使用这个楼梯的权利。

为什么我会梦到这个楼梯和这个女人呢？梦中我会因为衣冠不整而难为情显然是联系到性的缘故。然而梦中的那位女佣非常老，对我构不成任何吸引。我能想到的解释是：每天清晨当我上楼去为这家的女主人治疗时，总会想要清理喉咙，因此就随口将痰吐在了楼梯上。因为楼梯内没有放置痰盂，因此我认为若楼梯不整洁，那不能怪我。那个女仆是位负责忠诚的老妇人，所以她看不惯我的行为。她总是很关注我是否又将楼梯弄脏了，一旦被她发现，便会大声抱怨起来，并且在以后的见面中也不理我。前一天，在我匆匆诊治了我的病人后，这位女仆拦住了我，她对我说道："你的靴子应该擦一下了，它把我家的红地毯弄脏了。"这便是我会梦到女仆和楼梯的原因。

我上楼的方式和吐痰之间还有一种内在的联系。咽喉炎和心脏病常见于吸烟者，视作对吸烟恶习的两大惩罚，我也吸烟，我的管家很讨厌这点，因此在梦中这两件事发生了混淆。

在将衣冠不整的部分解释清楚之前，整个梦的解析需要延后。我们姑且可以相信，只有在特殊情节需要时，梦中才会出现受阻碍的感觉。梦中会出现这样的内容，并不是我的运动能力发生了变化，因为前面已经交代了我可以轻快地上楼。

四、典型的梦

通常来讲，若梦者没有将隐藏在梦背后的潜在思想告知我们的话，我们就无法解析他的梦。所以，我们的解释工作将无法进行下去。众所周知，根据自身的特点随意地组建自己的梦世界是每个人都有的权利，而这一点是对其他人保密的。所以，我们可以确定，存在着这样一些几乎所有人都做的相似的梦与此形成反差，并且它们的含义必然相同。因为它们可能有着相同的来源，而且都会很明显地体现这一点，所以典型梦的价值会更高。

我们希望这些典型的梦能成为我们的研究对象。同时，我们也愿意承认，一些情况下，我们的那些解析梦的技术并不管用。当我们对一个典型的梦进行解释时，我们往往不能像在别的情形下一样根据梦者提供的材料做出合理的想象，即便想象了，对我们的解释工作也没有什么用处。为什么会这样？这一问题将会在后文得到解决，借此我们也会知道该如何完善我们的技术。读者将会发现，在这一点上，我只能提到这组典型的梦，而不能提及别的梦。

患者躺过的沙发

（一）裸体的梦

当梦到自己赤裸着身体，或被别人看到自己一丝不挂时，梦者通常不会感到害羞。然而在我们将要讨论的这些梦例中，梦者却为自己的裸体情形脸红或尴尬了，并在尝试逃脱或躲避时出现了奇怪的运动障碍，从而不得不面对这种难堪局面。只有出现这类现象的梦才能称之是典型梦，不然，将不能在同一情景中找全梦的核心部分，而且也不具有代表性。这种典型梦会让梦者因为羞愧而痛苦，并产生逃避的欲望，而又在实施通常都会采用的移开的躲避方式时感到心有余而力不足。我想多数读者都有做过这种尴尬梦的经历。

我们提到的裸体，并没有指明其性质。梦者也许会说："我穿着内衣呢。"然而图像并不清晰。关于它的描述可以很主观，选择范围也很大："我穿着内衣或睡裙呢。"通常情况下，人们并不会因为梦者的衣衫不整而产生羞愧的感觉。

这种羞愧通常发生在彼此不熟悉的人之间，甚至根本就不能看清对方面目。在典型的梦中，旁观者不会因为梦者衣冠不整而反对或关注他。相反，他们会漠视或严肃对待。这一情况值得推敲。

梦者的羞愧与旁观者的漠视正好结合成了梦中常出现的矛盾情形。若那个旁观的人感到惊讶、讽刺或气愤，那无疑更加满足了梦者的心理。在这种情况下，欲望的满足抵消了反对的感情，而使梦的其他特征存留了下来，最终导致梦的这两部分失衡。这类梦由于欲望获得了满足而在一定程度上做了伪装，因此使我们不能很好地理解。

我们不能轻易地断定记忆中存留下来的梦的内容是无法理解的，然而，这种情景已获得了新的意义。正如后文我们会看到的，梦的内容被第二精神系统误解的现象并不少见，而最终决定梦的形式的因素之一恰恰就是这种误解。此外，在强迫观念和恐惧症的构成过程中，这种误解发挥的作用也是不容忽视的。

我们可以找出构成这些误解的材料来源。梦的道德意义在于揭示了梦的隐意与被压抑的欲望相关。由对神经病病人进行的分析可知，在情节上来讲，童年早期记忆是这类梦的基础。幼年时期，我们光着身子站在家人或佣人面前不会感到害羞。即便是大些的孩子也不一定会因此脸红，他们欢快地拍打自己裸露的身体，引得他们的母亲都感觉羞愧，告诫他们道："别这样！多丢人啊！"孩子通常都有裸露欲。我们经常能看到一些两三岁的孩子在大庭广众之下掀开自己的衣服，这也许是在表示友好。

我的一位病人向我提到，在他八岁时，想到邻居小妹妹的卧室跳舞，因为他当时只穿了睡衣，保姆拦住了他。在神经病病症的早期特征中，向异性裸露自己占据了重要位置。在脱穿衣服的过程中，有偏执性妄想症的人，也会有对异性裸露自己的感觉，他认为有人在偷窥自己。当这种幼稚行动发展成病态时，便成了"暴露狂（癖）"。

纯洁的童年就像天堂一般，而天堂本身也是人童年时期的幻想。所以人在处于天堂时不会因为自己的裸体而感到害羞。若人产生了羞耻感，则会为天堂所不容，由此也就产生了性生活和文化生活。然而梦依旧可以让我们回到天堂。

梦者自身的形象和他的衣衫不整构成了裸体梦的核心。除此之外，还包括那些使梦者感到羞耻的旁观者的形象。然而真正的旁观者却从未在儿童期裸露的景象中出现过，所以，梦并不是对过去的简单回放。奇怪的是，幼年时的性兴趣和对象、歇斯底里和强迫性神经症未曾在我们的梦中重现，只出现在了妄想症的推理中。虽然看不见，他们却会在幻想中出现。在梦里，他们由“一群陌生人”替代了。事实上，这并不是梦者的欲望，他们希望在熟悉的人面前裸露自己。梦里的“一群陌生人”，与其他方面有着紧密联系，他们通常代表的是一种与欲望相反的“秘密”。我们会发现，即便妄想症中的所有事物都恢复了原样，这种混乱的情况也依然存在。病人不会感觉孤单，因为他的四周有很多人，他却会觉得自己被不明身份的陌生人偷窥了。

除此之外，在裸露梦中压抑也起了一定的作用。在这类梦中，裸露欲尽管不被许可，却仍在争取表现。若回避了这种压抑，裸露就会消失。

典型的梦、童话，以及别的文学创作的素材之间必然存在联系。一些出色的作家能将这种转换表达出来，并且能从反方向还原回梦境。

我的一位朋友向我推荐了哥特弗莱德·凯勒尔的《年轻的海因利希》中的一节，内容是：“李，我亲爱的，我希望你永远都不会有像奥德赛那样以沾满泥土的裸体出现在女伴面前的经历。那么这种情况因何而发生？如果你在外流浪，远离家乡、亲人和朋友；如果你看过、听过很多事，体会过心酸和茫然，无依无靠，那么，你必定会梦回家乡。展现你眼前的是优美的景色，许多亲人向你奔来。而就在这时，你忽然发现自己光着身子，你会莫名地感到羞耻，你想找个遮挡物来掩护自己。你急得满头大汗，最终醒来。每一个游子，若他还活着，就一定会受到这种焦虑的梦的折磨。正是受到这种最深刻的永恒人性的启发，荷马才描绘出了这幅尴尬的图景。”

读者会对诗人产生心灵的共鸣，正是源于那些烙印在心底已成为记忆的儿童期的冲动。那些来自于童年的被压制或禁止的欲望冲破重重阻碍进入流浪者的梦中，最终成为意识的一部分。正因如此，在瑙西加的传说中，梦通常能够找到具体的原型，然而却会给人带来不快。

我的那个最初轻快地上楼而又在中途不能动弹的梦也是一个裸露梦，它符合裸露梦的基本特征。所以，它也来源于我的童年记忆。若深入地剖析那段记忆，我们就能根据那个女佣对我的行为（埋怨我弄脏了她家的地毯）获知她在我梦中占据的地位。需要时我可以详细地说一下。在精神分析中，人们有一个习惯，即给临近时间的事件冠以相同的主题。看上去它们的联系并不大，然而它们却共同构成了一个整体。这种关系就像我们先写了一个a，又写了一个b，我们会统一成一个音节念“ab”，梦亦是如此。在了解了上楼梦的全部内容后，我便发现和这个梦相关的其他一些梦与其同属于一种题材。这些梦可以上溯到我对我家以前的一位保姆的记忆，我对她有着相对模糊的印象。母亲对我说，虽然她又老又丑，但却很能干。其实，她对我不是很友好，如果我没有依照她的清洁标准做，她就会很粗鲁地对待我。由于那位女佣也在相同的方面教育了我，所以，在梦中，她与我记忆中的保姆互换了。同时，我们还能够确定，孩子对教育他的人是有喜欢成分的，尽管他被粗鲁地对待了。

> 梦象受孕

（二）亲人逝去的梦

另一组典型梦是指内容是父母、兄弟、姐妹或孩子等亲人逝去的梦。这类梦可以分为两种：一种是梦者明明觉得很悲惨，却没有表现出该有的悲伤；另一种是梦者在梦中因为悲伤至极而失声痛哭。

第一种梦不是我们所要讨论的，因为它不属于“典型梦”的范畴。如果对这些梦进行分析，我们会发现它们与显梦不同，它们有意识地掩盖了一些其他欲望，例如，那个梦到自己小侄子死去的梦。事实上，要小侄子死去并不是梦者所愿，它只是掩饰了一个意图，即她希望见到她无比思念的、深爱着的人。很久之前，在另一个侄子的灵堂上，她曾见到过他——这才是促成这个梦的真正动机。她没有表达悲伤的机会，因此在梦中她并没有感到悲痛。我们能够看到，梦中所感知到的情感并非显意的，而是隐意的，因此梦的观念内容不曾发生改变。

第二种梦则完全不同。在这种梦中，梦者会梦见自己的亲人逝去，并且真正地悲伤。这种梦依旧是一种欲望的表达，并且还有可能成为事实。做过这类梦的读者可能会就此批评我，因此我要努力找寻更多的事实来说明。

我曾就一类梦进行过探讨，结论是：在梦中已被满足的愿望往往不是当时渴望实现的欲望，它们可以是之前放弃、被掩盖或被压抑的欲望，却又在梦中出现，因此，它们依旧是我们的愿望。它们并不像文字描述一样彻底消失，而是像《奥德赛》中的那些鬼影那样，在喝到鲜血后再活过来。那个梦到孩子躺在“木箱”中死去的梦就与十五年前的欲望有关，而且梦者也承认这种欲望真实存在过。

如果人们做了痛苦的梦，比如父母、兄弟姊妹逝去，这并不表示梦者希望亲人立刻死去。这一点无需梦的这一理论来证明，我可以肯定，梦者曾在儿童时期产生过希望亲人死去的欲望，我想，这一保守说法会遭到反对者的批评。他们也不会承认自己曾这样想过，所以我需要做的是，以现有的证据为基础，再现时隔久远的童年时期的那种心理。

首先，让我们就童年时期与兄弟姐妹之间的关系来做一下研究。我不知道人们因何会认定这是一种相亲相爱的关系，事实上兄弟姐妹之间一直是矛盾不断的。结合自身的经验，我们不得不认同这样一个事实：自童年时期起，这种冲突就存在了，甚至成年后依然存在。即便他们现在关系密切、相互友爱，小时候却是彼此的敌对方。年长的孩子欺负较小的弟妹，斥骂他们，或抢他们的玩具玩。较小的孩子则只能忍气吞声，怀揣着对年长的哥哥或姐姐的羡慕嫉妒恨，他们的内心第一次滋生出抗议不公平、反抗压迫的念头。父母们常常会抱怨孩子之间不和睦，却又不明原因。其实即便再乖巧的孩子，他们的性格也达不到我们对成人所要求的。小孩子的原则是绝对以自我为中心——自己此刻想要的东西就要马上得到，特别是在有竞争者——别的孩子存在时，一个孩子频繁接触的其他小孩就是自己的兄弟姊妹。面对这些孩子的“自私”行为，我们往往会责备他们“顽皮”。他们的这一行为不必负法律责任，我们对他们也是宽容的。我们的做法是正确的，在所谓的童年期阶段，他们的自我意识里就已开始认识利他主义的冲动和道德的观念，并且使原发性自我得到压制。当然，并不是年龄越大道德观念就越强，也并非所有人的道德观念的发展期都一样。若道德品质的发展受到了压制，我们便会称之为“退化”，即其发展受到了阻碍。在后期成长中，这种原发性性格渐渐遁形，然而它仍旧存在。在歇斯底里病发作时，它会再次显露出来。歇斯底里病的病症与顽童所呈现的性格特点之间确实存在着明显的相似之处。相反地，强迫性神经症却是由于原发性性格受到召唤，而引起的一种超道德观念。

许多人看起来与自己的兄弟姐妹十分友爱，并且会为他们的死而异常悲恸，然而潜意识里活跃着对他们的敌意。这是在童年就形成了的情感，而且会在梦中体现出来。

对两三岁或更大一些的小孩子对待弟弟妹妹的态度进行观察，我们能够发现一些有趣的现象。如果父母告诉他，小弟弟或小妹妹是由鹳鸟叼来的，这个孩子会在仔细端详面前的小东西后，以坚定的口吻说：“那还是让鹳鸟再把他带走吧。”我非常确信，小孩子会对自己与新降生的弟妹之间的竞争做准确的评估。一位女士和小她四岁的妹妹关系很好，她告诉我，在得知妈妈为自己添了一个小妹妹时，她的感受是：“我绝对不会让她戴我的红帽子！”那时起她就对自己的小妹妹产生了敌对心理，尽管当时她还没预见到自己在父母心中的地位可能受到撼动。我听说曾有一个还不到三岁的小女孩，竟要将一个还躺在摇篮里的婴儿置于死地，原因是她感受到了威胁。小孩子有着非常强烈的嫉妒心，而若刚出生的弟弟或妹妹夭折的话，那么那个孩子可能会失宠的警报就解除了。然而，下次，当鹳鸟又为他带来一个弟弟或妹妹时，这个孩子就会再次希望新来的婴儿死去，如此一来，父母的爱就又是他一个人独享了，这是合理的推断。然而，就正常情况来讲，小孩子对其弟弟或妹妹的态度，会因为所处年龄段的不同而有所差别。若经过一段时间的相处，年长的姐姐则会对新生的弟弟或妹妹表现出母性来。

幼年对弟妹怀有敌意心理是很普遍的，只是这往往会被粗心的大人忽视掉。

尽管我的子女很多，但我并没有在他们身上就这方面进行过观察，不过我仔细观察过我小外甥的表现。在出生后的十五个月里，他一直都集众爱于一身，而后他的妹妹降生了，他出现了竞争对手。起初他对自己的新妹妹显示出了绅士风度，亲吻她，爱抚她。然而这个妹妹还不到两岁，他就开始厌烦，对她有了敌意。在大人们谈论小妹妹时，他就会插嘴道："她是个小不点儿。"而在几个月后，这个妹妹长得已经不能再用"太小"来形容时，这个小男孩便又列举了别的不足之处，以此来证明她不值得大家如此呵护，他不断地向大人们强调她没有长牙齿。此外，在我另一个姐妹的大女儿六岁时，花了足足半个钟头的时间，向她的姑姑、姨母们强调一件事情："现在露西还了解不了这个，对吧？"她提到的露西是她的对手——小她两岁半的妹妹。

在我诊治过的女病人中，我发现，几乎所有人都曾梦到过自己的兄弟姐妹死去。有一个例外，但在经过分析后，它又会成为这种说法的例证。有一次，在为一个女病人释梦的过程中，我发现她的病症与这点有关联，然而出乎我意料的是，她没有做这种梦的经历。她跟我说四岁时她做过一个看似与这无关的梦，而且之后有好几次她都做过这个梦：在一片草地上，有好多孩子在玩耍，其中包括她的哥哥姐姐、堂兄堂姐。玩得正热闹，突然哥哥姐姐们都长了翅膀，向天空飞去。她不清楚这个梦寓意着什么，然而不难看出，这是一个代表着哥哥姐姐都死亡的梦，它并没有表现出它的原始形式。我做了一个大胆的推断：梦者是在一群孩子中长大的，可能其中有一个不幸夭折了，"那个小孩去了哪里呢？"尚不满四岁的梦者一定会有这样的疑问，而大人们不外乎会这样回答他："他变成带翅膀的小天使，飞到天上去了。"得知这一情况后，小女孩的梦中便出现了兄姐们长出翅膀——这是很关键的一点——向天空飞去了，独独留下了这个小"凶手"。奇怪的是，只留下了她。进一步分析就是，在草地上玩耍的孩子被联想成了蝴蝶，这个小孩子产生的联想，与人类是长着羽翼的蝴蝶的传说故事相似。

即便读者愿意相信儿童时期会对自己的兄弟姐妹怀有敌意，但是身为天真无邪代言人的孩童，他们会恶毒到诅咒对手死掉吗？但是，我们需要强调一个事实：儿童对死亡的观念并不如成人的那般，衰老病死的恐怖，坟场的冷清可怕，以及对未知世界的畏惧，都只存在于成人的脑海中。这些为成人对死亡所不能忍受的，小孩子根本不知为何物。他们未曾体验过死的恐怖，因此童言无忌，他们说出的话会让人感到可怕。例如，与同伴玩耍的过程中，他会冷不丁地爆出一句："若你还这样做的话，你的下场会和弗兰西斯一样。"而这种话听在大人耳里，是无比震惊和不可原谅的。有一个八岁的孩子，在与母亲一同参观完自然历史博物馆后，甚至说出："妈妈，我非常爱你，若你死了，我就将你做成标本，放在房间里，这样我们每天都能见面了。"这便是小孩对死的观念，与大人的截然不同。

在未曾体验过死亡的痛苦景象的孩子那里，"死亡"仅仅可能意味着"离开了"，即他不会再出现来干扰自己的生活。这种"离开了"是去旅行了、远离了、不再继续出现了，或是死了？儿童根本无法区分。若在幼年时期，先是保姆不再继续为他们家工作，而后母亲死去，这两件事在一个小孩的记忆中就会形成一个串联。此外，还需要提醒注意的就是，小孩通常不会对离开的人产生强烈的思念。因此，外出旅行几周回来，母亲们常常会因为听到孩子并不想念她，而感到伤心。如果有一天母亲真的永远离开他们去了"天堂"，再也见不到了，孩子们最初看起来似乎不会在意，但之后他们会渐渐因为忆起死去的母亲而心痛。

因此，若一个孩子希望另一个孩子消失的话，他就会令那个小孩死去来实现这个愿望。这表明不管孩子们的愿望有多么不同，他们满足愿望的方式与成人达成了一致。

但是，如果一个小孩子梦到了自己的兄弟姐妹死去，以儿童的自我中心主义来解释，他是把他们视为自己的竞争者了。那么，他们梦到自己的父母死去又如何解释呢？我们受到父母的关爱、照顾，他们竭尽所能地满足我们的所有要求，我们能以极尽自我为理由来解释希望他们死去吗？我们又真的会希望他们死去吗?

这一问题的解决，需要我们观察一些线索，绝大多数关于“父母之死的梦”梦见的都是与梦者同性的那个亲人死去，男人往往会梦见父亲死去，而女人则通常会梦到母亲死去。我还不敢断言这一情况的普遍性，然而大部分情形却都如此。所以，我决定拿一个具有一般意义的因素作为研究对象。通常来讲，这是一种性偏爱的早期体现，男孩视父、女孩视母犹如情敌，而唯有他（她）消失，他（她）们才会不被打扰。

在对这一观点加以斥责以前，我希望各位能客观地考虑一下父母与子女之间的实际关系。我们首先需要将传统行为标准、孝道要求的父子或母女关系与我们每日生活中所见的事实划分开来。如此，我们便会发现，绝大多数情况下，父母与子女之间确实存在冲突。他们的关系很好地掩护了这些无法通过“稽查作用”的欲望。

> 俄狄浦斯

我们先观察父子之间的关系。因为对基督教“十诫”禁令的奉行，人们对真实生活的感受在一定程度上钝化了。我们不敢承认大部分人都没有遵从“第五诫”，在人类社会最低阶层和最高阶层里，孝道的吸引力通常都不及来自其他方面的诱惑。由流传自古代的神话和民间故事，我们获知了很多残暴无情的轶事。克洛诺司吃掉了自己的儿子，就如公猪吃掉了刚生下的幼崽一般；希腊神话的主神宙斯将其父亲阉割后取代了他。在古代，一个家庭里父亲越是残暴，作为继承人的儿子就越与之敌对，并巴不得父亲早日死掉，以取代他独揽大权。即便是一个中产阶级家庭，父亲也独掌着儿子们的命运，由不得他们自己做主，也因此酝酿并加深了子对父的敌对意识。医生通常能够发现这样一个可怕的事实：父亲死时的悲痛，抵不过儿子因此获得自由的满足之情。现如今，父亲仍旧死握陈腐的“父亲权威”不放，父子之间的冲突也依然存在，易卜生在他的作品里描述了这种现象，并对人们产生了深远的影响。

母女之间的冲突，始于女儿对性自由逐渐产生渴望，却受到母亲的阻碍时；而母亲则在女儿一天天长大的过程中，渐渐意识到自己老去，而不得已放弃性满足的欲望。

人们对这一切心知肚明，却又因为孝道的天经地义和理所当然而在解释梦的内容时忽略掉这些关键因素。除此之外，就以上讨论而言，我们还可以知道希望父母死去的欲望从童年早期就产生了。

在精神神经症的分析来看，我们的上述假设更具有可信性。由分析的结果我们能够看出，小孩的“性欲望”很早就产生了。父亲是女孩最早的感情对象，而母亲则是男孩的针对对象。所以，儿子视父亲为敌人，女儿则与母亲敌对。这一情形就如我们已阐述的兄弟姊妹之间敌对一般，在儿童心里，也自然而然地产生了这种死亡的欲望。而对父母来讲，他们也做了这种“性”选择，通常情况下，都是父亲偏爱女儿，母亲更为袒护儿子。而若忽略掉性的因素的干扰，父母都是希望严厉教育子女的。孩子们在感知爱的方面是非常敏感的，因此他（她）会对不疼爱自己的那一方产生反抗情绪。小孩觉得被父母所爱，并不只是要满足他的需要，还意味着会无限地放纵自己。所以，孩子在父母间的抉择既取决于其自身的性本能，同时也是在父母所呈现的偏爱的刺激下完成的。

尽管人们通常都会忽略掉孩童时期的这些倾向，但仍有一些会被注意到，并成为我们可讨论的对象。我知道这样一个八岁的女童，在妈妈离开餐桌后，她常常以继承者的身份宣布：“现在我是妈妈了！卡尔，你还要来点儿蔬菜吗？要听话，多吃蔬菜……”等等。还有一个不足四岁的聪明伶俐的小女孩，明显地表露了她在这方面的心理特征，她说道：“可以不要妈妈了，然后爸爸就会娶我，我做他的妻子。”即便小女孩这样希望，但这并不妨碍她依恋妈妈。还有，如果一个小男孩在爸爸不在期间，睡在妈妈身边，而在爸爸回来后，他就要和他讨厌的保姆睡在一起，他便会萌发一个愿望：希望爸爸永远都不要回家，如此他就可以永远睡在美丽又可亲的妈妈身边了。而想要实现这一愿望，唯有父亲死去，在孩子的眼中，死人是永远都不会回来干扰活着的人的。

尽管对儿童所做的观察与我的分析相吻合，然而我的观点却不能在成人心理症的精神分析中发挥等同的作用。在成年神经症患者那里，梦需要加上一个必要的前提：梦是欲望的满足，如此才能被完满地解释。

曾有一个年轻的女病人向我哭诉："我永远都不想再见到我的亲戚们了，我怕见到他们。"接着，她又向我讲述了一个她做过的梦。当时她四岁，至今她都不知道那个梦的意义何在。一只像是狐狸或山猫类的东西在屋顶上走着，忽然有东西掉下来，感觉像是她自己；那之后她的母亲便被抬了出来——死了，她随之大哭起来。我向她解释，这是因为她小时候产生过希望妈妈死的欲望，也因此才会怕见到亲戚。她又补充说了一些释梦的材料：在小时候，她曾被别的孩子戏称为"狐狸眼"。在她三岁那年，有一次，她妈妈被从房顶上掉下来的瓦片砸伤了头，并流了很多血。

我曾对一位年轻女病人的各种不同精神状态做过细致的分析。起初她是处于一种狂暴惶恐的状态中，她无比讨厌自己的妈妈，哪怕只是走近她，她都会打骂相加，而对比她大许多的姐姐却出奇地顺从。后来她神智变得清晰起来，也不再暴躁了，但她睡得很不安稳，常常半夜惊醒。这时我接手了她的治疗工作，开始为她释梦。她的多数的梦都经过了伪装，并都能与她妈妈的死联系起来。她梦到过出席一位老妇人的葬礼，梦到过穿着孝服的她和姐姐坐在桌子旁……显而易见，这些梦的意义都十分清晰。在她逐渐康复后，她又患上了歇斯底里恐惧症，她最大的恐惧是担心母亲出意外。因此，不管身在何地，她都一个念头地想要回家，看看母亲是否还好好地活着。由这个病例，以及从其他方面获知的内容，我们可以得出如下结论：心理机制对同一兴奋因素会产生多种不同的反应，正如一个文学作品可以被译成不同语言一般。我认为处于狂暴惶惑的状态中时，原来受压制的原发性心理动因得到了释放，从而使得继发性因素被忽略掉。这一情况导致了她潜意识里对母亲的敌意占了上风，最终致使她做出了出格的事情。在她处于安静状态时，内心已不在骚动，"稽查作用"得以建立起来，在这一情况下，她希望母亲死去的愿望，只能通过做梦来获得满足。而在她逐渐恢复正常，并且成为固定状态时，受"歇斯底里的逆反应"和"自卫现象"的促使，她变得对母亲异常关切。这也可以很好地解释，为什么患有歇斯底里的姑娘会对母亲过分地依赖。

囚徒的梦

我还有过另一个经历。我曾对一位患有严重强迫性神经症的年轻男子的潜意识做过透彻的研究。他的情况很糟，甚至不敢出门，因为他认为自己会将遇到的所有人都杀掉。他整天都在思索，若街上发生了谋杀案，凶手是不是自己？如不是，要如何为自己开脱？由对他的分析可以看出：导致这一症状的原因可以追溯到他对过度严厉的父亲产生过的杀念。而连他自己都意外的是，这个念头在他七岁时就产生了，而实际上它的真正萌发时间比七岁还要早。在他三十一岁时，他父亲因病去世，也正是在这时，他受迫于一种强迫观念，而将对象转换成陌生人，并形成恐惧。一个对自己的亲生父亲都动了杀念的人，又怎么会对毫无血缘的陌生人产生恻隐之心呢？因此，他把自己囚禁在房间里。

我认为，所有后来发展成精神神经症患者的人，童年时期父母对其精神生活的影响都是巨大的。对父母的爱或恨，形成了人们早期的永久性的心理冲动，同时也是日后心理症的重要来源。在这方面，我没有将精神神经症患者与正常人划分开来，而且我也不能找到明显的分界线，也就是说，在这方面他们和正常人是一样的。比较有可能的差异是，与正常儿童相比，日后变成心理症的孩童对父母的爱或恨会更明显、更强烈地表现出来，这一点可观察正常儿童的平日生活。一个古老的传说也可以为此作证。而若要真正理解并领悟这个传说深邃且普遍的意义，需要先认同我上述的关于孩童心理的假设。

我所要讲说的是关于俄狄浦斯王的故事，即索福克勒斯所创作的剧本的主角。俄狄浦斯是底比斯王拉伊俄斯和王后伊俄卡斯忒所生的儿子，由于被神谕预言长大后会弑父，所以出生后便被遗弃了。这个孩子却被邻国国王发现，并被收为义子，成为那个国家的王子。后来他因为疑心自己的身世而去求神谕，他得到的忠告是：一定不要回到自己的国家，因为他会弑父娶母。之后，他偶遇拉伊俄斯，并因为争吵而杀死了自己的亲生父亲。后来，他来到了底比斯国，并因为解开了斯芬克斯（希腊神话之人面狮身怪物）之谜，而受到人们的爱戴和拥护，最终成为国王，迎娶了伊俄卡斯忒。在他的统治下，底比斯一派祥和，他治国有方，并与伊俄卡斯忒育有一儿两女。然而后来底比斯爆发了一场大瘟疫，国民再度去求神谕。神谕的忠告是：只要将杀死先王拉伊俄斯的凶手驱逐出境，瘟疫就会解除。

这时，索福克勒斯的悲剧上演了，它围绕揭发凶手的主题展开，在这一过程中，不断上演着跌宕起伏、曲折离奇的情节，如同精神分析一般一环连一环，真相逐渐显露，最终俄狄浦斯被揪了出来，他杀死了拉伊俄斯，更悲剧的是，他是死者与其妻的亲生子。获知这一切后，俄狄浦斯深感震撼，并认识到自己的罪恶滔天，最终他自残双目，远走他乡，印证了神谕。

俄狄浦斯的命运是一出悲剧。悲剧的效果体现在，天神意志的无边和人力的渺小的冲突，人类无力摆脱厄运的掌控。它打动观众之处在于，人对神的意志的掌控的无能为力。在现代的许多剧作家的作品里，也能看到类似的冲突，他们希望能实现同样的悲剧效果。然而，观众对作品中全力以赴却不能扭转命运，最终牺牲的可怜角色并不同情。预期的效果不曾实现，这是现代的悲剧的尴尬。

《俄狄浦斯王》这部戏剧能在打动当年的希腊观众之后又打动现在的观众，合理的解释就是：这部戏剧的悲剧效果并不体现在命运与人的意志之间的冲突，而是由构成这种冲突的情节的某种特质营造出来的。我们之所以会对俄狄浦斯的命运产生强烈的共鸣，是因为我们的内心对命运的震撼力做了要承担的准备，也因此会批评格利帕泽尔的《女祖先》或其他现代的悲剧是胡言乱语。我们会对俄狄浦斯的命运给予呼应声，是因为我们在他身上找到了自己命运的影子，他的命运代表着每个人的命运。神谕注定了母亲将成为我们的第一个性冲动对象，而把父亲视为第一个怨恨并想杀的人。这一说法也得到了我们的梦的证实。俄狄浦斯弑父娶母的故事是一种愿望的满足，它实现了每个孩子童年时期的愿望。然而较之这位国王，我们是幸运的，我们并没有沦为心理症患者，而是慢慢地收回了对母亲的性冲动，渐渐淡忘了对父亲的仇恨。如此，我们儿童时期的原始愿望被自己在实现目标的对象身上逐次收回，并竭尽可能地对其实施抑制。在探究人性的过程中，文学家在触及俄狄浦斯的罪恶时，也会使我们内心被压制着的这种欲望再次被自己意识到和认识。这是剧本里写到的对比鲜明的道白：

……看，这就是俄狄浦斯，
他解开了黑暗之谜，天资聪颖，获得至尊的地位，
他光芒万丈，平步青云，拥有整个国家的财富，
但，可怕的厄运使他的一切化为乌有，他也拿命运无可奈何。

——这是为我们敲响的警钟，一向傲慢的人类，自孩提时期就以聪明机智自诩。我们也和俄狄浦斯一样，并不了解自己与生俱来的“缺德”欲望，也并不清楚被自然赋予了何种使命。而一旦这些在现实中逐渐应验，童年的多数景象都将成为我们不愿回想的记忆。

索福克勒斯在剧本里交代了这部悲剧的真实来源，它是以一些很早以前的梦材料构造的。其内容的核心是：童年早期的性冲动引起的孩童与父母之间的乱伦关系。在俄狄浦斯已因神谕之事而感到不安时，伊俄卡斯忒宽慰他道，这不过是个很多人都会做的梦而已，是没有任何意义的。有很多人都曾在梦中娶了自己的母亲，尽管有时可能会因此不安，但他们依旧好好地生活着。梦到与自己的母亲发生性关系，这不是今人才有的事情，而每每讲起此事时，人们的情绪都无比愤怒和惊讶。这正是这部悲剧的关键所在，同时它也是解释父亲之死的梦的一种补充。事实上，俄狄浦斯的故事就是由这类典型的梦所引发的联想的反映。即便对成年人来讲，这种梦也是不能接受的，因此故事的内容必定包含恐怖与自责。于是最终形

成的梦经过了适当润色和改装，成为符合神学意旨的东西。和其他作品一样，这部作品也没能完成把神力的万能与人类的责任心调和的愿望。

文学悲剧的另一力作——莎士比亚的《哈姆雷特》，与《俄狄浦斯王》取自相同题材。然而因为两个时代的差距的存在——两个时期的文明有着显著的差异，导致对相同的材料进行了不同的处理。在《俄狄浦斯王》中，儿童心里隐藏的欲望借由联想的形式表露出来，而且可以像在梦中一样被满足。而在《哈姆雷特》中，欲望被抑制了。此种情况下，我们要像分析神经症病人的相关事实一样，由其受到抑制造成的结果发现它的存在。我们会发现，在这部近代悲剧里，主角的性格特征中渗入了犹豫不决的特点。

该剧的核心是描写哈姆雷特的曲折复仇之路，原剧中并没有说明他的犹豫痛苦，而对此的各种解释也都未能使人满意。歌德就此提出的观点是时下仍旧流行的，他认为哈姆雷特所代表的是这样一类人：他们的直接行动能力因为智力活动的高度发达而几近瘫痪。而另外一种观点强调的是，莎翁力图展示给我们的是一种与“神经衰弱”接近的状态，是一种优柔寡断的性格。然而，纵观整个剧本的情节，哈姆雷特的性格绝非软弱无能的。这里我们可以引入哈姆雷特在两个不同场合的表现来说明一下：一次在盛怒之下，他拔剑刺死了躲在帷幔后面的窃听者；又一次，身为文艺复兴时期的王子，他巧妙、绝情且果断地杀死了两个对他图谋不轨的大臣。但是，他为什么会对父王的鬼魂所托付的使命举棋不定呢？我们可能找到的唯一解释是，这是一件特殊的任务。哈姆雷特能够成功地完成所有的事，然而却不能对杀掉他父亲后取而代之，又娶其母后的人下狠手，因为那个人所做的事情正实现了潜伏在他心底许久的童年欲望。于是，他的复仇心理被良心的自责所取代，他责怪自己，认为自己实际上和那个杀父娶母的仇人一样坏。此处，我将哈姆雷特潜意识所隐藏的意念转换成了语言。

如果有人推断哈姆雷特是歇斯底里患者，那么只能说这是我的解释所能导出的必然的结论。在与俄菲丽娅的谈话中，哈姆雷特所表现的对性的憎恶，也符合这种推论的结果。这种厌恶心理一直盘踞在莎翁的心中，而且呈现不断递增的趋势，直到在《雅典的泰门》一剧中达到高潮。当然，我们也可以认为，哈姆雷特的境遇体现的是莎士比亚自己的心理状态。而且在布兰德（George Brandes）的书评中讲到，《哈姆雷特》是莎士比亚在其父亲去世后不久写作的，即《哈姆雷特》的创作受到了其父亲死亡的影响。在写作的过程中，他儿时对父亲的感情得以复苏。此外，我们也听闻过，莎士比亚有个早夭的儿子，名叫哈姆涅特，哈姆雷特与其发音近似。《哈姆雷特》描写的是父亲与儿子的关系，而他同一时期的另一个作品《麦克白》是以无儿女为主题的。就像所有神经症症状和梦一样，它们有很多可能的解释。梦的解释可以有很多种，甚至可以说只有通过各种解释才能真正理解一个梦。同样的，真正有意义的文学作品也必须由诗人的不纯粹动机和其心灵的冲动来构造，所以它的解释也不会仅有一种。这里我所讨论的只是这位富有创意的文学家的最深层的心理冲动。

在这些关于至亲之死的典型的梦里，我们看到了一些非常态的隐藏的欲望在梦里躲过了稽查作用的检查，得以完全展示出来，这一情况发生的唯一可能原因是存在某种特殊状况。下述的两种情况较易引发这类梦。①心底有某种被压抑的欲望存在，并且自己非常确信即便在梦里它也不会被发现，因此这些怪念头才会轻易地通过梦的“稽查作用”，正如设定一条关于杀父之罪的刑罚的必要性受到当年的所罗门法典的忽视一般。②在这种情况下，这一隐藏的、被压抑的欲望通常会借由某种对亲人生命关怀的形式，向当日白天留存下来的印象让步。而与之相生的情感里必然会包含痛苦的感情，它会在梦里被真实地体验到。于是梦里的这个欲望就借这一情感被很好地伪装了起来。

在亲人之死的梦里，稽查作用对受压抑的欲望毫无戒备，并未对其发挥改装作用，因此梦者感受到了痛苦。在稽查作用完全或部分不发挥作用的情况下，就会产生焦虑梦。而另一方面，若躯体来源引发了真实的焦虑感，它则会唤醒并加强稽查作用。于是，我们便清楚了一个事实：稽查作用发挥作用并改装梦的内容的用意是，避免产生焦虑或其他形式的痛苦后果。

上文中，我已提到儿童心理的自我中心主义，就这点我要再强调说明一下。因为梦也具有这一特征，因此不难看出它们之间的关系。梦都有着一个共同的特征——绝对的自我中心，每个梦里都可以找到可爱的自我，即便是伪装后的形象。梦的使命就是完成对自我欲望的满足。任何表面上看来是“利他”的梦的内容，追根究底后呈现的面目都是“利己”的。下面我将列举几个看似与这种观点悖逆的例子来说明。

1.这是一个还不满四岁的小男孩做的梦。梦里，他看见一个大盘子里放着一大块烤肉，而一瞬间，那块还没切开的肉就被吃掉了，而他却没有看到是谁吃的。

睡眠中的吉普赛女郎

这个梦中吃掉那块烤肉的人是谁呢？我们可以在这个小男孩当天的经历中找到线索。近期，因为受到医生的指示，这个孩子只能喝牛奶。做梦当天，他因为太调皮，而被家人警告不许吃晚饭。因为几天来一直被限制食量，所以这一次他也并不在意。他明白自己今晚不可能吃到任何东西了，因此不断告诫自己不讲一句关于饿的话。但是，尽管这是一个伪装了的梦，我们仍旧一眼就能看出，梦中那个对可口佳肴有期待的人就是他自己。然而因为知道自己不被允许吃东西，所以小梦者没有像一般孩子那样饿了就坐在餐桌旁大吃一餐，在梦里，他找了一个看不见的人代替自己。

2.这是我的一个梦。梦中我在书店的橱窗里看到了一套丛书，它是集合了艺术家、历史、名城古迹等专文的册子，书名为《著名的演说家》（或《著名演说》），里面写的第一个人物是雷歇尔博士。

在分析这个梦的过程中，我认为我不会对身为德国反对党成员的雷歇尔发表的长篇大论感兴趣。事实上，近期因为治疗一些需要精神分析的病人，我每天都要说十到十一个小时的话。所以，梦里的那个演说家指的就是我自己。

3.此外，我还做了这样一个梦。梦中一位我所熟悉的大学教授M告诉我：“我的儿了患了近视。”随后是彼此简单的对话，最后梦中出现了我和我儿子。

就这个梦的隐意来讲，M教授和他的儿子只是用来影射我和我的儿子，他们这对父子代表了我们父子。这其中的特殊性，我会在后文中详加讨论。

4.下面的梦真正地体现了恶劣的自我主义的情感是如何潜伏于体贴关怀别人的背后的。

我的朋友奥托是一副生病的样子，他面色红褐，两个眼球向外突出。

身为我的家庭医生的奥托，深受我感激。多年来，他一直在为我孩子们的健康保驾护航。他对孩子们也十分友好，每次登门为他们医治时，都会以各种理由给他们带礼物。做梦当天，他来过我家拜访，我太太说他看起来很疲倦。当晚，我便做了这个梦。他的状态像是得了巴塞杜氏症。若忽略掉我的释梦方法，听到这个梦的人会以为我是在关心他，这是一个为友人的健康状况担忧的梦。然而这样的解释不但与我的梦是欲望的满足的观点冲突，并且违背了我的梦是自我主义的冲动之说。如果这样解释我的梦，那么我对奥托的担心为什么一定要与巴塞杜氏症相联系呢？这是一个毫无根据的推论。而在我的方面，我结合了一件六年前发生在我身上的事来解析这个梦。那是一个漆黑的夜晚，我们一组人坐在一辆马车里正赶往度假的驻地，距离目的地还有一个小时的路程。途中因为车夫不太清醒，导致我们翻下河岸。所幸的是并没有人受伤，然而我们却不得不留宿在附近的旅馆里。在得知我们的不幸遭遇后，很多村民都来看望我们。前来慰问的人中有一位男士，他有着明显的巴塞杜氏症病症——面色红褐，眼球外突，只是甲状腺并无肿胀现象。在一切都安顿好后，他友好地问我们还需要点什么。R教授随口说出：“不需要别的什么了，给我一套睡衣吧。”然而这个一直表现得很绅士的人却丢下一句“不好意思，我不能满足你这个要求”后拂袖而去。

继续我的分析。我想到巴塞杜不只是第一个发现这类病的医生的名字，它同时也是一位著名的教育家的名字。这种事实对于清醒时的我来讲似乎有点可疑。我曾将我的孩子们的教育任务，尤其是青春期时期全权托付给奥托。我在梦中让奥托也表现出和那位乐于助人的村民一样的病症，意图是要表达“若我有什么三长两短，就让奥托像那位村民对我们一般去关爱、管教我的孩子”的愿望。至此，这个梦与自我主义的联系就不言而喻了。

然而，何以见得这个梦的欲望得到了满足呢？我并没有要对奥托实施报复，但在我的梦中他似乎常常吃瘪。我们来看以下的情形：我使梦中的奥托具有那位村民的特征，也就意味着把自己当成了R教授。就如R有求于那位村民一样，我对奥托也有托付。R教授在学术界留下了长长的奋斗足迹，他到晚年才获得教授头衔。而我现在正是当年的他，欲望的重点在于“到了晚年才……”，“晚年”才是我愿望的达成，因为这意味着我会活很久，有足够的时间亲自陪我的孩子度过青春期。

（三）考试的梦

每一个参加过初中结业考试并最终顺利通过的人，他们都有过类似的经历：梦到自己考试不及格，或者必须参加某一科目的补考。而在已得到学位的人那里，“典型的梦”则呈现另一种表现形式：他们梦到自己未能通过大学的毕业答辩，而另一方面，他们又明明清楚地记得自己已从医多年，并已成为大学讲师，或者已步入资深律师的行列。孩提时期因为顽皮、淘气等劣行而遭受处罚的记忆，会在我们学生时代的两次重大考试中，由于过度紧张的神经的影响而再现。同样的，神经症患者的“考试焦虑”也会因这种恐惧而增强。在我们告别学生时代后，尽管不受父母和老师的惩罚了，然而我们又再次受迫于现实生活中冷酷的因果关系。当我们做错事时，我们就会害怕惩罚的降临。每当我们感觉有责任在身之时，曾令我们极度紧张的升学考试或结业考试就会再次光临我们的梦。

谈及对“考试的梦”的研究，我不得不提到我的一位同事，他叫史特喀尔，是第一位解析考试的梦的人。在一次学术讨论会上，他就这方面发表了自己的心得体验。他说，考试的梦只发生在顺利通过考试的人身上，而考试失败的人则不会做这种梦。焦虑的考试梦意图寻找之前的某种情况，以便做出合理的推断，但出现在梦中的往日情况又都不合理，不符合实际情况，最终这种煞费苦心会被证实是杞人之忧。这类梦能够很好地说明梦的内容很大程度地偏离了清醒时的事实。梦中出现的抗议声“我早就成了医生了”等等，事实上是梦者的自我安慰之词。因此，我们大可以这样来概括梦者的大费周章：“不要为明天担心，想想当年的升学考试，你当时如此地担心和紧张，后来不依然成为了医生吗？你不要再枉费感情了，会没事的。”因此，是白天遗留的某些经历形成了梦中的焦虑。

尽管我对我本人以及他人关于这方面的梦进行的解析的准确性并没有十足的把握，但上述的说法却被证实是有效的。例如，我从来没有通过法医学的考试，我在梦中也没有为此焦虑过。而我对植物学、动物学和化学的考试却十分用心，我曾忧心忡忡地为其做准备，却因为老师的仁慈未曾失利过，但在梦中，我却时常会重温这些忧虑。我的梦中也常会出现参加历史考试的内容，当年它一直是我考得很好的科目。这里，我需要承认一件事，因为当时历史老师太仔细的缘故，我曾在试卷上一道较没把握的试题旁用指甲做了叉，以此暗示他不要过于苛刻地追究这道试题。

在解析考试的梦的过程中，我们也同样面临着解释典型梦时所遇到的那个困境——缺乏供解释的材料，因此不能对其做全面的解释。前文我提到的结论：你早已是医生了，其实不只是一种自我安慰，还是一种自怨自艾。可以解释为：“你已经这把年纪，没剩下多少日子了，为什么还要用宝贵的时间干那些傻事呢？”这里自责与自我安慰形成了感情冲突，也正切合梦的隐意特征。因此，若考试的梦中出现“幼稚的”、“傻的”自责与应责备的性行为的反复性相关联，也就不足为奇了。

（四）其他典型的梦

而其他的使梦者感觉或惬意或不快的“典型的梦”，我本身虽缺少这方面的经验，但结合我做过的精神分析，倒也总结了些心得。由已掌握的资料来看，这些梦也是一种童年记忆的重现，即梦的素材可以来源于一些童年时期最喜爱的某些游戏，这其中也包含加速运动。每一个舅舅或叔叔都曾对着小孩展开双臂，引得他们四处跑；或是让孩子坐在自己的膝盖上摇，时而会突然抬高腿，吓得小孩哇哇大叫；或是将小孩高举至空中，然后突然停下来，孩子又会被吓到。而每每这样，尽管被吓到，小孩还是会欢呼雀跃，要求再来一次。这一情况在所做的游戏含有一点恐怖或眩晕的情形时尤其明显。这种感觉会在孩子们日后的梦中复现，不过却不会出现那双扶持他们的手，孩子大多都喜欢玩荡来荡去或类似跷跷板的游戏。在看过马戏团的运动表演后，他们对这些游戏的追忆会愈加清晰。某些患有歇斯底里的男孩，在病发时，他们的表现不过是熟练地重复某种动作，尽管这些动作不具有任何刺激性，然而当事者常常会因此而变得性兴奋。通俗来讲，儿童时期兴奋的游戏——飞上、掉下、摇晃，会重新出现在梦中，并会引起肉欲的强烈兴奋。正如多数母亲所熟知的那样，小孩嬉闹的游戏常常都以争吵、哭闹收场。

所以，我并不认同将关于飞上或掉下的梦解释为身体的接触或肺脏的胀缩动作，而且我找到了足够的证据。我注意到是梦引入的关于过去的记忆促进了这些感觉的生成，所以，它们并不仅仅是梦的来源，它们本身就是梦的内容。

俄狄浦斯和斯芬克斯

但是，我并不能给予全部这些“典型的梦”准确的解释。确切来说，是我所掌握的资料不足以解释它们。我的观点是：在受到无论何种心理动机召唤时，为这些“典型的梦”所具有的触觉或运动的感觉都会复苏，而在不被需要时，它们则安静地潜伏起来。而若想弄明白它们与童年经历之间的关系，可以对心理症进行分析。然而我却不知道，在梦者的一生中这些感觉的记忆（尽管都属“典型的梦”的范畴，但掺入其中的记忆却因人而异）到底扮演何种角色。对于这些尚未解决的问题，我热切地盼望可以有机会深入地再分析几个好梦例，以能对此做完善的解释。可能有人会问，那种飞上、掉下、拔牙的梦比比皆是，为什么还要抱怨可参考的资料不足呢？

事实上，在我开始从事“释梦”工作起，我就没有做过这类梦的经历。而且尽管我能够接触到很多心理症的梦，但却不能为所有的梦都找到合理的解释，而且还存在着很多几乎发掘不到其深层隐意的梦。一些导致心理症发生的因素，在心理症症状即将消失之际，会愈演愈烈，而导致问题被遗留下来，最终也未能得到解释。

The interpretation of dreams

梦 的 解 析

第六章 梦的工作

所有以前的梦的解析都是致力于对记忆中的梦的显意进行研究，他们将记忆中保留下来的梦的内容作为阐释梦的关键因素，有些时候甚至干脆拿来作为梦的结论。但是，我们手上的资料让我们看到了不同，梦的显意与梦的内容、梦的隐意之间存在着另一种新的心理素材。梦的意义是使它形成的意向，而非它所表现出来的形式。因此，我们将开展一项崭新的工作：深入分析梦的显意与梦的隐意之间的关系，并摸索出后者到前者的蜕变途径。

梦的显意与梦的隐意就像是表达同一主题内容的两个不同版本。或详细点说就是，我们所见的显梦是梦的隐意转换后的表达模式，而要了解其所采用的字符和法则，需要先比较原文和译文。若能掌握这些规律，要理解梦的隐意就不是什么困难的事了。梦的显意恰如用象形文字写作的手稿一般，需要将其逐一译成“梦的隐意”的文字。若只是就其呈现的形态来解释它，而没有对其开展翻译工作，那么我们的认识必然是错误的。例如，我的面前有这样一幅画：有一所房子，在它的上面有只木舟，我还看到了一个大字母，之后出现了一个无头的人飞跑的景象……乍一看，我会认为这荒唐至极且没有任何意义，屋顶上怎么会有木舟，没了头的人怎么可能会跑，而且人的体型怎么会高过一座房子，还有，

诱蛇者

若这整个画面描绘的是一幅景象，那么那个大字母又意味着什么？自然界会出现这样的景象吗？准确解释这幅画谜的唯一策略是，承认部分或整个画面真实存在，视每一个景象都有意义，之后竭尽所能地挖掘每一个可能有关联的文字，再将这些文字整合，你将会看到一个不再是全无意义的句子，不排除有这样的可能，它是一个格律整齐富有深意的格言。事实上，梦就是一幅画谜，然而却被我们的祖先曲解成一件艺术作品，被认为是无意义的、没价值的，因此我们的祖先不曾掌握过真正的释梦方法。

一、梦的凝缩作用

在比较梦的隐意和显意时，我们首先会注意到的是梦的工作包含了很多的“凝缩作用”。较之梦的隐意的宽泛和丰富，显意就显得简单、贫乏和具体。若解析一个半张纸就能叙述完的梦，它的隐意的陈说将占上六或八甚至十张纸的篇幅。其中差距的比例因梦而异。由我自身的经验可知，这种比例关系是可信的。通常来讲，我们都会低估梦所受的凝缩程度，认为一次分析就能够彻底将梦说清楚。其实，若继续分析下去，将会挖掘出更多隐藏在梦后面的意义。前文我已讲过，一个梦的深意并不能彻彻底底地分析出来。尽管有时我们的解释已毫无瑕疵、无懈可击，但仍可能在这个梦里找出别的意义。因此，严格地说，梦的凝缩作用并不好确定。

对梦的显意与隐意的比例失调，我们可以这样解释：在梦的形成过程中，有相当多的精神材料被凝缩。然而，这个结论一定会遭到质疑。我们大概都有过这样的体验：明明一整晚都在做梦，第二天醒来后却忘记了大半。所以有人下了这样的结论：被人所记忆的只是整个梦工作的片段，若能将梦的内容全部记下来，那就会和梦的隐意的长度相当。在某种程度上来讲，这是一个有些道理的说法。若我们在做了梦后就立刻醒来，那么就有可能精确地回忆起这个梦。随着时间的流逝，记忆会渐渐模糊，而最终会完全不记得。然而，我们需要知道，梦得多而记得少的印象只是一种错觉，针对这一点，我会在后文中详加讨论。此外，梦工作中的凝缩作用并不受梦的遗忘可能性的影响。它的存在得到了对保留下来的梦的片段所进行的分析的证明。若真是梦的大部分记忆都被遗忘了，那么如何能对梦的隐意进行新的探究呢？我们并不能保证被遗忘掉的梦片段所隐含的梦念，与对记下来的部分内容的解释达成一致。

在解释了梦的每个部分后，我们会得到一大堆的意念，而对这点，许多读者可能会产生疑问，难道分析得到的心灵所产生的全部意念都与梦的隐意有联系吗？也就是说，人们质疑在睡眠状态下所有这些念头都活跃着，并且全都参与了梦的形成的准确性；是不是有这样的可能，分析所得的某些念头没有在梦的形成中发挥作用，而是在分析过程中才产生的呢？我所能给予的回应是一个需要前提的答案。不可否认，有些新的思想链确实是在分析过程中第一次出现。然而我们能够看到，新的联系只会在已经与梦念建立起联系的观念中才会发生。其特殊性体现在，在存在另一种别的更深层的联系的情况下，才会产生这种新联系。在分析过程中，由发现的大部分观念看来，我们必须承认一个事实，即在梦的形成中它们就已经十分活跃了。因为在我们对一连串看似无关梦形成的观念进行分析后，会突然发现一个与梦的内容有直接关联，而且又是梦的解析必不可少的关键因素，只是这一点需要通过特殊路径来实现。在此我会再次提及我的那个关于植物学专著的梦，它包含的凝缩作用达到了惊人的程度，尽管有些还尚未被发现。

然而，如何描述梦前的睡眠状态下的心理呢？所有的梦念是一起还是逐一出现的呢？或是各种不同的思想链，以各自不同的中心，在脑海中同时涌现，最终汇为一个大整体呢？我以为现在所讨论的梦形成的心理状态，还不涉及这种尚无法确定的观念。然而，需要我们认识清楚的是，我们正在讨论的对象是一种潜意识过程，它并不同于我们在有意识的情况下进行的有目的的自我观察过程。

无论如何，我们都要承认这样的事实：梦的形成过程确实经过了一番凝缩作用。那么，这个凝缩过程是什么样的呢？

在一大堆梦念中，只有极少的意念可以通过一种“观念因素”表现在梦中。因此，我们可以做这样的推论，凝缩作用是以省略的形式来体现的。也就是说，梦并没有忠实地传译梦念或是将它原封不动地投射出来。反之，它只是梦念左省右略后的复制。然而不久我们就会发现，这是一个不恰当的观点。但我们姑且将它作为起点，来展开上述问题的讨论。若梦的隐意中只有少数元素可以进入显梦，那么哪些条件决定元素的选择呢?

为了解决这一问题，我们且将研究对象锁定为那些已符合梦的内容的元素，可以满足这方面的最便捷的材料当属那些在形成时经过了一番凝缩作用的梦。所以，我选用了之前提及过的“植物学专著”的梦。

（一）植物学专著的梦

“我梦到我写了一本关于某科植物的专著。我拿着那本书看，我正在看的是一页折叠起来的彩色插图，打开时，看到里面夹着风干了的植物标本。”

这个梦的最显著的元素即是植物学专著。它来自于当天的实际经验，那天我曾在书店的橱窗里看到一本有关樱草科植物的专著。但梦中却没有交代这种植物的类型，仅仅是保留下了“植物学”的“专著”。由这个“植物学专著”，我立刻想到了我曾写过的有关古柯碱的著作。而由“古柯碱”出发，构成了一个思想链，我一方面想起了《纪念文集》和发生在大学实验室里的几件事，另一方面又联想到了我的挚友格尼希斯坦。格尼希斯坦又使我联想起我与他在昨天晚上进行的不连贯的谈话，以及我们谈到的同事间的报酬问题。这个谈话才是形成这个梦的真正因素。尽管我对有关樱草科植物专著的印象鲜明，但这却是无关紧要的琐事。“植物学专著”在当天的两个经验之间起到了“中间的连接体”的作用：它由无意义的印象引发，又将许多联想性结合的成果与有价值的精神事件串联起来。

然而，不只是“植物学专著”这整个合成的意念能引起多种联系。对“植物学”、“专著”等进行逐一深入研究也可探求到多种多样的梦念。我由“植物学”联想到许多人物，如加特纳、与其珠联璧合的妻子、一位名叫芙萝拉的女病人，以及忘了买花的事件的主人公。加特纳再度使我想起实验室以及自己与格尼希斯坦进行的谈话。我们的谈话中涉及了我的两位女病人。由那位与花有关的少妇我想起了两件事：我太太钟爱的花，以及当天我所瞥见的那本专著的书名。此外，“植物学”还使我记起了中学时的一段小插曲和大学时的一次考试。与格尼希斯坦进行的谈话中还出现了一个崭新的话题——关于我的喜好，再由忘记送花联想到的“我喜欢向日葵”而建立联系。向日葵构成的思想链是，一方面我记起了意大利之游，另一方面童年时期第一次读书的激动情形被唤了起来。因此，这个梦的关键核心就是“植物学”，它将各种思路联系起来，成为它们的交汇点。而且我敢保证，这些联想都可在当天我与格尼希斯坦医生的谈话中找到联系。此刻，我恍如置身在一个思想的加工厂里，就如歌德《浮士德》第一部分第四幕《织工的大作》讲到的：

梭子一上一下地穿着，
纱绒如影随形，
一根线串联起了千头万绪。

出现在梦中的“专著”涉及两个主题——我研究工作的性质和我喜好的高昂代价。

总结这一初步的研究，我们可以下这样的定论：“植物学”和“专著”之所以能成为梦的内容，是因为它们连接着梦念的大部分材料。因为担当了“交汇点”的角色，所以在梦的解析中它们将获得丰富的解释。还可以用另一种形式来对这一基本事实做解释：梦的内容中的每一个部分都具有多重意义，它们代表的不单单是一种梦念。

当我们细致观察梦念蜕变成梦的内容的过程时，我们的发现将会更多。那个彩色插图将我引到一个新的题目上：我同事对我的研究持有的观点，以及梦中提及的我的喜好问题，此外还上溯到我童年时曾将带有彩色画页的书撕得粉碎的记忆。那个干枯的植物标本与我中学时收集植物标本的经验相关，而且还特别强调了那段记忆。

梦的显意与隐意之间的关系已经十分清晰了：梦的内容的各个成分分

别代表了不同种类的梦念，同时每个梦念又代表了多个元素。一个梦念会被联想的路径引向多个梦的元素，所以在梦的形成过程中，参与构造的不只是一个梦念，而是一组梦念。像是按人口比例，满足一定人数的群体会选派一个优秀代表一样，梦的内容也实行了这样的政策。在整个过程中，所有梦念同时接受某种改装润色，但是唯有那些被强烈依赖、受大部分拥护的元素才有资格出现在梦中，这更像一个按名册选举的过程。结合我解析过的所有梦例，我总结了这样一个基本原则：梦的各个成分都是由整个梦念蜕变而成的，而这每一个成分又都集合了多种梦念。

为了更好地说明梦念与梦的内容之间的关联，我在此再引入一个例子。这是一个将两者之间相互交织的错综关系做了巧妙编织的梦例。这是来自我的一位病人的一个梦，他患有幽闭恐惧症。很快，读者们就会明白我因何会对这个梦的结构欣赏有加，以及了解到我给这个精致的梦这样命名的原因。

弗洛伊德

（二）“一个美梦”

“他坐在一辆出城的车里，有很多同行的人。街边一家普通的旅店里，正在上演话剧。他一会儿是观众，忽而又变成演员。演出结束后，他们开始换衣服准备回城里去。一群人被分成了两拨，一部分被带去了一楼，而另一部分被带上二楼。楼上的人已经换好了衣服，而楼下的人却慢吞吞的，还没换好。因为无法下楼，楼上的人生气了，他们争吵起来。他在楼下，而他的哥哥在楼上。他生气哥哥换衣的速度太快。并且，他们早就决定好楼上楼下的次序。接着，他独自步行走向城里。他的脚步十分沉重，甚至到了走不动的地步。一位年老的绅士出现在他的身旁，口中谩骂着意大利国王。后来，到达坡顶后，他的脚步轻松起来。”

梦者非常鲜明地感受到了那种痛苦的感觉，即便在醒来后，他都分辨不清真假。由梦的显意来看，这是一个寻常的梦，没什么特殊含义。这次我准备打破常规，从梦者感受最清晰的部分开始分析。

梦中梦者所感受到的那种艰难——步履维艰并带气喘——是梦者在几年前真正有过的症状。当时对他的诊断结论是肺结核。这种梦中运动受阻碍的感受，我们在裸露梦中就已接触到。在这里，我们又发现它可以代表其他的含义。由梦中爬高的部分，以及梦者当时的感受，我联想到了阿尔芬斯·都德的名作《萨福》中的一段描述：一位青年男子抱着他的恋人上楼，起初她像鸿毛一样轻，但随着越爬越高，她的体重使男子不堪负荷。这整个情景其实就是他们之间关系进展的写照。都德的原意是想借此警告那些年轻人，不要四处留情，欠下风流债，不然到头来是玩火自焚。我了解到我的这位病人曾与一位名伶相恋，而最终以失败收场，我不敢肯定，这一解释是否准确。并且《萨福》的情形正与此梦相反，梦的内容是上坡之初很吃力后来则轻松，而小说中描述的则是开始时轻松，后来却越发艰难。使我感到意外的是，我的病人为我提供的分析材料中提到，我的解释正与他当天晚上所看的一部剧的情况吻合。那是一部名叫《维也纳巡礼》的戏剧，讲述的是，一个起初受人尊敬的少女，而后沦为妓女，借着攀附上层人物，得以进入上流社会，但最终仍落得个悲惨下场的故事。他又向我提到，多年前看过一出名为《步步登高》的戏，而这部戏的广告宣传画上就出现了一截楼梯。

继续我的解释：那位近期与他热恋过的名伶就住在出现在他梦中的那条街上，事实上这条街根本就没有旅馆。不过，他曾与那个名伶一起在维也纳消夏，那期间，他曾在附近的一家小旅店住过。临走时，他向车夫说道：“这是个不错的地方，没有跳蚤。”车夫应道：“谁会喜欢住在这儿！这哪算是旅馆啊，充其量就是一个客栈。”

受到“客栈”的启发，他立刻又联想到一句诗：“之后我就成了如此之好的主人的宾客！”然而这首乌兰德的诗所歌颂的主角却是一株“苹果树”，顺着我的思绪，第二段诗句涌现出来：

浮士德（面对着年轻的女巫）：

我有过一段美好的梦，
梦里出现了一株苹果树，
它的上面高悬着两个最漂亮的苹果，
在诱惑之下我情不自禁地“爬上去”。
诱人的苹果，
自从天堂里得以一瞥，
便魂牵梦萦，
如今感到无比地高兴，
因为我也拥有这样一株苹果树。

毫无疑问，“苹果树”与“苹果”的意义就是指代女伶丰满诱人的胸部，我们这位梦者日夜思念的正是这“苹果”。

由分析来看，这个梦可追溯到梦者童年时期的某个印象。如果所料不错，梦者的妈妈必定会被涉及。在孩童时期，奶妈柔软的胸部是每个孩子最易入眠的旅店。

梦中也出现了梦者的哥哥，他在楼下，哥哥在楼上。而这又是不符事实的。因为如我所知道的，目前他的哥哥正处于穷困潦倒的境地，而他依然维持着不错的生活水平。在对梦的内容陈说时，梦者并没有确切地说哥哥在楼上，他在楼下。如此，彼此的地位就明了了。在维也纳口语中，当表示一个人失势时，就说某人在“楼下”。也就是说，他垮下来了。因此，当一个梦的一些部分故意以颠倒事实的情况出现时，必有特殊含义，梦的隐意与显意之间的关系也可以借由这种颠倒来解释。我们已经发现了这种颠倒的出现规律，在这个梦的结尾，有一个明显的颠倒，《萨福》中的描述也是一例。这种颠倒的用意我们可以借由下面的分析看清楚：《萨福》中描述的是，那个男人抱着与其发生了性关系的女人上楼。而梦念中，则发生了位置颠倒，换成女人抱着男人。如此，这种情形只可能发生在童年时期，奶妈抱着婴儿上楼。所以，梦的结尾在萨福与奶妈之间建立了联系。

我们已经了解了，“一大群人”指的是一个秘密。梦中出现的哥哥代表的是他此后的某个情敌。那位老绅士辱骂意大利国王的内容，是近期真实发生的一件无关紧要的事，它指的是低阶层的人进入上层社会所引发的矛盾。

接下来我将分析一个来自一位正接受我治疗的老妇人的梦，以再为梦的凝缩作用提供支持。面对一个处于严重焦虑状态的病人，我可以断定她的梦必然包含很多性的想法。她会很意外自己怀有这些思想，甚至会认为难以置信。因为我只是选取了梦的部分内容做分析，所以材料看起来有些缺乏连贯性。

（三）金龟子的梦

“梦中它看到有两只金龟子被关进了盒子。她因为担心它们会被闷死，而决意要将它们放掉。她将盒子打开，其中一只金龟子飞了出去，而另一只却因为她应了某人的关窗要求而被压死在了窗框上。”

她丈夫出差了，十四岁的女儿来同她睡。当天晚上，女儿告诉她水杯里掉进了一只飞蛾，听后，她并没有把它取出；次日清晨，在看到那只淹死的飞蛾后，她产生悲悯之心。当天晚上，她还看了一本书，内容提到几个孩子将猫丢进烧开的水里，其中对猫在水中挣扎的情景描写得十分真切。这两件发生于梦前的事自身并无意义，然而却共同唤醒了她对人类对

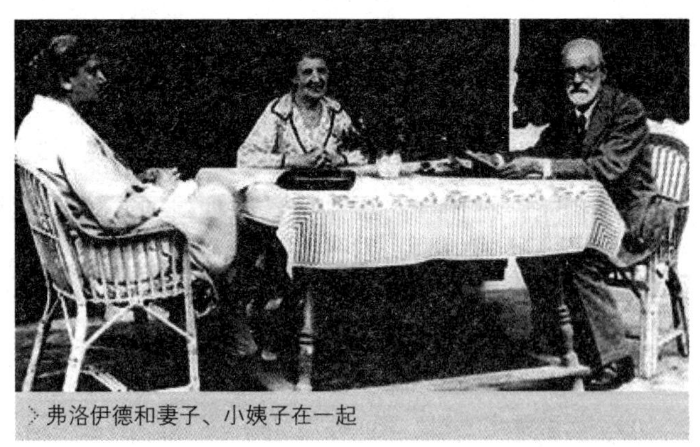
弗洛伊德和妻子、小姨子在一起

动物残忍这一事实的探究。数年前，在他们去某地旅行的一次经历中，她女儿十分残忍地对待动物。她将一些蝴蝶抓来，而后又将它们杀掉。又有一次，她将大头针插在一只飞蛾身上，迫使它在房间里飞行，飞了很久。此外，她还曾长时间地不喂蚕蛹吃东西，致使其活活饿死。儿时，她就常常将大甲虫和蝴蝶的翅膀撕扯下来。然而此时她已经看不下去这些残忍的行为了，她变得不再残忍。

存在着这样一个矛盾：外表和性格之间并不一致。就在她女儿开始抓蝴蝶的同一年，她们所在的那个区爆发了金龟子的虫灾，孩子们对这种甲虫痛恨极了，纷纷将它们踩死。我的这位病人亲眼目睹过一个男人撕去金龟子的翅膀，然后将其身体吃掉的景象。她就是在五月份出生的，并且也在这个月份里结了婚。新婚的第三天，她写信告诉父母，说自己感到很幸福。然而她说的却并不是事实。

做梦当晚，她翻出了一些从前的信件，并为她的孩子读了其中的几封，在读的过程中，她的神态时而认真，时而又似在开玩笑。最有趣的一封是一位钢琴老师的求婚信，那时的她是一个花枝招展的姑娘。另外，还有一封是一位有名望的人写的求爱信。

她一直责怪自己不该让女儿看莫泊桑的一本“坏书”。同时，由女儿向她要砒霜的事件她又联想到了都德的《富豪》一书中提及的将莫拉公爵送去天堂的药丸。

她总是为出门在外的丈夫担心，她白天会产生很多关于丈夫在旅途中遭遇不幸的幻觉。之前对她做过的分析显示，她心底曾产生过埋怨丈夫变老的意向。这种在梦中复现的意念，是她做梦前几天的经历的合理推论。一天，正做着家务的她忽然跟丈夫说：“你去上吊吧！”几个小时之前，她听说，如果男人上吊，就会极强力地勃起。深深压抑着的对男人勃起的欲望，不由自主地冲破束缚表露出来。“你去上吊吧！”意味着“你勃起吧！”这里没有比《富豪》中詹金斯医生的药丸更合适的了。梦者十分清楚，最有效的春药就是斑蝥，而金龟子是配料之一。这就是梦的内容的最核心部分。

她和丈夫曾就开或关窗争吵过。她习惯开窗睡觉，因为这样可使空气流通。而她的丈夫却喜欢关窗睡觉，他不想被任何声响打扰。一整天的疲倦导致了她梦中的抱怨。

在上述的三个梦中，我突出强调了梦念中一再复现的显梦元素，以便读者能更清晰地看到梦的隐意与其显意之间的多种关系。然而，因为对这三个梦并未彻底地进行分析，所以我们有必要再引入一个梦，并对其进行完整的分析，以更好地看出组成梦的内容的成分的多样性。所以，我要继续关于伊尔玛的那个梦的分析。借由这个梦例，我们还能够就在梦过程中的凝缩作用有更清楚的认识。

梦的主角是我的病人伊尔玛，在梦中的她就是现实中的样子。因此，梦里她所代表的就是她本人。然而，我在窗口为她检查时，她所表现的态度却是我在另一位女士身上见到的样子，在梦念里，这位女士是我希望用来替换我的病人的人。梦中伊尔玛的病状让我想起了白喉性黏膜病，而这后来使我记起了在我大女儿生病期间我的忧虑，所以梦中的她又替代了我的大女儿。而又因为和我大女儿的名字雷同，一位因中毒而病逝的病人被引入到我的分析中来。之后，梦中伊尔玛的形象又代表了我在儿童医院神经科诊治过的一个小病人，在这个过程中，我的两个同事朋友对此得出了不同的诊断。我的小女儿在这里起到了连接的作用。“伊尔玛”不情愿张开嘴巴，这可以和我曾检查过的另一位女性联系起来，我的妻子也最终被涉及。此外，由在她喉部发现的病变，我又联想到了其他一些人。

与伊尔玛相关的很多人都出现在了梦中，但他们都没有以真面目出现。他们都潜藏在伊尔玛背后，因此伊尔玛是一个混合体，她具有许多相互矛盾的性格。在梦中，伊尔玛一人代表了为凝缩作用所省略掉的其他人物，所以，她的形象多多少少集合了这些人物遗留下来的特点。

为了清楚梦的凝缩过程，我以另一种方式制造了“集合形象”，即将至少两个印象整合成一个梦的意象。梦中M医师的出现就是此法的应用。他名为M医师，甚至言行也与平时的M医师一致，但他的身体特征与症状却完全属于另一个人——我哥哥。面色苍白是他们的共同特征，因此也就没有什么别的特殊含义。

在梦中，凝缩作用工作的一个主要方法即是建立集合形象或复合形象，接下来，我将从另一方面就这一点做进一步探究。

梦的打针部分内容提到的“痢疾”概念也有多种解释：可能是因为与diphtheria一词同音；也可能是与被我建议到东方旅行的那个我误诊为是歇斯底里患者的人有关。

此外，梦中出现的propels（戊基）词也经过了有趣的凝缩。在梦念中真正有作用的是amyls（丙基），然而在梦形成过程中，很可能它们之间发生了简单的置换，事实也的确是如此。在此处发生的移置完全是凝缩的结果，我们可由以下的分析来证明这点。如果我对propylen（戊基）一词稍加沉思，我的面前就会自然浮现出它的同音字propy－laeum（圣殿入口），不只是在雅典，在慕尼黑也能找到圣殿入口。在做这个梦的前一年，我曾到慕尼黑去看望一位患重病的朋友。而随着丙基出现梦中的trimethylamin（三甲胺），正是我与这位朋友提过的一种药物。是这样的路径，把我的这位朋友带进了我的梦中。

如同别的梦分析一样，对这个梦的分析也收获了一大堆有同等意义的联想。而需要我认同的是，隐梦中的丙基在梦的内容中确实与戊基发生了移置。

一方面，我朋友奥托的身上集合了很多这个梦的意念，奥托责备我，不同意我的观点，还拿带有戊醇味的酒送我……而另一方面，我们又看见了一组与前者形成鲜明对比的观念。我的那位住在柏林的朋友威廉非常了解和认同我，他还给我提供了一些非常有价值的与性过程有关的化学方面的研究资料。

在与奥托相关的意念中，吸引我注意的是一些形成梦的近期事件。首先是戊基，它在梦的内容中占有相当的分量。而关于威廉的意念，则极可能是与奥托的观念对比后形成的。在整个梦中，我不断地将令我不快的人替换成我欣赏的人，而后让其对付我的对头。因此，奥托意念中的戊基被慢慢转换成同属于化学领域的“三甲胺”的记忆。因为受到各方面的拥戴，三甲胺才得以入梦。“戊基”原本可以以原有的面目大方地进入显梦，然而却因为威廉意念的存在而失败。“丙基”与“戊基”是两个很相似的词，而且威廉意念中的慕尼黑又与“丙基”相关，因此两意念集团之间便以“propyls-propylaea”的形式建立起联系。像是早就协商好了似的，双方都选择这个中间连接入梦，于是一个有多重意义的中间公共实体就诞生了。而若要将梦的内容窥探出个究竟，就必然存在一个有多重决定性的因素。所以为了存在这一中间环节，我们的注意力必须迅速由关键意图转到与之有关联的小节上。

结束对“伊尔玛打针”的梦的解析后，我们对梦形成时凝缩作用所扮演的角色已经多少有了些了解。我们注意到，凝缩作用有着这样的特点：将梦的内容中那些反复出现的成分组成新的集合（将人物或影像集中一起表现），并且建立一些中间环节。而关于凝缩作用的目的以及其采用的方法等问题，我们要等到讨论梦形成的所有心理过程时再深入地探讨。现在我们来整理一下我们已取得的成果，一件事实是：正是梦凝缩将梦念与显梦联系起来的。

当梦的凝缩作用处理的对象是字或名称时，会更容易被看清。梦中的字通常会被当成是某种具体事物，而与之相连的意念一般也要经历这样的结合变化。所以，这种梦就产生了最滑稽、最怪诞的新词。

1.我收到了一位医学同事寄来的论文。文中他对一个近期生理学的发现评价很高，并且还有些浮夸的嫌疑。于是，当天晚上我便做了一个梦，梦里的一个句子，很明显是针对他这篇论文的：“这篇文章是以norekdal的风格写成的。”初看，我对这个新词感到为难，假设它是德文形容词“巨大的”、“出众的”等的诙谐模仿，但它的字源我还不能确定。后来，我发现这个新词竟可以分成“Nora”（诺拉）和“Ekdal”（埃克达尔）两个字。这是易卜生的戏剧《玩偶之家》和《疯狂的公爵》中的两个人物的名字。我曾在报纸上读到过一篇关于易卜生的评论，而这正是我收到的这篇论文的作者的又一新作。在梦中我批评了他的论文。

2.这是来自我的一位女病人的梦，她向我描述：“我梦到和一个留着漂亮胡子以及有着特别眼神的男子一起参加一个农民举办的宴会，里面出现了一个无意义的复合词——uclamparia-wet。”

男子的长相以及闪烁的眼神使她想到了罗马附近圣保罗教堂里的教皇绘像，那里有一位金黄色眼睛的教皇，尽管这只是幻觉，然而它却往往会吸引观光者。进一步联想的结果是，这个人的整体长相真的与她的牧师相像，而那漂亮胡子的原型就是她的医生——我，他的身形又与她的父亲相仿。这所有人，与她均有一种共同关系——都是她生命的引路人。再更深一层地探讨，金黄色的眼睛引出的是金子，金子又能联想到钱，这又和她接受精神治疗的花费联系到了一起，她为这一大笔支出感到心疼。此外，金子还引出了她的另一段联想，“金治疗法”是治疗酒精中毒的方法之一，而D先生就因为患上酒精中毒，才遭到了她的拒绝，她不反对偶尔喝喝酒，而且有时候，她也会喝些啤酒或是一般别的酒。联想到这里，她又一次回想起圣保罗教堂和它的周围环境。她记得她曾在邻近教堂的一个叫TreFontane（三泉）的庙宇里喝过一种由Troppist（天主教之一支）僧徒以“尤加利树”为原料酿成的酒。后来，她又就僧侣们如何在一片沼泽地带种植尤加利树，而使整片沼泽变成肥田沃土向我描述了一番。因此，uclamparia这个字可以看成是eucalyptus（尤加利树）与malaria（疟疾）两字组合成的。而wet（潮湿）这个字也是一种联想的产物。该地区曾是沼泽地带，潮湿自然是它的一大特征。同时，潮湿有时也代表着反面的干燥（dry）。而且，Dry正是那位若不是太过贪杯，她便会嫁的人的名字。dry的字源可上溯到德文，德文里drei是“三”的意思，因此，又与“三泉”庙联系了起来。在对Dry先生的嗜酒程度描述时，她会说：“他能喝掉整座泉的水。”而Dry先生也曾自嘲道：“因为我一直干涸，所以要喝很多酒。”而eucalyptus（尤加利树）暗指的是她的心理症，因为她在发病时，总会出现忽冷忽热的情况，因此在意大利期间，对她的最初诊断是Malaria（疟疾）。而她自己也深信在那些僧侣手中买到的尤加利树汁或多或少地对她的这个毛病有益。

塞纳河畔的贵族少女

3.一天晚上，一个熟人敲响了年轻人家的门，他给了年轻人一张名片。

当晚，年轻人做了这样的梦：有一个人来到他家为其修理家用电话，直到很晚才离开。而在他走后，电话却响个不停，它的铃音间歇地传来。佣人又叫来那个人，检查后，那个人说道："连一个tutelrein的人都不会解决这样的问题，实在太好笑了！"

我们将注意到，这个诱因只构成了梦的内容的一个元素。在梦者将这一景象当成是先前经验的情况下，它的价值才能够发挥出来。尽管这个先前经验并无意义，但它却使得梦的联想得以进行。小时候，他与父亲生活在一起。有一次，他迷迷糊糊地将一杯水洒到了地板上，浸湿了电话线，最终响个不停的电话铃将父亲吵醒。关于tutelrein的分析可从三个方向着手。"Tutel"是法律术语，表示"监护"（tutelage）。而"Tutel"或"Tuttel"在俗语里是指妇女乳房的粗话。rein部分是纯洁、干净的意思。此外，Zimmert和elegraph（家用电话）可组合成Zimmerrein（家务训练），这就与把地板弄湿建立了联系，而且实施者极可能是梦者的家庭成员之一。

4.在另一个情况下，我做了一个由两个分离的片段构成的梦。一个片段是一个单字"Autodidasker"，另一个片段是我几天前产生过的一个幻想。幻想的内容是：下次当我再见到N教授时，我一定要告诉他："我上次向你求教的那个病症确实是神经症。"因此，新字Autodidasker一定包含这两个特征：一，含有某种隐意；二，这个意义必与现实中我对N教授的观点的看法有关联。

Autodidasker这个字可分为Autor（author，作者）或Autodidakt（自学者）和Lasker（拉斯克）两个字，由后者我又联想到叫Lassalle（拉萨尔）的名字。

就这个梦而言，第一个字是有一定意义的。那时，我给妻子买了几本我哥哥的朋友——奥地利著名作家J.J.David的书，而就我了解到的，此人是我的同乡。一天晚上，我妻子告诉我，书中写到的主人公堕落使她深受触动。之后我们的话题便切入到如何发掘孩子的天赋的问题上。受这本书的影响，我妻子很关注孩子们的前程。我这样安慰她：那些危险是可以用良好的教育避开的。当晚，我翻来覆去睡不着，思路沿着我妻子的担忧以及一些别的杂事越走越远。而这位作家曾就婚姻问题与我哥哥讨论过，并总结了一些观点，受他们的影响，我将这种想法引入梦中。这条思路把我带到了布莱斯劳，这是一位和我家关系很友好的女士婚后定居的地方。在布莱斯劳，将我引至此处的担忧变成了我对女性的担心，这一点可由我在此处发现的拉萨尔和拉斯克的例子来证明。拉萨尔和拉斯克的例证同时代表了两条具有决定性影响的路。而它们的思想可用同一点总结，即追逐女人。由追逐女人引起的联想，我想到了我至今还单身的弟弟亚历山大，我们简称他Alex，它几乎和Lasker发一样的音。这一事实，又将我的思路由布莱斯劳引向别的地方。

我在这里做名字和音节的拼弄游戏还隐含着一个目的，它代表了我内心希望我哥哥能享受到幸福生活的愿望，它是以这样的方式表达的：左拉在小说中描写的艺术家生活与我梦念的相通之处，为我们留下了追查线索。大家都知道，著名作家左拉在其作品中描写的就是他个人以及他的其乐融融的家庭生活，他在书中是以桑多兹（Sandoz）之名完成这些的。这个名字的产生过程极可能是这样的：Zola（左拉）若颠倒前后顺序便写成Aloz，可能是因为嫌隐蔽得不好，于是将Al做了改变，并因为Al与Alexander的第一个音节相同，而将其变为第三个音节sand，最终变成了Sandoz。而我刚提及的Autodidasker也经历了这样的改装过程。

而我的那个幻想——我想去向N教授申明，我们一起检查过的那个病人确实得了神经症是如何产生的，是我们接下来要研究的。在我临休业度假前，我接收了一位病人，这是一个棘手的病例。我当时的初步判断是他得了一种严重的器质性疾病，有些像脊髓的病变，然而却不能得出一个准确的定论。事实上，它具备了神经症的特征，但因为病人并不承认曾得过性方面的病，我便没有草率地下结论。在犹豫不决时，我采取了多数人的做法——去向一位令人敬佩、有资历的权威求教，我找到了一位受人尊敬的医师，在听了我的讲述后，他对我说：“再观察一段时间吧！我想他极可能就是患了神经症。”我知道这位医师一直都不认同我的关于神经症病源的理论，因此尽管没有反驳他的诊断，但我仍不完全相信。几天后，我对病人讲，我已经无计可施了，让他另请高明。令我始料未及的是，他向我道歉，说他撒了谎。他向我坦白了他得过性病的事实，接着如实地讲出了如我所料的性问题的病结。正是受这一点所限，我不能诊断他为神经症病人。因此我大舒一口气，然而同时我又受到遗憾和惭愧的双面夹击。我所请教的那位顾问果然技高一筹，他没有被性问题的缺失误导。因此，我决定在再与他碰面的时候，就立刻告诉他事实证明他是正确的。

圣母玛利亚的怀胎

在梦中我便这样做了，然而我的认错会达成什么样的欲望呢？我真正希望的是证明我对子女的担忧是大可不必的，确切来说，是要以此来证明我梦念中的妻子的恐惧是错误的。梦中不断阐述的主题之正误，与梦念的核心一直息息相关。于是，我们也一直面临着非此即彼的两种抉择，由女人引起的器质性或机能性损坏，或者说性问题所引发的梅毒性瘫痪或神经症。

在这个看起来复杂，分析后又一清二楚的梦里，N教授的出现意义不只是解释了这种类比，同时还代表了我希望自己错误的愿望。他不仅使梦与布莱斯劳建立了联系，还联系到了我那位婚后在那儿定居的朋友，同时也将我们会诊后发生的小插曲引进其中。在诊治过那位病人后，除了给出我上文已交代的建议，他还问了我几个私人问题。他问："你现在有几个孩子？""六个。"在我回答完后，他表示了他的羡慕之情。接着又问："男孩还是女孩？""三男三女，他们是我的骄傲和财富。""不错，但是你可要当心些，女孩子倒没什么问题，男孩子日后的教育可要费神了。"我强调说，孩子们目前都很听话。明显地，他的关于我儿子的诊断令我不快，就如他对我那位病人的诊断给我的感受一样。因此，这两件接连发生性质类似的印象便联系在了一起。而在我将神经症的故事编入梦中后，我便使它代替了与孩子教育有关的谈话，这一点和梦念联系紧密，而我妻子所担忧的孩子教育问题与梦念的关联更加密切。连同我担心N教授有关男孩教育会很难的话被言中的焦虑一齐入梦，但它也隐藏于我是错的这一希望中。因此，一直未变的同一个幻想，却代表了两种相互矛盾的选择。

5.一天清晨半睡半醒间，我做了一个梦，这个梦的言语经过了凝缩。梦的内容比较模糊，我记得我好像看到了一个一半手写一半印刷的字——erzefilisch。它在一句话里单独出现，是这样说的："在性感方面，它有erzefilisch的作用。"我的第一反应是，这个字应该是erzieherisch，即educational，意思是教育上的。我怀疑替代erzefilisch中第二个音节"e"的不是"i"而是syphilis（梅毒）。在梦里我就开展了分析工作，我苦苦思索这个字的来源，因为，无论如何，我个人或是我的职业都是跟这种病没有一点关联的。忽然闯入我脑海的字是erzelerisch，如此erzefilisch第二个音节中的"e"就可解释了。好像是前天晚上，Erzieherin——我们的家庭女教师向我询问卖淫的解释，我给了她一本赫斯写的有关卖淫的书，她对这方面表现出极大的热情。后来，我向她讲述了许多与卖淫有关的事情。在这期间，我突然意识到不该从表面上把握syphilis（梅毒）这个字，它表示"poison"（毒害），与性生活相关。如此，这个句子就可这样解释："我希望我的话（Erzhlung）能够对我的女家庭教师（Erzieherin）的情绪生活起到一种教育（erziegerisch）的作用，但我又担心扭曲了她的认知"。"Erzefilisch"可以分成"erza"和"erzieh"两个音节。

梦中将字扭曲的情景与妄想症表现出的症状相似，但有时也会出现在歇斯底里或强迫性观念之中。儿童的文字游戏常常会把 个字当成是真实的客体，也会有造出新的字和新句法形式的时候，它们都将会是梦和精神神经症现象的素材。

梦工作中的凝缩作用的一个明显体现是对梦中不重要的词语进行分析。若梦中出现的话与他的思想相悖，那么，这些话的原型就是对梦材料中的话的记忆。这些话可以保持不变，也可以稍作改动。出现在梦中的话通常都是回忆的语言组合成的，甚至上下文的联系改动也不大，但传达的意思可有多种，或与原来的话有截然不同的意思。出现梦中的话通常是分析所讲的话的线索。

二、梦的移置作用

在为梦的凝缩作用搜集证据的过程中，我们注意到了另一个与凝缩作用的重要性不相上下的因素。我们注意到，某些在梦的显意中充当主要成分的元素，在其隐意中却不那么必不可少。而与之相反的情况也比比皆是，即梦的隐意的核心内容不会清晰地呈现在梦的内容中。梦就是这样地难以捉摸，似乎它的内容可以完全不依附梦念为中心，而另有别的核心。例如，在前面提到过的植物学专著的梦里，我们能够清楚地看见其内容中心是“植物学”，而为梦念所关注的则是同事间做事时所发生的冲突与矛盾，以及我对自己对待个人嗜好态度的不满。“植物学”除了因为对照而与梦念发生一种疏离的联系外，并不在梦念中占有任何位置。我的病人做的那个关于萨福的梦，梦的内容主要说的是上坡下坡，上楼下楼；而梦念则一直都在围绕与地位卑微的人发生性关系的危险性进行延展。所以，能够遁入梦的内容中的梦念似乎仅仅有少之又少的一小部分，而且还被做了过分夸张的修饰。还有，金龟子的那个梦，其梦念的中心是探讨性欲与残忍的关系。虽然梦中出现了残忍的因素，但围绕的却不是它与性欲的联系，简言之，它脱离了与性欲的关系而建立了另一种联系。在关于我叔叔的那个梦里，构成梦的内容核心的要算是那漂亮的黄胡须，然而在我分析后发现的梦念却是渴望建功立业的愿望，凡此种种，这些梦让我们有足够的证据得到这样一个合理的推断：有“移置作用”的存在。

和上述情况相反，在有关“伊尔玛打针”的梦中，我们发现，这个梦的内容中的每一个成分，都保持了在梦念中的原有地位。在得出了梦念与梦的内容间的这样两种截然不同的关系后，我们定会对此大为惊讶。然而如果仔细观察现实生活中的心理过程，我们就会发现，一个观念的生成是挑选了一大堆意念的结果，因此在意识中它会受到一定程度的重视。如此，我们就能够证实这个特别的观念拥有了较高的、可能会引起人们关注的精神意义。但是，我们又发现了这样一个事实，梦念中的每一个元素拥有的价值，并不是梦形成时就有的，或在中途被抛弃。梦念的各个成分的价值高低，我们并不能一下子就能看清楚，因此我们要先进行深入分析。在梦形成的过程中，那些有最高精神价值的核心元素通常成了无意义部分，取而代之的是梦念中的其他次要因素。照这样的情形看来，在梦形成材料的选择上，似乎没有对精神强度加以关注，而是只参考了其所含意义的多寡。我们可以假设，能呈现于梦的内容中的未必就是梦念中重要的部分，而只因为它出现的次数较多。然而，这种假设并不能使我们对梦的形成有更进一步的了解。参考事物的本质可知，具有多重意义和固有精神价值的两个意念只有同一个方向才能发挥作用。在梦念中最重要的意念，必然会在那些梦念中出现，因为不同的梦念都是由这一核心向外辐射的。但是，那些高度强调和受多方面增援的单元仍旧存在被梦拒绝的可能，能够入梦的内容的往往都是在属性上弱于它们的那些意念。

这一困难，或许我们可以通过研究梦的内容的多重决定作用来解决。对这方面已有些了解的人，也许会私自以为发现梦元素的多重决定作用并不是什么伟大的工作，而且会认为这是显而易见的。在梦的分析工作中，我们通常是由梦的各个单元出发，然后将它们各自引发的联想分别记录下来，由此得到的梦的材料中，相同的元素会较容易。若就这点提出反对我是可以接受的，尽管我还保留自己的一些看法。在分析工作中找出的意念里，有些与梦的核心已十分疏离，而似乎是为了某种特定目的而编造出来的添加物。猜测出这种目的性不是什么难事，正是它们的存在才使梦念与梦的内容之间得以联系起来，尽管这可能是一种牵强、强制性的联系。如若我们的分析工作中没有找出这些元素，那么梦的内容的各部分不但不能得到多重决定性，而且连满意的决定性也得不到。因此，我们能够得出的结论是：在梦的选择中的多重决定性，存在着不是形成梦的决定性因素的可能，它可能只是一种尚未被人们认识的精神力量的副产品。然而，就得以入梦的单元来讲，具备多重决定性依然是必要的因素。如我们所看到的，某些时候，若在单独的梦材料中缺失它，我们必须费一番周章，才能使它出现。

现在，我们可以大胆地假设：在梦的工作中，有这样一种精神力量存在——它一方面将其自身具有的较高精神作用的那些元素的强度卸除掉，另一方面又利用多重性决定作用，于较低精神价值的元素中创造出新的价值，之后又各自取径潜入梦中。若这种假设果真正确的话，那么我们就可以这样认为，在梦形成的过程中，各元素之间一定存在一种精神强度的转移或移置，而此间就形成了梦的内容与梦念的差异。我们所假设的这种心理运作也正是梦的工作中重要的组成步骤，我们叫它“梦的移置”。梦的移置同梦的凝缩一起，构成了剖析梦的结构的主要力量。

在我看来，通过梦的转移来找出梦中包含的精神力量并不困难。移置作用致力于拆除梦的内容与梦念的核心之间的一切关联，因此呈现出的梦是潜伏于潜意识里的梦欲望伪装后的模样。而关于梦的伪装，我们已经很熟悉了。因此我们可以将之视为神生活中某种精神动因对另外一种精神动因所实施的稽查作用，梦的移置就是完成这种改装的主要方法之一。我们可以这样假设，即梦的移置是在这种审查制度的影响下生成的一种内在精神的自卫。

在梦的形成过程中，移置作用、凝缩作用以及多重决定性所发挥的作用是以何种主次顺序排列的，留待我在下文探讨。现在，我要讲的是，使梦念中的元素能够入梦的另一个必备条件：它们必须能逃过稽查作用的检查。这样，在我们的研究工作中，就可以把梦的移置作用当成既定的事实来使用。

三、梦的表现方式

在梦的隐意转变为显意的过程中，有两个元素参与了工作，它们分别是梦的凝缩作用和移置作用。继续探讨下去，我们还将发现其他关键因素，它们对选何种材料入梦起着决定性作用。

尽管会先中止我们进行的研究，但我还是决定在这里就梦的解析过程做一下大略的介绍。我知道，要彻底地解释清楚这一过程并得到批评者的认同需要经历这样一些步骤：选取一些特殊的梦例——予以详细地分析——将发现的所有梦念集中到一起——依据它们找出此梦的形成过程。也就是说，用将梦集中一起的方法来做梦的分析。其实，这种方法我已经在好几个梦例中演示过了。但在这里我不能将它们重新发表，这是出于我对一些相关的精神材料的性质问题的考虑。这一点的真实性已无须再在这里证明。在解析梦的过程中，这些考虑有着较小的影响，因为分析可以是不彻底的，但这不影响其价值。即便它们并没有渗入梦的所有结构，它们也仍保有自身的价值。然而对整个梦来讲却不是这样的情况，因为它的不完全，人们会质疑它。因而我只能将人们所不熟悉的人所做的梦综合示众，但我可以提供的只有我的神经症患者的，因此，这个问题的讨论暂时搁置了。这一情况一直持续到我可以在另一本书里将神经症患者的心理与这个问题联系起来。

诗人的灵感

我在将梦念进行综合以构成梦的尝试中，认识到分析过程中得来的材料的价值不尽相同。梦念只是梦的一部分——移置作用将其他部分置换了，除去稽查作用的检查，它们本身就是整个梦的核心。其他材料则往往被当成是没意义的，我们也不能够提供证据来支持“后者在梦的行程中也发挥了作用”的观点。反之，在梦后与梦的解析之间的时间里，可能它们真的产生了联系。这部分材料包含了所有联结梦的显意与隐意之间的途径和一些起着关键作用的联想。而它们是我们解析梦的联结的通道。

我们现在只对基本的梦念感兴趣，这些梦念往往以复杂得多的思想结构和记忆的合成体的形式呈现出来，它们都是我们清醒时所熟知的联想的综合。它们通常是发自一个中心点的彼此有相连地方的思想链。每一系列思想都有与其相冲突的想法，并且与其构成联结关系。

这个合成结构的各个不同部分之间存在着诸多的逻辑关系。它们能表示前提、背景、离题、说明、条件、例证、反驳等。在梦运作期间产生的压力向整个梦念施压时，这些元素就会发生扭转、破裂以及整合——如同碎冰被挤在一起那样，于是，一些新的问题就产生了，例如，构成其基础框架的那些逻辑关系变得怎样了？表示“若是”、“由于”、“就像”、“尽管”、“要么……或者”以及其他一些情况的连接词在梦中是如何表现的？若缺少了它们，理解任何句子或语言都将是天方夜谭。

首先，我们要明确这样一点：梦自身并不能表现出这些逻辑关系，绝大多数的梦都与这些连接词无关。梦所呈现的只是经其改装加工的梦念的真实内容，梦的解析过程是对被梦的工作损坏的各种联系予以恢复。

梦不能将这些关系表达出来的原因在于，构成梦的精神材料的性质的特殊性。正如与诗歌相比，绘画和雕塑在语言方面存在局限性一样。而受材料方面的限制，绘画和雕塑也不能自如地表达事物。在形成现在的表达原则以前，绘画曾试图弥补这缺陷。在古代，绘画人物时，通常会在画中人物的嘴上添加一小段说明性文字，其内容是向人们表达画家无法用图画传达的念头。

可能会有人质疑我的关于梦无法表达逻辑关系的推断。因为有些梦中常常包含有相当复杂的智力运作，对某种观点的反对或证实，甚至取笑与比较，如同发生在清醒生活中一般。然而，这只是欺骗人们的表象。因为若深入分析，我们就会发现，整个这类思想不过是梦念材料的一部分，而非在梦中所产生的智力活动。在梦中，看似思想的东西，实际上只是梦念的主要材料的再现，而不是它们之间的联系。这里我将陈述一些与这方面相关的事实。最容易构成的联系是，在梦中直接说出并特别描述了的句子，它们都是梦念材料中的一些未经加工或稍稍改动的语句的重现。这类句子往往暗指着梦念中的某一事件，而梦的真正意义可能与之相去甚远。

然而我得承认重要的思想活动不是梦念材料的再现，它也的确在梦的形成过程中扮演了重要角色。就这一点，我们会在本章的最后一节深入探讨，那时我们就会了解到，这种思想活动，只是梦完成后随之而生的产物。

我们暂时可以这样假设，在梦里梦念之间的逻辑关系并不是单独表现的，如果梦中出现一种矛盾，那么这矛盾可能是梦本身的，也可能是某个梦念材料派生来的。梦中的矛盾只能以非常间接的方式与梦念之间的矛盾有所关联。正如绘画找到了一种方式取代说明性文字表白感情、威胁、警示等意思一样，梦亦可能创造出某种方式来阐述梦念之间的逻辑关系，即改变梦的表现方式。由经验可知，在材料之间的逻辑关系上并不是所有的梦都表现一致，有些梦完全不予理会，还有一些则竭尽可能地加以详述。如此，便造成了梦与其处理的材料之间的距离的远近不一。同样，如果在潜意识中也建立梦念的前后时间顺序，那么梦在处理它们上亦会存在相似的差别。

究竟梦是如何指出梦念之间如此难以表达的各种逻辑关系的呢？下面我将一一加以说明。

首先，梦通常会在考虑了梦念各部分之间的联系后，将它们连成一个统一的事件或情景。因而它们会再现存在于它们之间的逻辑联系，这就像是雅典学派画家帕纳萨斯在一幅画上把所有时期的哲学家和诗人集中体现一样，尽管他们未曾同时在一个场景里出现过，然而画的主题却证明他们确实属于同一个群体。

梦使用的也正是此种方法，即便在细节上不存在有悖的地方。当我们看到两个元素被梦一起表现时，我们就应该能确定在相关的梦念之间有某种特殊的亲密关系存在。这就如同我们的文字一般，“ab”表示的是一个音节，虽然它是由两个字母组成的，若“a”和“b”不是直接连接的，那么“a”就是前一个字的最后的字母，而“b”则是后面的字里的打头字母。因此，梦中两个元素的一起出现并不是无关系的梦念的随机事件。

出于表现因果关系的目的，梦存在着两个在本质上一致的程序。假设一个梦念是这样表述的：“既然已经这样了，那么那个结果一定会发生。”通常来讲，梦的表现方法是以从句作为梦的起始，而后再以主句作为梦的核心的。事实若真如此，时间的前后关系也可以颠倒一下。但梦的重要部分大多是与主句对应的。

我的一位女病人曾告诉过我她做过的一个梦，这个梦可以很好地体现因果关系，在后文我会详细解析这个梦，它的构成是简短的序梦后跟着一个牵涉广泛的主梦，其主题为“花的语言”。

序梦：她走进厨房，看到两个女佣在那儿。她故意挑她们的毛病，责备她们没有将食物预备好。此外，她还看见一大堆倒放着的坛子累叠着，这样可以倒净里面的水。接着，两个女佣出去挑水，她们要步行到那条流经房子进入院子的河。而后是主梦的情节：她由一些分布奇怪的木桩或篱笆的高处向下走，她感到很愉快，因为她的衣裙没被那些木桩挂住……

序梦发生在梦者父母的房子里，梦中的话是常挂在她母亲嘴边的话。那些坛子来自于同一地带的一家小杂货店。梦的其他部分说的则是与她父亲相关的事。他经常和女仆调情，最后在她家附近的那条河里溺水身亡。因此，序梦的隐含意义是：“我出生在这样一个有着不良影响的家庭里，贫困，使人压抑……”主梦认同了这个思想，并满足了她的欲望：“我原本是出身于高贵世家的。”这部分的隐含意义是：“我出身如此卑微，因此我的生命也只能这样发展了。”

我知道，一个梦的两个不等部分之间，并非永远存在着因果关系。反之，我们能看到，好像同一材料从不同的角度在这两个梦中体现出来。这两个梦是同一材料不同方面的侧重结果，但表述的却是相同的内容。因而一个梦的核心在另一个梦中只是一种启发，而对这个梦来讲，线索式的部

> 受胎告知

分却是另一个梦的核心。但是在一个梦中的一长一短两部分内容，确实是它们之间因果关系的显著象征。

当一个梦的内容牵涉较少，并且其中的一个意向转换为另一个意向时，会有另一个表达其因果关系的方式。当真实目击这些转变发生，而非只是关注到某物代替了某物，或某人代替了某人的时候，我们才会就其存在的因果关系认真地思考。

前文中我已讲过，表示因果关系有两种在本质上相同的方式。一种是以梦的前后顺序来呈现，另一种则是意象的直接转变。当然，存在着这样的事实：大部分的梦都没有表现出这种因果关系，它们已在梦过程中各元素必然的混淆中消失了。

在梦中，无法表达随便哪一个都可以的“或者……或者……”的选择。这两项选择往往各自遁入梦里，混淆在梦的整个前后关系中，发挥似乎相同的效力。关于伊尔玛打针的那个梦就是一个典型的例子。显而易见，它的隐意可表述为：“伊尔玛现在还要忍受疼痛的折磨不是我的责任。她的痛苦不是因为她不配合我的治疗，就是源于她并不顺利的性生活，这些是我所无能为力的，或者她的病痛是器质性病症，而非歇斯底里导致的。”这个梦将这些可能通通都满足了，并且还毫不考虑地为其添加了第四个可能。在完成这整个梦的解析后，我为梦念逐步加上了“或者……或者……”。

但是，若在构造一个新梦时，梦者用到了“或者……或者……”，例如，“或者在花园，或者在客厅”，那么，它在梦念中的表达就是“和”，一个简单的内容联结而已。在对梦元素进行描绘时，“或者……或者……”通常指的是一个模糊的梦元素，分辨出这个梦元素是能够做到的。在这种情况下，遵循的解释原则是：将两项选择的效力等同，然后用“和”字连接它们。

例如，有一次我的朋友在意大利停留，那段时间我不清楚他的地址。那时，我做了一个梦，梦到自己收到了写有他地址的电报。电报是蓝色的字体，第一个字可能是“Via（经由）”，或者是“Villa（别墅）”，还可能是“Casa（房子）”，第二个字则是很清晰的“Secerno”。

念上去第二个字很像是意大利的人名，由此我记起了我和这位朋友关于词源学题目的讨论。梦里还有我的愤怒，我责怪他这么久之后才告诉我他的住址。而在分析后，我却得出了第一个字的三种可能情况是各不相连且都能独立串起一个思想的结论。

还有一个我做的梦。在我父亲出殡的头一天晚上，我的梦中出现了一张布告，是一种类似于火车站候车室内张贴的那种禁止吸烟的告示，其内容是：

“你需要闭上两只眼睛。”

或是“你要闭上一只眼睛。”

我的写法是：“You are requested to close the an eye（s）。”

这两说法有各自不同的意思，在分析时的侧重方向也会不一样。当时，在送殡仪式的选择上，我选择了那种最简单的，这是我对我父亲对这种仪礼的看法考虑后的结论，然而这种清教徒式的简单葬礼却没能得到家里其他成员的赞许，他们担心会被那些参加葬礼的人们看成是对死者的不尊重。因而那句“你要闭上一只眼睛”的意思是，闭一只眼，或是忽视。于是在这里我们轻易就分辨出了“或者……或者”的含义。梦的工作中不能用单一字眼来表达梦中呈现的模糊性，因而即使在梦的内容中这两个念头也是分道而行的。

在一些梦例中，这种选择上的困难常常是借助将梦分成相等的前后两段来克服的。在处理冲突或反对意见上，梦的处理方法十分特别。在任何情况下，任何东西都不会遭到梦说“不”的拒绝，它习惯把相反的两面合在一起，或是在表现时将它们当成同样的事物。它甚至有足够的自由将原来的因素与其对立面调换，这就导致了我们在看到梦念中被允许出现的一个相反的元素时，不能立即就对其意义做出正或反的判定。

较为常见的梦的形成机制的逻辑关系只有一种，即相似、相同或接近——“恰似”关系。关系的不同将会导致它在梦中呈现出的关系也不同。构成梦的原始基础的是梦念材料本就存在的平行与“恰似”关系。梦的运作大部分都是在创造新的不受稽查作用阻碍的平行关系。因为那些早已存在的平行关系不能够通过稽查作用的侦查而顺利进入梦中。在相似关系的表现上，梦的凝缩作用起到了促进的作用。

相似性和一致性具有某种相同特性，即在梦中呈现的形式为统一性。这类关系可能早就存在于梦念中，也可能以新的构造形式体现。第一种我们称之为“认同作用”，第二种则被称为“复合作用”。“认同作用”的使用对象是人，而“复合作用”是指对事物的统一。不过有时候复合作用也施于人，地点和人被同等对待。

认同作用运行中，与共同元素相关的人会出现在显梦中，其他人似乎被抑制了。出现在梦中的这个人有着较广泛的覆盖面，他出现在所有关系和环境中，不仅指示他本身，还覆盖了别人的特征。在复合作用里，这种关系扩展到了好几个人，梦中的景象包括了各种人的特征，但这些特征并不具有统一特性；因此它们的组合产生了一个新的单元，即一个新的合体。复合经历的过程可以有好几种方式。有时，出现在梦中的人物可以叫与他有关系的某个人的名字，我们在清醒生活中的认知也是这样一种相似的情况，在确定了我们要找的一个人的情况下，他的外观却属于另一个人。有时，梦中人物体现出的外观特征，可以一部分像一个人，而另一部分又像另一个人。或者，这第二个人所参与的成分并不在外观上，而是在梦中出现与其相似的姿势、语言或境况。在这最后一种情况下，并不容易区分出认同作用与复合作用的人物结构样貌。然而，如果制造一个复合人物的尝试遭遇了失败，就可发生这样的情况。因为在这种情况下，梦的情景只会围着其中有关的那个人，而别的角色就会呈现为不具有什么功能的副产品。梦者可能会这样解释此种情况：“我还看到了我妈妈。”梦的内容中的这类元素可以类比为象形文字中的“决定性因素”，它并不管发音，说明其他符号是它的存在意义。

梦中将两个人结合起来的共同因素可以在梦中表现出来，也可能被删除。通常来讲，认同作用和复合人物的结构的运行原因是避免这共同因素被表现出来。为了不说“A恨我，B也恨我”，我在梦中将A和B构造成一个合体，或想象A做着B所特有的一些举动。如此构造的梦人物就有了新的联系，或呈现于新的情景中。而建立起A和B的这种联系后，我就可以在需要的时候将这一共同性元素巧妙地嵌进梦中，即对我的仇视态度。这一方法的作用后果是，梦的内容发生了显著的凝缩。若我能借助另一个人把相同的情况清晰地表现出来，那么，我就不必去直接表现某人的情况了，自然这其中的繁杂情况也就可以省去了。显而易见，这一做法——利用认同作用很有效地躲避了苛刻的稽查作用对梦的工作的审查。为稽查作用反对的，可能正是属于某个人的特定意念。因此，我就需要找到另外一个与反对材料有关联，但只涉及较少部分。我可以由这两个人不被稽查作用允许通过的共同点构造一个复合人物，他具有了两人的一些无关紧要的特点。这个由认同作用或复合作用加工成的人物就可以顺利地通过稽查作用而入梦；于是，我就可以借助凝缩作用躲避过梦的稽查作用了。

两个人的共同元素在梦中出现时，通常代表着有另一个被压抑的共同元素，它因为稽查作用而不能表现出来。因为这一情况的存在，移置作用派上了用场——表现这个共同元素。在梦中，与复合人物相伴而生的常常还有一个无关紧要的共同元素，因此我们可以这样推断：必定还有另一个不是如此无关紧要的共同元素隐含在梦念中。

因此，我们可以归结认同作用或复合人物的构成的目的为：①体现了关于两个人的一个共同元素；②代表了一个被移置了的共同元素；③一个只有欲望的共同元素的体现。希望两个人具有共同元素的欲望，往往能符合这两个人的置换，梦中通过认同作用体现了这种关系。在关于伊尔玛打针的梦里，我渴望用另一个病人替代伊尔玛，也就是说，我希望另一个病人和伊尔玛一样也成为我的病人。梦给了这种欲望以满足，梦中出现了一个名为伊尔玛的妇人，但她接受我检查的方式却是之前我为另一妇女检查时使用的。在有关我叔叔的梦里，梦是以这种转换为中心展开的，我像部长一样严厉地处置我的同事，我把自己当成了部长。

根据经验，我发现了这样一个事实，几乎所有的梦都是关系到自己的，梦是纯粹自我的东西。如果梦的内容中没有出现自我，而是围绕一些无关的人展开的，那么我可以十分肯定地得出一个结论：自我一定利用认同作用藏在了这个人的背后，并可以将自我插入梦的内容里。在另一种情形下，若梦中只有自我出现，亦可以确定有别的人通过认同作用隐藏在了我的背后。此种情况，是梦在劝诫我，在解析梦的过程中，要注意将自我与这个人之间的共同元素转移到自己身上。在一些梦中，自我和别人一同出现，而在认同作用运行后，那个人会再次恢复到只有我的自我。这种认同作用会在产生的为稽查作用所禁止的观念和自我之间建立起一种联系。所以，自我会多次出现在梦中，或是直接呈现，或是依附于别人的认同而出现。几番这种经历后，许许多多的梦材料就能够凝缩起来。梦者的自我在梦中会数次呈现，并且表现出不同的形式，这不足为奇，因为我们在清醒的思考中，也会出现在不同时间、不同地点或不同关系中，它们的情形是类似的。我们可以这样的句子为例来说明："当我想到我以前是一个很健康的孩子。"

认同作用用在地点名称上时，较之用在人身上更容易理解，因为这不涉及在梦中具有重大影响力的自我问题。我做的那个关于罗马的梦提到，我发现自己身处罗马，然而那里的街道上却贴有大量的德文标语、广告。后者其实是我欲望的一种满足，我由它立即想到了布拉格。这个欲望要溯源回我的童年时代，那时我是一个德国民族主义者，这已经是过去很久的事了。

九级浪

在梦里，我和一个朋友约好要在布拉格会面。所以，我们可以这样解释罗马和布拉格二者的认同作用：一种欲望的共同元素，即我渴望在罗马与朋友会晤，而不想在布拉格。也许是为了这次见面的目的，我愿意用罗马替代布拉格。

在能引发想象的特征中，创造复合结构的可能性是最为有效的因素，因为它导入梦中的是一种感官感受不到的东西。这种创造复合意象的心理过程，与清醒时想象的半人半神的怪兽或龙之类的东西很相似。唯一的区别是，在现实生活中，这些想象形象取决于意欲创造的新结构自身；而在形成复合结构时，起决定性作用的因素和实际形状无关。梦中的复合结构的形式可以是多种多样的，其中最简单的表现方法是使一件事物的属性转换成另一事物。更耗费精力的方法是把两个事物的特征合成一个新的形象，并在合成的过程中巧妙地利用了两者拥有的现实中的相似点。根据材料的种类以及拼凑的技巧，新的结构可能是离奇荒诞的，也可能是精妙之笔。如果凝缩成一个单独统一体的材料不太和谐，梦的工作则会致力于创造出一个复合结构，这个结构具有一个相对清楚的核心，并且同时有一些不太清晰的特征。如此，这一统一愿望就明显失败了。这两种表现方法穿插重复出现，产生效果等同于两个视觉影像相互争夺的某种东西。就绘画而言，若画家想要把许多个别的视觉形象统一成一个总体概念，同样的情形也会产生。

梦包含了很多这样的复合结构。在上文的论述中，我已经列举了很多例子，在这里我将再引入一些。以下讲述的梦中，以“花的语言”描述了病人有过的人生历程。梦里，梦者手捧着盛开的鲜花，这代表着贞洁和纯洁无瑕，同时也意味着性的罪恶。由花朵在枝条上的排列情形，梦者联想到了樱花。而若逐一看这些开放的花朵，则像是山茶花，而且给人这样的总体印象：这是组装后的植物。这一点也得到了梦念的证实。开放的花枝代表了想要赢得或者虏获她芳心的人所送的各种礼物。在年幼时，她得到的是樱桃花，之后是山茶花，而那“组装后的植物”则象征了一位常常四处旅行的自然学者，他为了得到她的青睐而画过一些花朵给她。我的另一位女病人梦到了这样的东西：像是一座海滨更衣室，又像是乡村的露天厕所，也可能是城市房子顶楼上的建筑物。前两个形象都是关于裸体或脱裤子的人的，而第三个形象的出现，使我们可以做出一个合体，进而能够推断出她在童年时期有过在顶楼脱衣服的经历。费伦茨曾记录过这样一个梦，梦中一位医生和一匹披着睡袍的马构成了一个复合意象。那位女病人曾向我坦言，睡衣源于她童年时期看到过的一幕与父亲有关的情景。其实，是她好奇心的体现。幼时，她经常会被保姆带去军队的种马场，也就是在那里，她活跃的好奇心得到了极大的满足。

上文中，我已讲到过梦不能表达矛盾、相反的关系以及“不”等内容。现在这种说法已经在我这里开始动摇了。归属于“相反”名下的一组梦，常常可以借助认同作用来表达，在这类梦中，转换、代替的梦念是和反之的情况有联系的。此外，归属于梦念中的相反观念可以化入“颠倒的”或“正巧相反”的名下。它们以下面这样一种奇特的、可以拿来取笑的方式入梦。“刚好相反”不直接呈现于梦里，而是以这样一种真实的方式证明其在材料中的位置——已经创造或发生了的某段梦的内容，或刚好与之相邻接的内容（转到相反方向的）——似乎是一种事后回想。为了避免描述的复杂和难懂，我们可以借助例证来容易且清晰地说明这一过程。那个“上楼与下楼”的梦，是一个美丽的梦，呈现的向上爬的内容事实上违背了梦念的原型。而梦者与哥哥的“楼上”和“楼下”的关系在梦中也是倒过来表现的，这足以说明，在梦念中两段材料的关系是颠倒的。而我的关于歌德攻击M先生的梦，也是这种“刚巧相反”的类似表现。所以，如果想将这个梦解析清楚，就一定要让它们回到原位。梦的内容是，歌德在批评年轻的M先生，而真实情况是梦念中存在着一个不知名的年轻作者抨击我的一位朋友（弗利斯）——一个很重要人物。需要提一下的是，在受压抑的同性恋的梦里，往往能看见这种颠倒手法的使用。

除了颠倒主题之外，时间的颠倒也是我们尤为要注意的。梦的伪装往往会使用这样一种方法，在序梦中，将一件事情的结论或者一系列思想的成果呈现出来，而在梦的结尾则用结论的前提或事件缘由来填充。要把这种方法熟记于心，不然在释梦的过程中我们便会不知如何是好。

在解析一些梦例时，我们确实要将其内容颠倒过来才能解释清楚。例如，一个病人的梦念是希望父亲死亡，这是隐藏在梦的背后、梦者儿时就已产生了的欲望，因为父亲对他很刻薄。梦大致是这样的：他因为晚回家，而被父亲责备。在精神分析治疗过程中，结合梦的内容的前后关系和梦者的联想，这句话的原意可表述成：他对他父亲很恼火，他觉得父亲回来得太早了。他不希望他父亲回家，宁愿他永远不回来，于是便希望父亲死去。因为在他童年时期，在一次父亲的外出中，他由于对另一个人做了一件错事，而被恐吓：“等你爸爸回来，让他收拾你！”

如果我们希望就梦的显意和隐意之间的关系进行更深一层的研究，那么最好的办法就是以梦为出发点，将梦表现方法的那些形式特征与其后面的梦念的关联作为研究对象。梦里我记忆最深刻的这些形式特征就是各种梦影像之间的不同的感觉强度，以及梦的各部分或者梦与梦的比较之下的不同的清晰度。

各种梦影像的强度差异范围非常广泛，包括我们理想的超过真实情况的清晰度和我们认为属于梦的特征的困扰人的模糊性的整个跨度。而在程度上，这种模糊性又和我们在真实情况感知到的不清晰无法比较。通常，我们会称梦中不清晰的对象是“转眼即逝的”，而将那些更清晰的影像体会了很长的时间。现在，我们面临的问题是，究竟是梦材料中的哪些因素决定了梦的内容中各片段的清晰度的差别的?

荣格和弗洛伊德的合影，前排左一为弗洛伊德

针对这一问题，虽然我早就考虑过，也有了一些预期的想法，然而我却打算由这些预期想法的反面着手。梦的材料中包括了一些睡眠状态中体验到的真实感受，由此可能有人会假设：必然会有梦元素由这些感觉构成，而且在梦的内容中它们的强度也必定是突出的。反过来说，凡是清晰的梦影像都能溯源回睡眠状态中的真实感受。但我的经验结论并不是这样的，这点也未得到过科学上的证实。睡眠状态中接受的刺激所产生的梦的元素与记忆之间有着不同的清晰度，这一定不是真实情况，在决定梦影像的强度上，现实因素起不到任何作用。

另外，还可以这样猜想，可以将梦影像的感觉强度和对应的梦念的精神强度挂上钩。在后者来说，精神强度就是精神价值——强度最大的元素便是最重要的元素，也就是梦念的核心所在。而就我们了解到的，这些重要元素并不能顺利地通过稽查作用的审查，它们不能成为梦的内容。也许它们的直接派生物可能会在梦中占据突出位置，但这也不能说它们就是梦的内容的核心。而这一预料很可能就因为梦与其构成材料的比较研究而落空。梦念中某元素的强度和对应的梦的内容中的元素强度并无关联。梦念与梦的真实情况用尼采说过的一句话即可完全概括：“一切精神价值的完全转换”。在梦念中至关重要的元素的直接派生物，在梦中只是短暂存在，并且变得无关大局。

梦中各元素的强度取决于两个彼此独立的因素。其一，如我们看到的，满足欲望的因素表现的是特别的强度。其二，梦中最清晰的元素乃是大部分思想链的起始点，它自身亦是具有最多决定因子的元素。我们也可以用这样一个无需改变其经验性意义的说法来表达：最大的强度借由那些梦元素显示出来，在它们的构成基础上，最大量的凝缩作用得到扩张。我们希望最终可以有一个公式将这两个决定因素和强度的关系表达出来。

刚刚讨论的那个问题——决定梦元素强度和清晰度大小的因素，并不能与整个梦或梦的各个片段的清晰度混为一谈。前者所说的清晰度与模糊性相对，而后者之清楚则与混乱对应。但是可以肯定，在质上，这两种尺度的大小关系是平行的。一段有着鲜明印象的梦通常都包含着强度大的元素，相反地，模糊不清的梦常常含有强度小的元素。然而梦的清晰或模糊的尺度问题却要比梦元素的清晰度问题要复杂得多。这一问题，我以后再讨论。

然而在一些别的例子中，我们诧异地发现，梦的清晰与否和梦自身的构造全无联系，反倒是梦念的材料直接影响了它，并且是梦念的一部分。我曾做过一个梦，在醒来后，我记得它结构很严整、很清楚，而且毫无瑕疵。因此在我还未完全清醒时，我就想分出一类梦，它不受凝缩和移置作用影响，可以称为“睡眠中的幻想”。但是再进一步仔细观察后，我发现这类梦依然和其他所有梦一样存在漏洞。所以，我放弃了分类出“梦的幻想”的想法。这个梦代表了我和朋友长期探讨以及困扰着我们的两性理论，而给予我的欲望满足的力量使我误以为这个理论是清晰和没有任何缺陷的。所以，关于这个梦的最初的完美的判断事实上不过是梦的内容的一个部分罢了，而且确实是重要内容。在半醒时，梦的工作已侵入了我当时对这个梦的思想，而且将之改装，让我以为我是在对此梦进行分析，事实上这只是在梦中受了抑制的一部分梦念。

通常来讲，解释梦或对其进行评论，都是用来掩盖梦中以微妙方式呈现的部分的一种方式，尽管总会有真相大白的时刻。

有人向我讲述了这样一个梦："我和K小姐一起走进一座公园餐厅……之后是一个含糊的部分……一个中断……后来，我就发现自己出现在一家妓院的客厅里，那儿有两三个女人，其中一个只穿着内衣内裤。"

分析：K小姐是他之前老板的女儿，他告诉我她就像他妹妹，但是他们很少有机会说话。有一次，似乎他们双方都察觉到了彼此的性别差异，他好像说过："我是男人，而你是女人。"梦中出现的那个餐厅，他仅去过一次，是和他姐夫的妹妹一块儿去的，而他对她并不感兴趣。还有一回，他和三位女士途经这里，这三个人分别是他的亲妹妹、表妹和那位他姐夫的妹妹。她们都是女人，但却都不吸引他。他很少去妓院，目前为止总共不超过三次。

对这个梦的解析应以梦的"模糊部分"和"中断"两部分为基础展开，进而导出，在孩童时期，他因为好奇而曾偷窥小他几岁的妹妹的生殖器。后来，在回忆起梦里的不端行为时，他有意地想到了这件事。

整个晚上发生的全部的梦，是同一个整体的不同部分。而它们的段落划分和这些段落的不同组合及数量都是有意义的，并且可以当成是隐藏着的梦念形成的一个信息。在分析这种包含几个主要部分的梦或者发生在同一晚的梦的过程中，我们绝对不应该忽视这些分开的片段可能含有相同的意义，并且对于同一冲动的传达可以采用不同的材料。这样，在有着相同来源的这些梦里，第一个梦往往是最不清晰并且进行了一定程度改装的，而之后的会越来越真实和清晰。

《圣经》中由约瑟夫为法老解析的有关母牛和玉蜀黍的梦就属此类。这个梦被约瑟夫在其作品《古犹太史》第二卷第五章中再次提到，而且记载得更详尽。法老在讲述完第一个梦后，说道："在看见这个景象后，我惊醒了。而后又在对这个梦的意义的猜想中睡去了。然后，我又做了一个梦，这个梦较之前一个更让人吃惊，为此我感到异常的惊恐和困惑……"

在听完法老的讲述后，约瑟夫告诉他："国王，尽管这是形式不同的两个梦，但它们说的却是同一件事……"

荣格在其作品《谣言心理学的贡献》中，讲到了一位女学生的经过了伪装的色情梦如何被她的同学轻易识破，并描述了这个梦的改装和润饰。他对一个与此梦相关的梦进行了下述评论："一个梦影像的最终思想，描述的正是这一连串梦影像的原始思想。稽查作用利用一系列的象征符号、移置作用、无邪的改装等来实现极大地延长与这一情结的距离。"

不过结合自身经验，我认为人们很少有机会用梦材料所表现的内容的明确或含糊来判断梦的解析的清晰或是混乱。在后文，我将会就对梦的形式——清晰或混乱有决定性作用的因素展开分析。

有时，进行了一段时间的梦的情况或背景，突然停下来后，通常会有这样一句话来叙述："但是好像同一件事情又在另一个地方发生了。"一段时间后，又回归到了梦的主题。这个梦过程中的中断，不过是梦材料中的一个从属句，是一个思想的窜入。在梦中，梦念的条件从句是这样子表现的：将"如果"转换成"当……时"，以同时来表示。

那个经常出现在梦中而且近似焦虑的被禁止运动的感觉到底有何意义呢？在梦中，一个人明明想向前走，但却迈不开步。想要做的事由于种种困难办不成。眼看着火车要开了，但就是赶不上。受了别人的欺辱想回击，但手就是举不起来。诸如此类的例子，不胜枚举。我们在前面的裸露梦的讲解中提到了这种感觉，但没有真正地对它进行分析。我们很容易就能找到的一种解释是，睡眠中经常会出现运动麻痹，于是活动受限，进而导致了这种现象。可能会有人有疑问，那么为何我们不继续做这类梦呢？我们可以顺理成章地这样假设，在睡眠中的任何时刻都可以唤起的这种感觉有助于某种特殊方式的表现，并且只有在梦念材料需要用此种方式表现时才会被感知到。

在梦中，这种"无法做任何事"的景象并非常常以此种感觉出现，有时它就是梦的内容组成中的一部分。下面是我曾经做过的一个梦，我认为它能够很好地说明此种梦的意义。该梦内容是："我看到的建筑是一家私人疗养院和其他建筑物的混合体，有一个男佣叫我去接受检查。我知道有些东西丢了，而叫我去接受检查是因为怀疑是我偷的。因为知道自己是无辜的，加之自己本身又是这里的顾问，所以我很坦然地跟在仆人的后面走。在门口，我们遇到了另一个仆人，见到我，他说道：‘为什么把他带过来？他可是个光明磊落的绅士。’之后，我独自走入大厅，那里摆放了很多器械。由此我联想到了但丁《神曲》第一部的《地狱篇》讲到的恐怖的刑具。我在一个器械上发现了我的一位朋友，他一定也看见了我，但他却没有任何表示。然后有人告诉我可以离开了，但此时我却找不到自己的帽子，而且也动弹不得。”

这个梦满足的欲望无疑是我是诚实的，可以不用接受检查。因此，在梦念的各种材料中，必定有与此欲望不一致的元素。“我可以离开了”是一个无罪的讯号。因此，如果在梦的结尾发生了某些事而阻止我离开，就可以认为，在此时，那含着阻碍的潜抑材料正在表现自己。因此，“找不到自己的帽子”说的就是“你还不是个诚实人”，而梦里的“无法做任何事”表示的是一种反意，即“不”。因此，我的梦不能表现“不”的说法是错的。

荣格

在其他情境下，动弹不得表示的并不只是一种情况，而是一种感觉。而这种运动受限的感觉是一种对同一矛盾的更强有力的表达，它表达了一种意念，而它是受到对立意志强烈抗议的。所以，受阻碍的感觉代表一种意志的相冲。而之后我们会提到，睡眠中出现的运动麻痹恰恰就是做梦时精神过程的基本决定因子之一。我们知道，运动神经传导的冲动只是一种意志力，而我们在睡眠中体验到冲动遭到阻碍的事实，也不过是为了使整个过程显得更能适当地代表一种意志动作，以及反意志的行为——“不”。而且我们也可以理解为何被禁止的感觉会与焦虑那么相似，在梦中往往会和它联系在一起。焦虑是一种性冲动，来源于潜意识，并且受到禁止。所以，当梦中的被禁止感觉和焦虑联系起来时，它一定是属于特定时间点产生性冲动的一种意志动作问题，也就是说，它在本质上是性冲动的问题。

四、梦的表现力

至此，我们已经研究了许多梦表现梦念的方式。但在我们研究的过程中，一个更为深层的题目出现在了我们面前，即在梦形成之前，经历了改造的梦念材料的一般性质。我们已知道，与梦念材料有关的大部分联系都被切断，同时还要经受凝缩作用的改装，此外，因为各成分之间强度的转换，也造成了梦念材料间的精神价值改变。之前，我们所考察的移置作用只是为了实现凝缩而将一个特殊的观念与别的有着密切联系的观念相互转换，促成一个介于二者之间的单元化元素入梦。其他种类的移置作用，是我们不曾提及的。事实上，还存在另一种移置作用，它是以置换有关思想的语言表达表现的。这两种移置作用都是以一连串的联想开展的，但第二种可以发生在不同的精神领域。第一种置换的结果是一种元素与另一种元素相互调换；而第二种的结果则是表达同一个元素的不同语言形式发生互换。

在梦形成时，第二种移置作用不仅在理论上具有重要的意义，同时它还可以给梦所伪装的极其荒诞的表象以恰当的解释。移置作用的运行目的是把梦念中单调又抽象的概念转换成形象且具体的形式。这种转变的好处显而易见。由梦的角度来看，形象的事物讲的就是能够被表现的事物，它可以直接出现在梦的内容中。正如画家很难为报纸上的政治主题配插图一般，抽象的事物也为梦的表现制造了同样的难题。此种转变不仅有利于梦的表现，同时也为凝缩作用和稽查作用的实现提供了便利。抽象形式的梦念是不能为梦所用的，而若转变成形象的语言，梦的工作所需的对比和等同将会在这种新的表达方式下较易建立。由每种语言的发展结果可知，较之概念名词，具体的名词能引发更多的联系。我们可以这样认为，在梦的形成过程中，花费精力的大部分途径都是将梦念转化成适当的言语转换形式。如果每一个想法的表达方式都要受到别的原因的限制而被固定的话，那么因为这一定数，其他思想的表达方式也一定受到了影响。而且，极有可能这种影响从开始就存在了，正如诗的创作一般。如果想要将诗写得押韵，就一定要使其对句的后者满足两个条件：它必须是作者最初意愿的表达，而这个表达又要与第一句的韵律相符。最好的韵诗无疑是那种没有刻意求韵痕迹的诗。其构成文字，始终都切合其要服务的思想，对起初选定了的文字进行微调就可以体现出诗的韵律来。

在某些情境下，表达方式的转换，甚至可以协助梦的凝缩作用以一种不清楚的字眼表达出许多梦念。而文字的玄妙也正是以这种方式被梦的工作应用的。在梦形成时，文字所发挥的是再正常不过的作用。因为文字同时连接了许多意念，所以它的模糊是必然的；在神经症方面，它亦顺理成章地以丝毫不亚于梦的次数占了文字的便宜。我们也能够注意到，梦的改造毫不客气地利用了这种表现方式的移置。在用一个模糊的字眼来替代两个有着确定词义的字眼的情况下，一定会发生混乱；如果我们用形象的表达替代我们清醒生活中所用的常规表达方式，那么，我们的理解力必将大受挫败。我们从来无法确定，梦的解析使用的是它的字面意义还是隐喻意义，以及其内容与梦念材料之间的关系是直接相连还是经过一些中介语句发生联系的。在解释每一个梦元素时，我们都会这样怀疑：

①它使用的是正面意义还是反面意义？

②它是否能溯源回早期记忆？

③它是否应该以象征的方式来解释？

④它是否可以用文字意义来解释？

然而，尽管含糊的因素很多，我们依然可以说，梦的工作之产物给其解析者制造的困难，仍要比古代象形文字书稿给它的翻译者带来的简单得多。我们需要记住的是，梦的形成并非是基于让人理解而制造的。

梦只是利用模糊文字的结合来表现的，对此我已经引入了几个梦例。这里，我将再列举一个，在这个梦中，抽象意念与图像的转换起到了重要的作用。这种梦的解析方法与利用象征方法来解释梦之间的差异是清晰且不含糊的。在使用后者时，梦的分析者可以任意选择象征的解答关键，而在用文字改造的梦中，关键线索通常是已出现的，而且隐藏在了一些日常所使用的语法中。若梦的解析者在适当的时机中作了恰当的处理，那么他将可以部分地或完整地解析此梦，而不用依据梦者所提供的信息。

这是一位女士的梦，她梦到：她在一家剧院里，那里在上演一出歌剧，直到早晨7点45分才结束。之后，人们围在剧院正厅里的一张桌子旁吃起早饭。她刚结束蜜月的表哥表嫂也出现在了那里，此外还有一位贵族。在这样的公共场合，这对新婚夫妇大秀恩爱。有一座高塔矗立在正厅的中央，其顶端有个平台，四周有铁栏杆环绕着。形似汉斯·里希特的指挥站在平台上来回走着，已是满头大汗，他正在那里对位于塔底下的乐队进行指挥。她和她的女伴待在一间包厢里，她坐在正厅的妹妹试图递给她一大块煤炭。因为没料到它会这么长，她已经快冻僵了。

尽管整个梦的发生场景是同一个地方，但仍有某些方面是可疑的：在矗立在正厅当中的一座高塔的顶上指挥乐队，以及她妹妹居然想要递给她一块煤炭取暖。这都太不可思议了。我没有要求她再详细地描述一下情节，也没有要她进一步提供更多资料。因为我对她十分了解，即便不依靠她，我也能够对梦的某些片段作出正确分析。我知道，她对一位音乐家非常同情，这位音乐家因为精神问题而结束了自己短暂的音乐生涯。因此，我将梦中的塔视为一个隐喻。她希望那个音乐家能像汉斯·里希特一样，凌驾于一切之上，对自己的乐队进行指挥。其中的塔是一个复合图像：塔的底部代表的是此人的伟大；顶部的栏杆是那个人最后命运的象征，他如一个囚犯或是受困的野兽一般，在栏杆内团团转。这也是那个人的名字的暗示，他叫沃尔夫，是狼的意思。

在发现了这个梦的表现方式后，便可以基于此而解释另一个反常行为——她妹妹递给她一块煤炭。此处，“煤炭”必定代表了“秘密的爱”：

没有火焰，没有煤炭，
却如此炽热地烧着。
像是秘密的爱，
不会有人知晓。

她和她的女友至今都未结婚，她那极有希望结婚的妹妹之所以会递给她一块煤，是因为“她没料到它会那么长”。但究竟是什么那么长？这是梦里没有交代的。若它是故事，则指的当然是演出时间；但因为它是梦的内容，我们就可以将这个短语当成是一个独立的实体，认为它是一个模糊的表达，并且为之添加“在她结婚之前”的内容。梦里梦者的表哥和他的太太正坐在正厅中，以及那对夫妇公开的恩爱场景都进一步证实了我们的“秘密的爱”的解释。整个梦的主题是在于梦者自己炽热的爱和年轻妻子的冰冷之间的秘密的爱与公开的爱之间对比。

在两种情景中，都有“高高在上”的人，分指坐在一旁的贵族和那位被寄予厚望的音乐家。

由前面的分析中，我们发现：要对那个在隐梦与显梦的转换过程中的关键作用给予足够的重视。这是将梦念转换成梦的内容的第三个作用：梦会对它所将使用的精神材料的表现力进行考虑——绝大多数指的是视觉影像的表现力。在那些各种主要梦念的附属思想中，首先进入梦的内容的是那些具有视觉表征的；而梦的工作在将不恰当的思想转换成一种新的文字的形式方面可以做到全力以赴，只要这个过程对梦的表现有一定促进，并且解除或是减轻被约束思想所造成的精神压力。在思想内容转换成另一种模式的同时，凝缩作用也可能会被激活，并且还有可能与另一种思想建立起一种新的联系；事实上，第二种思想为了要与第一种思想联系起来，可能早就改变了它的原始表现方式。

> 梦

关于梦的形成，塞伯拉曾发表过数个将梦念转化成图像形式的直白观察法，因此可以单独研究梦的工作因素。他注意到，在处于极困或疲倦状态中，工作对象带有理智性时，常常会出现思想脱离，而由一个图像取代其位置。这一替代物被塞氏用了一个不太合适的“自我象征”形容。这里，我将引用塞氏论著中的三个例子，由于它们的特殊性，我们将会在后文再次引入来讨论。

梦例一：我想修改一篇论文中不满意的地方。

象征——我发现自己正在试图将一块木板刨平。

梦例二：我致力于熟悉自己即将做的形而上学的研究题目。这种研究的目的是要人在探寻存在的本质过程中，发现通向意识与存在更高阶层的道路。

象征——我将一把长刀插入蛋糕的底下，似乎想要提取出一块蛋糕。

分析——将刀自底层插入代表的是“找到一条路”。以下是对象征的分析：我常常会在聚餐时负责切蛋糕，分给每个人。我所使用的是一把长长的弹力刀，因此需要格外当心。将切好的蛋糕取出来更是一个艰巨的任务，我必须自蛋糕的底层格外小心地插入刀子。然而这个图像包含的梦的象征远不止这点，这个蛋糕是一个“千层糕”，切它的刀子要切过许多层。

梦例三：我正在努力地寻找已丢失的一系列思想的线索，然而却毫无头绪，因为这思想的起点已经彻底找不回来了。

象征——印刷工人排好的一版内容，末尾几行的字已辨认不出来了。

考虑到在有知识的人的精神生活中笑话、名言、歌曲和警句起到的作用，我们希望它们能用来表征梦念以实现伪装的意图。只有在个别题材中，才能找到普遍有用的梦的象征，而它以普遍熟悉的暗示和文字的替代物为基础。此外，这种象征绝大多数都为梦和精神神经症、传说和习俗所共有。

在更深层地讨论此问题时，我们就应该承认，在完成这种替代的过程中，梦的工作并不曾有新的创意。出于躲避稽查作用阻碍的目的而表现出来，梦只是利用一些早已存在于潜意识的路径，通过对存在于神经症幻想中的材料进行受欢迎的变形，这些被掩藏的材料就能在笑话或暗示中呈现出来。因此我们理解了施尔纳解析梦的手法。大体上来讲，施尔纳的梦的解析方法是正确的，我曾辩证过这点。

这种自己身体的优先性普遍存在，亦非梦的独有特征。由我的分析可知，在神经症患者的潜意识思想里，它可上溯到对性的好奇——成长中的年轻男女，对同性和异性生殖器十分感兴趣。施尔纳和弗尔克特主张，家里的东西绝非用来象征身体的唯一来源，这一点也适用于梦和神经症潜意识的幻想。不过我也知道，有些病人会用建筑物代表身体和生殖器。在他们看来，柱子、圆柱代表了大腿；门代表着身体的每一处开口，即洞；水管代表的是泌尿器官等等。而与植物生命和厨房里的事相关，各种观念也常常会被用来掩盖性的意象，对前者而言，已存在许多语言学上的用法，例如，一些可上溯到远古时代的想象。在思想或是梦里，最丑陋和最神秘的性生活的细节，都可以在看似纯洁无邪的厨房活动中找到原型。至此，我们无法理解歇斯底里的症状，如果不记得性的象征，最普遍、最平常的事情都可以提醒我们。神经症的孩子无法忍受鲜血或生肉，或者看到鸡蛋和通心粉就呕吐；较之正常人对蛇的畏惧，神经症病人会夸大表现，等等。所有这些的背后都藏匿着性因素。神经症患者所实施的伪装的途径源于人类早期的文明，这可以在语言的运用、迷信、风俗习惯等方面搜集到充足的证据。

此处，我要再次插入已提到过的女病人的那个与“花”有关的梦。在此梦中，我特别标注了具有性意义的部分。通过我的分析，梦者不再认为这是一个使她兴趣盎然的美妙的梦了。

序梦：她走进厨房，看到两个女佣。她故意挑她们的毛病，责备她们没有将食物预备好。此外，她还看见一大堆倒放着的坛子累叠着，这样可以倒净里面的水。接着，两个女佣出去挑水，她们要步行到那条流经房子进入院子的小河。

主梦：她沿着一些分布奇怪的木桩或篱笆的高处向下走。它由许多小方形的木桩子构成，搭建目的并不是用于攀爬。因为很难找到立脚的地方，加之她可以轻便地行走，且没有衣服被勾到的尴尬，所以她很自豪自己可以如此体面。她的手里握着一根大树枝，这根树枝更像是一棵树，上面开有红花，枝条交错着向外延伸。这些花仿佛是樱花，但也有可能是山茶花，尽管它们不是长在树上的。在她向下走的过程中，起先她只拿了一枝，而后就突然增至两枝，再后来又变回一枝。

当她自木桩上下来后，底下的花已凋零多半。而后，她遇见了一个男仆。那个男仆正在整理一株和她拿的树枝相同的树，他的工作是将插在树枝中类似苔藓的下垂着的一团发状物用一块小木片清理出来。其他工人已从花园里的树上砍下了相同的树枝，并丢在路上，四处散乱，已经被人拾走了一些。她询问是否也可以捡一枝。花园里站着一位年轻的男人（她认识但不熟悉），她走向他，并向他询问如何才能将这种树枝移植到自家的花园中。他拥抱了她，她挣脱开来，并责问他想干什么，难道他认为她是随便什么人都可以拥抱的？他回答说这是无妨的，是被允许的。之后，他说他可以带她到另一座花园去，给她示范如何移植花木，还说了一些她听不太懂的话："不管怎么样，我需要三码（他后来说是"三方码"）或三块土地。"似乎在为愿意教她，而向她索要报酬，又像是要她支付给他她花园的一块地，或者还像是某种逃过法律制裁的好处，而又不损害到她的利益。后来，他有没有示范移植过程，她一点都不记得了。

这个梦可以被称为"自传"梦，之所以会插入它，是因为其拥有的象征元素。这类梦除了较频繁地在精神分析期间出现，其他情况下则很少会看到。

关于这类梦的资料，我自然搜集了很多，但却没有一一报告的必要，因为那样做的话，有关神经症病症的研讨就太过臃肿了。全部这些材料都指向了一个统一的结论：梦的工作无需特殊的象征活动为其提供便利。梦利用的只是在潜意识中早就存在了的象征，这是因为它们能更好地满足"梦的形成"的需要——真有强大表现力并能够顺利地躲过稽查作用。

五、梦的象征表现：几个典型梦例

上文最后提到的那个自传梦表明，我在最初就看到了梦里存在的象征。然而，却在经验的逐渐积累中，才对其价值和范围有了更清晰的了解。而这其中也有威廉·斯特克尔的功劳。在这里我有必要适当地提一下斯特克尔。

在精神分析方面，可以用功过参半来评价斯特克尔。他对精神分析的贡献体现在他勇敢地提出了许多象征解释，尽管这些解释在提出之初遭到了人们的质疑，然而最终都因为其合理性而被接受。我并没有贬低他的成就的意思，事实上他的解释被怀疑是情理之中的事，因为，那些被他引用来证实其解释的梦例通常都非常值得怀疑，而他采用的方法亦欠缺科学性。他是凭借直觉来解释梦的象征的，这归功于他的特殊天赋。然而并不是人人都具有这种天赋的，而它的有效性又无法评估，因此其正确性自然就无法确定了。这如同医生依据嗅觉来诊治病人——即便真有一些医生可以凭借超常的嗅觉，准确地诊断出伤寒病。

随着精神分析的经验的不断累积，我们可以发现，许多病人在对梦的象征的认识上有着极高的直接理解力。他们多是早发性痴呆病患者，即如今的精神分裂症的病患，因此有过那么一段时间，人们认为，凡是有这种惊人直觉的人都患有早发性痴呆病。然而事实并非如此，这种直接理解力只是个人特殊的天赋，在病理上，它不存在任何意义。

在已经了解了梦常常用象征来表达性后，将会出现这样一个问题：这些象征，是否像速记符号一样，具有固定的意义，而因此想要就象征的解码原则创作出一本“梦书”。就此，我们有必声明：这种象征并不是梦的独有特征，而是潜意识观念作用的特征。除存在于梦中之外，在民俗、神话，传说、典故、谚语和搞笑的幽默故事里也能找到它。

因此，在超越了梦的解析范围的情况下，我们才能真正找出象征的意义，并可以对大部分仍未解决的有关象征的问题进行探讨。在这里，我们要说的是，象征仅仅是众多间接表现手法的一种。但是我们却不能无视它或与其他间接表现方式混为一谈。在许多梦例中，存在于象征和它所代表的事物之间的共性是非常明显的；在其他一些例子中，会出现隐秘的情况，导致人们对这种象征的选择疑虑重重。但是只有在后一种情况下，才能说明象征关系的终极意义。此外，象征关系发生的性质也会在这种情况下有所体现。现在那些与象征关系有联系的事物，极有可能在史前时代具有概念的或语言学的统一性，象征关系就像是以前身份的残余或痕迹。于是，我们可以得出这样的结论：在绝大多数的梦例中，较之日常生活中使用的共同语言，共同象征有着更广泛的使用范围。

梦用象征来实现伪装的目的。所以，许多象征习惯性地或者近似习惯性地被用来表达同一事物。但我们需要记住梦中精神材料具有的可塑性。

虽然很少见到象征依据其原始的意义来解释的情况，然而有时，梦者却可从记忆中获取力量，而将平常事物作为性的象征。若梦者可以有机会从一些象征中选择，那么他的选择必定是和梦念中的其他材料的主题相关的象征。也就是说，尽管是典型的象征，但个人原因所发挥的作用也不能抹杀掉。

虽然自施尔纳之后的研究，都对梦的象征之存在给予了准确的证实——包括哈夫洛克·埃利斯，他说梦确实充满着象征——而对于我们，也应该承认象征的存在一方面有助于梦的解析，而另一方面又对其进行阻碍的事实。通常来讲，在对梦解析的过程中，利用自由联想的分析策略来解释梦的内容中的象征是会失败的。科学的批判性使我们不能恢复到古代释梦者的那种随意判断，而斯特克尔的随心解释几乎又使其复活了。所以，在梦的解释中遇到象征元素时，我们的应对策略应是采用一种综合技巧，一方面依靠梦者的自由联想，另一方面结合使用释梦者的象征知识。在象征问题的处理上，我们的态度必须保持小心谨慎，对在梦中象征所使用的途径进行深入追查，以避免对梦的随意判断。作为释梦者，我们对梦的解析的不确定，一方面来自于我们知识的欠缺——这可以随着研究经验的不断积累而慢慢改善，另一方面则是梦的内容中的象征元素自身的模糊性。通常象征都有好几个意义，正如中国汉字一般，必须结合了上下文的背景后，才能得出正确的答案。

> 少年巴托缪的幻觉

象征的这种模糊性与梦的特征——“过度解释”——凝缩作用有关，即单一的梦的内容可以独自代表性质全然不同的思想和愿望。

在说明了这些限制和保留条件后，我将开始论述。皇帝和皇后或国王和王后通常是梦者父母的象征，王子或公主则常常代表梦者本人。但因为伟人像皇帝一样也有着崇高的权威，因此，在一些梦中，成就类似歌德这类人物的就都成了父母的代表。

所有长形物体，像是木棍、树干、雨伞等都可作为男性生殖器的象征。还有另一种平常且又不易理解的物件也可以作为男性生殖器的象征，即指甲锉，这可能是因为它可以上下摩擦的缘故。匣子、箱子、橱柜、烘炉，以及所有中间掏空的物体，如船和各种器皿，都代表了子宫。而出现在梦中的房屋常常被用来指代女人。关于这一点，在梦中关心房门的开或锁，就容易理解了（可参看我1905年的《一例歇斯底里的分析片段》中关于杜拉的第一个梦的分析）。而什么是开锁的钥匙，自然就不必明确指出了。在爱柏斯坦女爵的歌谣里，乌兰鲜明且生动地借由锁和匙的象征描绘出了一幅通奸图。

在梦中穿过一套房间，则是逛窑子或者后宫的象征。而由沙克斯列举的整齐且有条理的梦例可知，它亦可以是婚姻的意思

若在梦中，梦者发现原本的一个房间变为两个，或是看到一间熟悉的屋子被分成两间，那么这一定和他幼时对性的好奇有关系。反之亦然。在幼年时期，女性的生殖器和肛门被当成是一个单一区域——“底部”。之后又发现，它有两个不一样的开口或洞穴。

台阶、梯子、楼梯以及向上或向下走，都是性交的意思。梦者向光滑的墙壁攀爬着，或者在焦虑中由房屋的正面自上向下爬，都与矗立的人体相对应，这可能是婴儿爬到父母或保姆身上的回忆的再现。光滑的墙壁指的是男人，因为害怕的缘故，紧紧抓住房屋正面的“凸出物”常常是梦者自保的措施。

各种桌子，包括餐桌、台子等，也是女人的象征。这自然是利用对比关系形成的，因为由象形表现来看，它们并没有突起的形体轮廓。从其语义联系观之，“木材”往往是指女性材料。因为婚姻是由“床和桌子”构成的，所以在梦里桌子常常替代床出现，而代表性的情结一般被置换成吃的情结。

而衣着方面，帽子是性器官的意思，并且通常是指男性器官。大衣（德语：mantel）亦是一样，只是不知道这象征中发音相似起到了多大的

作用。在男士的梦中，领带往往象征着阴茎。这不仅因为领带具有长而下垂的特征，是男性所特有的，还因为它可以依据个人的爱好而对其进行取舍——由所代表的对象来看，这种自由，受到了人的本性的禁止。会在梦中使用这种象征的男人，一般在真实生活中对领带都情有独钟，并喜欢收集领带。

出现在梦中的复杂器械或器具，极可能象征着生殖器官，表示的是它和人类智慧一样不会怠倦的意义。而无疑地，各种武器和工具，诸如犁、锤子、来复枪、左轮手枪、匕首、军刀等都象征着男性生殖器。而梦中的风景，特别是那些带有桥梁，或者含有山峦重叠的风景，亦可以当做是生殖器官的象征。在这些画中可以轻易地将梦的显意与隐意划分开来，若不对它们细加观察，则会将它们看成是设计图、地图之类的东西，然而用心去观察就会发现，它们象征着人体、性器官等，唯有认识到这些，才能顺利完成这些梦的解析。而在遇到一些新奇的词语时，我们则要考虑它是否包含了许多具有性意义的成分。

小孩在梦中也往往是生殖器的象征。事实上，无论男女都习惯于亲密地称自己的生殖器是“小东西”。在梦中和小孩玩或打他，通常都是自慰的表现。

在梦中，秃头、剪发、掉牙和砍头等都是阉割的象征。若在梦中阴茎的常见象征出现的次数大于等于二，那么这是梦者对阉割实施的防备。梦见蜥蜴亦有着同样的意义，这类动物的尾巴在断后又会再次长出来。

在神话和传说中有许多代表生殖器的动物，诸如鱼、蜗牛、猫、鼠，它们在梦中也有相同的意义，特别是作为男性生殖器象征的蛇。

小动物、小虫则表示小孩，例如令自己厌烦的小弟弟、小妹妹。若在梦中受到害虫的侵扰则意味着怀孕。

有些象征可以同时代表男性生殖器和女性生殖器，例如，梦者亲属的子女和弟妹。有些则大部分或全部代表某一性别，长而硬的物体就从来不会用于女性生殖器的暗示，而中空物体如柜子、木箱、盒子等亦不会用来象征男性生殖器。而梦和潜意识幻想应用性的双重意义的象征的倾向却呈现出一种原始特性。因为孩童时期，幼儿并不了解两性生殖器官的区别，而认为它们是同种的。我们有时会误认为某一象征具有双性的意义，会忘记在某些梦中，普遍存在的性倒错，而将男性表示为女性，将女性变为男性。例如，这种梦可以实现女人变为男人的愿望。

在梦中，亦可以用身体的其他部位来象征性器官，例如，手或脚可以表示男性生殖器，女性生殖器的开口可以用口耳甚至眼睛来表示。人体的分泌物，包括黏液、眼液、尿液、精液等在梦里可以相互转换。我在《精神分析引论》（1916年到1917〔第十讲〕）中，尝试给梦的象征予以更加细致的论述。

死神与少女

下面，我将列举一些有这些象征应用的梦例，目的是使人们了解，若不承认梦的象征作用，那么我们的关于梦的解析将无法进行，并且在绝大多数梦中都要求我们必须接受这些象征。然而，在这里我还有必要提出声明，绝对不可以夸大梦的象征的重要性，而致使梦的解析工作只服务于对象征的解释，而不顾梦者的自由联想。梦的这两个解析工具——象征和自由联想应是相辅相成的。而从理论和实际两方面来讲，占据首要位置的都是自由联想。而由梦者的评论也可归结出起关键作用的元素。正如我们提过的，对梦的象征的了解只是梦解析的一种辅助手段。

梦例一：帽子：象征的是男人（或男性生殖器）

这是一位年轻妇人的梦的节选，出于对被诱奸的害怕，她最终发展成了空旷恐惧症患者。

“炎热的夏天，我在街上走着，我的头上戴了一顶形状有些奇怪的帽子。它的中间部分向上翘，而帽檐部分则下垂着，”——讲到此，她有一个短暂的停顿——“而且其中一边比另一边下垂得要厉害。我的心情很好，而且充满自信，在我从一群年轻的军官身边经过时，我心想：‘你们谁都不能伤害到我！’”

分析：

对于梦中的帽子她不能产生任何联想，所以我告诉她：“帽子所代表的必定是男性生殖器，它的中间部分上翘而两边低垂着。可能你会认为有些奇怪，帽子何以是男人的象征呢？但你要记住这句话：unter die Haube Kommen（按字面意思解释是躲在帽子下面，而实际意思是‘找一个丈夫’）。”帽子两侧的低垂程度何以不同？我并没有就这个问题让她进行更详细的说明，尽管关键就在于此。我继续跟她说，因为她的丈夫具有完好的生殖器，所以她自然无需对那些军官产生害怕心理，即她并不曾想要从他们那里获得什么东西。而一般因为有受诱奸的幻想，她不敢单独在无伴的情况下外出。我曾多次以其他材料为基础就此向她解释。

对于我的解释，梦者感到十分惊讶，她的关于帽子的描述上表现得很反复，还声明自己不曾提到过帽子两边下垂。但我对自己的耳朵有足够的信心，所以并没有受到她的影响，并对此很坚持。在沉默片刻后，她像是下定了很大的决心，向我问道她丈夫两边的睾丸高度不一样说明了什么，是不是所有男人都是这样的。至此，此帽子特殊的细节就获得了解释，而且这个解释也为她所接受。

在初听到病人关于这个梦的讲述时，我就已经很熟悉这个帽子的象征了。在其他较模糊的梦的提醒下，我认为帽子也可以是女性生殖器的象征。

梦例二：“小东西”：代表生殖器；“被车碾过”：性交的象征

这是上面提到的那位空旷恐惧症患者的另一个梦。

她母亲将她的小女儿支开，所以她只能自己一个人出门。之后她和母亲一起上了一列火车，此时，她看见自己的小东西正在铁轨上走着，她猜想它一定会被火车碾过。自己骨头被压碎的声音传进她的耳里（她因此而稍稍感觉不安，但却没有真的产生恐惧感），接着她将头探出车窗往回看，想看看是否能见到那些碎片。然后，她母亲责问她为何要让她的小东西独自走开。

分析：

要将这个梦解释清楚不是易事。它是一系列连在一起的梦的一部分，完全解释它必须参照其他梦。要在基本孤立的情况下获得充足的材料来解释一个象征作用是非常艰难的事。首先，患者告诉我，火车旅行应该是她过去的一段回忆，这是她被带离神经疾病疗养院的那次旅行的暗示。可想而知，在疗养院期间，她爱上了为自己治疗的医生。在她母亲来接她走时，医生到火车站为她送行，并将一束花作为离别礼物送给她。而这一场面被她母亲撞见了，她认为很尴尬，所以，母亲成了她的一次风流韵事的干扰者。事实上，这位严厉的母亲早在她还是姑娘的时候就曾扮演过这样的角色。她接下来的一个联想是关于一句话的，即“她探头望去，想看看是否可以望见后面的那些碎片”。表面上看来，这个梦使人想到她那小女儿被辗过而成了碎片，然而她的联想却另有乾坤。她提到，曾经有一次目睹了父亲在浴室的裸体背影。而后她谈起关于两性的差异，并强调道，即使在后面也能看见男人的生殖器，而女人则不能看见。她自己的解释是，“那小东西”代表着男性生殖器，而“她的小东西”——她的四岁的小女儿指的是她自己的生殖器。她抱怨母亲曾想要让她无视生殖器的存在，而梦开头的那句话“她母亲将她的小女儿支开，所以她只能自己一个人出门”，就是此种指责的一个表达。在她的理解中，“一个人在街上走着”就意味着缺少男人，没有任何性交，而这是她所厌恶的。这个梦也表明了一个事实，在她还是小女孩时，她曾因为受到父亲的偏爱，而被母亲嫉妒过。

“被车碾过”代表着性交这点并没有在这个梦里明显地体现出来，尽管其正确性已得到了多方的证实。

梦例三：建筑物、梯状物、洞状物：生殖器的象征

来自一位年轻男子的梦，这个梦受到了父亲情结的禁制。

他和父亲在散步，地点必然是在普拉特公园内，这是由他看见的大圆塔得出的结论。在塔的前面有一个小型建筑，其上系着一只圆球，用于栓禁。他父亲问他这些的存在原因，尽管父亲的问题使他很意外，但他还是回答了。之后，他们走向一个广场，那里摆着一大张锡片。他父亲想要割一块下来，他先小心翼翼地四处打量了一下，看看有没有人注意他。他对父亲讲，跟门卫打一声招呼就可以毫无麻烦地取下一些。一组台阶将这个广场引向一个洞穴，它的四壁附有一些柔软的东西，形似一个皮面的靠背椅。洞穴的尽头与一个长形平台相连，而平台的另一端则连接了又一个洞穴。

春

分析：

对这类患者的治疗不会取得明显的成效。治疗开始时，他非常配合，然而，到了后期分析工作却变得难以进行。关于此梦，他自己的解释是："大圆塔指的是我的生殖器，其前面的圆球即是我的阴茎，但我不知因何它会没有气。"若更深入地分析，我们可以把大圆塔视为臀部（在儿童那里，它亦是属于生殖器的组成），其前面的小屋则是阴囊。在梦中，他父亲问他这些存在的原因是什么，即在问他生殖器有什么功能和目的。似乎这个情景应该是倒过来，即由梦者来发问。因为真实生活中他从没有这样问过父亲，因此我们可以把这当作是梦念的一个愿望，或是一个条件从句，即"若我曾经就关于性启蒙的知识向父亲发问过……"这一思想的连续，我们将会在梦的另一部分里看到。

至于广场的那张大锡片似乎不具有任何象征意义，它来源于他父亲的商务景象。出于慎重的考虑，我用“锡片”来替代他父亲真正经营的商品。除此之外，不对梦的其他表述做任何改动。梦者加入了父亲的企业，但他却不满父亲的经营手段。所以，我之前所分析的梦念应该这样连接下去：“如果我问他，那他也一定会像对待他的客户那样欺瞒我。”而对于那个在梦中代表他父亲从商不诚的“割取”，梦者也有自己的解释：代表着自慰。这个解释我不但很清楚，而且此梦亦可以作为支持它的梦例。实际上，这里正是在有违自慰的秘密性质而公开表达。如我们想的那样，自慰行为再度移置到他父亲身上，这和梦中前面一段的发问情形相同。梦者之所以会快速地分析出洞穴所指是阴道，是因为参照了洞穴壁上柔软的覆盖的缘故。

对于连接两个洞穴的长方形平台，梦者给出了自传式的解释。他曾有过一段性生活，但后来因为抑制而中断了。现在，他希望通过治疗而再度性交。然而，此梦到结尾，变得愈来愈不清晰。分析至此，凡是对此熟悉的人都会看出梦的内容有第二个主题遁入进来，而父亲的商业，他实施的欺骗，以及第一个主题的解释都指示着：梦者的母亲。

梦例四：儿童阉割的梦

1.一个仅仅三岁零五个月大的小男孩，在得知父亲即将从前线回来的消息后，表现得很不高兴。有一天，在醒来后，他带着激动的心情，不断重复着“为什么爸爸的脑袋会放在一个盘子里呢？昨天晚上爸爸把脑袋放在了一个盘子里。”

2.一位患有强迫性神经症的学生，讲述了他在六岁时经常做的一个梦：他到一家理发店剪头发，一个高大、有着严肃面孔的女人走过来将他的头割了下来。这个女人正是他的母亲。

梦例五：楼梯的梦

（以下由奥托·蘭克报告并解释。）

对于这位提供给我关于牙刺激的梦的同事我深表感谢，现在他又给了我一个有明显遗精的梦。

“我绕着楼梯井的楼梯跑下去，追逐着一个对我做了件什么事的小女孩，我要处罚她。但是在跑至楼梯底处时，有一个人（一个成年女人？）替我将这个小女孩截住，我抓到了她，但不知道有没有打她。因为后来我发现自己和这孩子在楼梯中央性交，似乎飘浮在空中一般。事实上，那根本不算是性交，我仅仅是以性器官摩擦她的外生殖器而已，这一摩擦过程我看得很清楚，包括她的生殖器和她抬头向侧面看的样子。在这性行为过程中，我也看见在我的左上方挂着两幅小画——也像是飘浮在空中似的——描绘的是有树木环绕的房屋风景。在较小一幅的下端，我看到的是我代替画家而留的名，这好像是要送我的生日礼物。接下来，我看见了两幅画前的标签，内容是还有更便宜的画。之后的内容就不太清晰了，我隐约看见自己正躺在楼梯平台处摆放的床上，而最终我因感到遗精的潮湿醒了过来。”

分析：

在做梦当天的黄昏时分，梦者曾在一家书店里排队买书，期间他注意到了张贴在墙上的一些展画，这和他梦中见到的景象大致相同。他对其中的一小张画很感兴趣，他上前想看看作者是谁，但却是一个他根本不熟悉的名字。

之后，他和几个朋友聚在一起，有人向他讲述了一个关于某放荡的女佣对自己在楼梯上孕育下私生子引以为豪的故事。针对这个不寻常事件的细节，梦者进行了细心的询问。得知女佣将他的情人带回了家，但在那里却没有性交的机会，而她的情人在兴奋中和她在楼梯上进行了性交。当时，梦者添加了一个讽刺掺假酒的诙谐的引喻，说那孩子事实上是从“地窖台阶上的葡萄酒”里造出来的。

这就是发生在做梦前一天的事。我们能够看出梦和这些事密切相连，而梦者也能够很轻松地将它们说出来。然而，他却不能也同样轻松地将梦中属于孩童时期的一段记忆挖掘出来。出现在梦里的楼梯，是他消磨了大部分童年时光的屋子内的楼梯，而且也就是在那里，他第一次有意识地接触到性的问题。当时，他在楼梯上做过很多游戏，也曾骑在楼梯的扶手上自上向下滑——他从中享受到性的感觉。而他在梦中也是用了一种非常快的速度冲下楼梯。由他的描述来看，他之所以会那么快，是因为他并没有将双脚踏在梯阶上，就“飞”过了它们。如果结合童年时期的经验考虑，那么梦开头表述的就是性的兴奋因素的意思。梦者也曾和邻居家的孩子在自家的楼梯或别家的楼梯上玩这种与性有关的游戏，并借助同梦中一样的摩擦方式给他的欲望以满足。

阿德勒

如果我们能将洛伊德关于性象征的研究铭记于心，即知道梦里的楼梯和爬楼梯几乎都是性交的象征，那么这个梦就不难理解了。它的动机是纯粹的力比多。正像其结果遗精所示的那样，梦者在睡眠中产生性兴奋——这在梦中是以冲下楼梯表现的。此性兴奋的虐待倾向基于儿时的游戏，其在梦中以追逐和掌控那个小女孩呈现出来。力比多兴奋增加，并最终促成性行为的发生，在梦中表现为捉获小女孩并将其带至楼梯中央。至此，梦中仍是以象征表现性欲的，而这对没有什么经验的释梦者来讲是理解不了的。然而，此种强度的力比多兴奋还不足以干扰到梦者的安稳睡眠。最终这种兴奋导致性欲高潮，而揭示出楼梯象征性交的事实。此梦很明显是弗洛伊德观点的例证，即它证实了爬楼梯象征着性，这是因为这两种活动都具有律动性的特征，梦者在梦中很清楚且很确定的因素便是性行为和上下动作的韵律。

而对于那两幅画，除了他们的实际意义外，我还要补充几句。它们还具有荡妇的象征意义。由这明显的一大一小两幅图画来看，它们所代表的就是梦中出现的女人和小女孩。至于那“还有更便宜的画”则象征着与娼妓有关的情结；而在较小那幅画上出现梦者的名字和他认为是生日礼物的判断则代表了对双亲的情结。

而梦结尾那不明显的一幕——梦者看见自己躺在楼梯平台处的床上，同时感到潮湿，似乎指的是幼时手淫期的更早期，可上溯到尿床引发的相似的快感。

梦例六：真实的感觉和重复的表现

来自一位三十五岁男人的梦。这是一个他记得很清楚的梦，并强调说是他四岁的时候做的。

在他三岁时，父亲就辞世了。那个被委任执行父亲遗嘱的律师带过来两个大梨，其中一个给了他，另外一个放到起居室的窗台上。第二天醒来后，他坚信梦中的事是真的，并固执地要求母亲拿下那个梨给自己。对此，他母亲很不当回事。

分析：

那位律师是位乐观开朗的绅士。在梦者的印象中，似乎真有一次，他带了些梨子过来。窗台也正是他在梦中看到的那个样子。但这两件事却没有一点联系。只是他母亲在前不久告诉他一个梦，说她梦到有两只鸟停在她头顶上，她还向它们询问什么时候飞走。但鸟仍旧没有飞走，其中一只落到她的嘴上并吮吸起来。

因为梦者联想的不成功，我们尝试着用象征代替物来解释。那两个梨子所代表的就是他母亲哺育他的一对乳房，窗台则是他母亲的前胸的投影，与梦中房了的阳台相同。在醒后，他的真实感是有理由的，因为此时他还喝着母乳，并且在很大后他才断奶，因此这使得他在四岁的时候还在吃母亲的奶。这个梦可以这样解释："妈妈，请再把那个我过去吸吮过的奶头给我（或让我看）。""过去"代表的是他吃了一只梨，"再"则表示他渴望另一只梨。在梦中，一个动作在时间上的重复常常以某一物体在数量上的多元化来表现。

在一个才四岁的小孩的梦中，就已出现象征作用了，这自然会使人意外，然而这却是常规。我们或许可以这样认为，在一个人做的第一个梦中，象征就已发挥作用了。

梦例七：正常人梦中的象征作用问题

精神分析的批评者们常用来驳斥精神分析的一个理由是，神经症患者或许会产生梦的象征，然而正常人却不会这样。这一点，在近期也得到了哈夫洛克·埃利斯的认同。

现在精神分析的研究成果表明，在正常人与神经症患者之间并没有质的区别而只有量的差距。而且，由梦的分析也确实可以看出，受压抑的情结在正常人和病人身上活动的方式是相同的，两者的机制和象征作用都完全相同。较之神经症患者的梦，正常人的梦的象征作用确实要更简单、更巧妙和更明显，因为就前者来讲，更严格的稽查作用使得梦的伪装更厉害和更广泛了，因此其象征作用也就更含糊和更难解释了。下面引入的这个梦例则说明了这一事实。

这是来自一个女孩的梦，她并没有患神经症，但因其拘谨和保守的性格却很适合在此列举她的梦。在与她进行的交谈中，我得知她已订婚，然而因为某些阻碍，使她的婚期不得不延后。她主动向我讲述了下面的梦。

“为了庆祝生日，我在桌子的中央摆放了些花。”这是她对我提出的某个问题的回答。这个梦好像发生在她自己家里，而目前她已不住那里了，她觉得很幸福。

因为象征作用的常用解释，使我在没有梦者协助的情况下也能解释此梦，这是梦者渴望做新娘的愿望的表达：桌子以及中央的花朵代表的是她和她的生殖器。她将未来的愿望表现为已达成，因为她已经想到要孩子了，所以结婚在她的意识里已经过去好久了。

在向她解释的过程中，我指出“桌子的中央”是一个不寻常的表达，她认同了。但就此事我也不好深入询问，于是我小心地不谈及关于这个象征的意义，只是问她对于梦的别的部分是怎么看的。在分析的过程中，她的拘谨因为对解释的兴趣而淡化了，更因为谈话的严肃性而表现出开诚布公的态度。

我向她询问摆放的是哪种花，她最先的说法是“珍贵的花，别人都要为它付出代价”，而后她又说它们是山谷中的百合、紫罗兰、石竹花或康乃馨。我假设在她梦中出现的“百合”使用的是通常的意义，即象征着纯洁。这一假设得到了她的证实，因为她由百合花产生的联想就是纯洁。山谷通常都是女性的象征，因此梦利用这两个象征通过这种花的英文名称构成偶然搭配，形成对她贞操的宝贵的强调——“珍贵的花，别人都要为它付出代价”——并也表达了她对她未来丈夫的期望，希望他能欣赏和重视其价值。接下来，我们将看到“珍贵的花”的三种不同的象征——三种花分别代表的不同含义。

“紫罗兰”的字面意义与性无关，但在我看来，它有一层潜在的意义——大胆的，而这也许可以导源于法文“viol”（强奸）。而令我感到惊讶的是，梦者的联想中竟然产生了“violate”（暴力）这个英文词。在此，“violet”和“violate”之间的相似性——除去最后字母的重音有区别外，它们几乎发相同的音被梦者所利用——用“花的语言”表达出对于奸污这一暴力行为的看法，以及显露出她性格上的受虐的特征。这是利用文字连接到潜意识的一个很好的例子。“别人都要为它付出代价”指明要成为妻子或是母亲就要以自己的贞操作为代价。

入睡的维纳斯

而对于她后来改口说的“康乃馨”和“石竹花”，我的联想是这个词可能与“肉体的”一词有关。但梦者想到的却是“颜色”这个词。她并补充说，康乃馨是她未婚夫送她次数最多的花。

在即将结束谈话时，她忽然又主动改口说，她说的不是实情：事实上，她想到的不是“颜色”一词，而是“incarnation”（肉体化）一词——正如我料想的那样。补充说一下，“颜色”一词的联想也不是没有理由的，然而它却是受“肉体”意义的联想决定的——它们是由同样的情结决定的。在这点上，梦者会试图隐瞒，表明它就是最大的阻抗。与其相对应的事实是，此点的象征性最明显，也是力比多与潜抑的对于男性生殖器论题之间的斗争最为激烈的地方。对于她的未婚夫因何常常送她这种花，梦者的理解是，它不仅意味着“肉体”一词的双重意义，并且也暗示着它们在梦中的男性生殖器意义。梦中花的礼物——她真实生活的中心物体——使她内心激动的因素，表达的是一种性礼物的交换：她把自己的贞操当成一份礼物，并盼望着被回报以充满激情的性生活。如此看来，“珍贵的花，别人都要为它付出代价”的话无疑也有着金钱上的含义。因此，这个梦里的花同时代表了女性贞洁、男性力量并暗示着暴力强奸。需要指出的是，以花作为性的象征，在其他方面也是很平常的事，以花——植物的性器官来象征性器官。或许情人之间互赠花朵是包含此种潜意识意义的。

她梦中要庆祝的生日，无疑指的是婴儿的诞生。在梦中，她将自己当成她未婚夫，并代表他为自己“安排”一次生产，即与她发生性关系。隐藏着的梦念应该是这样的：“如果我是他，我就不会再等待下去——我会不征求我未婚妻的意见就与她性交——使用暴力。”这一点由“暴力”一词显示出，力比多的虐待狂成分也在这里表露出来。

由梦的更深层来讲，“我在桌子中央摆放上……”的话显而易见具有一种自慰意义，即孩童期性欲。

这是一个很整齐的梦，其内容没有多余的成分，每个词都有其特定指代。此外，梦者还表露了她对自己身体缺陷的察觉。这是只有在梦中她才意识到的：她将自己看成一个没有凹凸的桌子，并因此而强调了“中央”的珍贵——在另一个情景中，她说道“中央部位的一朵花”，也即是在强调她的处女贞操。桌子的平面性质或许也是某种象征。

后来，梦者对这个梦做了补充：“我用绿色折纸点缀了花朵”，并又说是用来装饰普通花瓶的“包装纸”。她继续说道：“用来掩盖瑕疵或者碍眼的东西，防止被人看见。群花之间有一个间隙，是一个小空档。这些纸看上去有点像绒布或地毯。”由这“装饰”她想到的是“体面”，和我料想的一样，她选用的是绿颜色，是关于“希望”的联想——这是怀孕的又一个联系。这部分梦的主题是害羞和自我表现，而不是对男人的仿同。为了他，她把自己装扮了一番，并对使自己感到羞耻的身体缺陷坦然承认，还尝试了矫正。无疑的，她的“绒布”和“地毯”的联想是指阴毛。

因此，此梦传达了梦者在现实生活中所没有意识到的思想——关于性爱和性器官的思想。她正在被“安排一个生日”（生日，生产的日子），是指她在被性交。这亦表达了对被强奸的恐惧，也许还带有遭到强奸的快感。她承认自己的身体有缺憾，而因此对自己的处女贞操加以高度评价来获得补偿。她以害羞的感受作为肉欲的迹象，以及提供给目的是生产一个孩子以借口。物质的考虑——尽管不在未婚夫的考虑之内——也寻到了表达的途径。借由这个简单的梦的情感——一种幸福感，表明在这个梦中强烈的情感情结得到了表达。

梦例八：一位化学家的梦

这是来自一个年轻男人的梦。他正在试图改掉手淫的习惯，希望能与女性发生性交。

序——在做梦的前一天，他负责指导学生做格氏反应，即镁在碘的催化作用下溶解在纯乙醚中的化学反应。两天前，有人做这个实验的过程中发生了爆炸，其中一位参与人员的手被烧伤了。

1.他在做合成溴化苯镁的化学反应。实验的相关设备就在他面前，然而他却发现自己变成了镁。此时，他感觉自己处在一种非常活跃的状态中，他告诉自己：“这是正常的，反应已经开始了，我的双脚已经在溶解，马上就是膝盖了。”而后，他用手去接触双脚。现在，他将双脚伸到器皿之外，并告诉自己：“这不对啊。尽管理应如此。”至此，他已部分清醒，并为了能清楚地记忆此梦，又重温了一遍。他对梦的内容感到很害怕，在半醒半睡之际，非常激动地反复叫着：“苯，苯。”

2.他住在一个叫什么ing的地方，在十二点半的时候，他与一位女士约好在肖腾特会面。然而他在十一点半才醒，他自言自语道：“来不及了，十二点半一定到不了了。”然后，他看见全家人都围坐在餐桌边，他母亲的形象格外清晰。之后，他又看见女佣正在端汤碗，因此想道：“我们都要开始吃饭了，现在出去可能已经太晚了。”

分析：

梦者本人也十分确信，甚至第一部分的梦也和那位他要会面的女士有关联（这个梦是在约会的前一天晚上做的）。他不喜欢他指导的那个学生。他对他说过："这不对！"因为并没有什么迹象表明镁产生反应了。而那学生却满不在意地回应道："不，不是这样的。"那学生所象征的一定是他自己（患者），因为他对这分析也表现出了和学生对合成一样的态度。在梦中执行操作的"他"则代替了我。他对结果的漠视，使得我认为他是讨厌的。

同时，我用来分析（合成）的材料也正是他，问题是如何获得治疗的成功。由出现在梦中的他的脚我联想到前一天晚上的经历。那天傍晚，在结束舞蹈班的练习后，他遇上了他想追求的那位女士。于是，他将她紧紧抱住，因为抱得太紧而使她发出一声尖叫。当他将施于她双腿的压力减小后，他可以感受到她强力抵抗的压力正施向他大腿和膝盖——梦中提到了膝盖。因此，从这个角度来讲，瓶里的镁就是指这个女人——事情终于有进展了，对我来讲他是女性，而他在那位女士那里则是男性。他对那位女士的举动，正是指我对他的治疗，他自身的感觉和对膝盖的触感都暗示了自慰，并呼应他前一天的疲倦。实际上，他和那女士的约会时间就是十一点半，却又因醒来得太晚而错过了，而和性对象继续待在家中（即保持自慰），则与他的抵抗相对应。

海边的希腊少女

而关于他反复念叨的"苯"（phenyl），他的说法是，他一向很喜欢末尾是"-yl"的化学基团，因为它们用起来很方便，如benzyl（苯甲基）、bacetyl（苯己基）等。这是一个毫无用处的信息。但当我把"Schlemihl"也作为这一系列之一向他提出时，他露出了开心的笑容，并对我讲，在这个夏天，他读了一本马歇尔·普雷沃斯特的书，书中有一章是《被拒绝的爱情》，里面讲到对“无能之人”的指摘。当他读到这些话时，他自语道：“就像我一样。”——他认为自己错过了约会，就是另一种“无能”。

出现在梦中的性象征已经得到了施罗特所做的某些实验的证实，他的工作是以H.斯沃博达提出的方法为基础的。对于已被深度催眠的试验参与者，施罗特会向他们暗示一些内容，在这些暗示下试验参与者将产生梦，而这些梦的内容大多数取决于暗示。如果他将正常或不正常的性交暗示给试验参与者，那么新产生的梦就会利用那些我们在精神分析中已熟悉的象征来代替性的材料，与暗示相合。例如，向一位女性试验参与者暗示，说她做了一个和朋友进行同性恋性交的梦，那么在产生的梦里就会出现这个朋友提着一个破烂的手提包，其上附有一个“女士专用”的标签。而事实上这位女士并不知道梦的象征和解释的知识。然而，做了这个实验后不久施罗特就自杀了，因此我们无法给这些有趣实验的价值以恰当的评估。而实验的相关记录，也只刊载在《精神分析公报》的原始报告中。

现在，我们已能恰当地评价梦的象征作用的重要性了。那么，我们就可以继续研究上文中断的那个典型的梦。我认为这类梦大略可分为两类：一类是那些一般具有同样意义的；另一类是虽然在内容上存在着相同或相似性，但其意义却有着许多不同解释的。在考试的梦中，我已就第一类典型的梦进行了相当详细的说明。

关于那些病人通常做的含有“牙刺激”成分的梦，有很长一段时间，我都未能解析清楚，因为我不曾料到，患者会对分析持有强烈的阻抗作用。但后来，我因许多证据而合理地相信，在男人方面，这些梦的动机力量都是自青春期的手淫欲望而来。下面我将就这类的两个梦例进行分析，有一个也是“飞行的梦”。这两个梦都来自同一个人——一个年轻男人——一个具有强烈的同性恋倾向，同时又在真实生活中努力压抑此种倾向的年轻人。

他身在一家剧院里，正坐在前排观赏《费德里奥》，身旁坐着L先生，一个与他情趣投合的人，他很想与他成为朋友。突然，他腾空而起，飞向剧院大厅，而后将手放入嘴里，拔下了两颗牙齿。

他在解释“飞起来”时，说像是被“抛”到空中的感觉。因为演的是《费德里奥》，因此，其中比较合宜的台词是：

他获得了一位可爱的女人的青睐……

看起来这还像是恰当的，然而即便是征服了最可爱的女人，这也不是梦者的愿望。所以另外两句台词更合适：

他做到了伟大的抛弃，成了朋友之友……

事实上，梦的主题正是这“伟大的抛弃”。然而这“伟大的抛弃”一定不是一个愿望的表达，它的里面还包含着痛苦的反思，即在交友方面，梦者一向都是让人同情的对象——“被抛弃者”；同时也包含着他的担忧，即他害怕这种悲剧会再次在他与他身旁这位同他一起看《费德里奥》的先生之间上演。至此，这位可怜的梦者坦言，在一次被朋友抛弃后，受着欲望引发的性兴奋的驱使，他连续手淫两次。这使他非常羞愧。

第二个梦的内容是：有两位他熟识的大学教授正在为他治疗，这不包括我，其中一位对他的阴茎做了些处理，他担心是动了手术。另外一个用铁棒将他的嘴顶住，拔掉了他的一或两颗牙齿。而他则被四条绸布束着。

无疑地，这是一个带有性意义的梦。关于绸布，他仿同成与他熟识的一位同性恋者。梦者不曾与之发生过性关系，在现实生活中，他也从未想过要与男性性交。所以他认为的性交是他基于他在青春期常有的手淫模式的想象。

在我看来，有牙刺激成分的典型梦的诸多变式（如被拔掉牙的梦等），都可以按一样的方式来解释。然而，我们所不理解的是，“牙刺激”何以会具有这种意义呢？对此，我提醒读者注意，梦所表现的性往往是身体部位的由下向上的移位。因而，歇斯底里病患才会这样表现：原本是与性器官有关的情感和意愿，却表现在了其他不会惹异议的身体部位上。此类例子中，性器官在潜意识思维中的表现是面部。在语言学中，臀部（Hinterbacken）的字面义是“后脸颊”——与脸颊同属于一个系；而将“阴唇”与嘴唇等同，按一样的方式，也常常把鼻子等同于阴茎，而因为二者都存在长毛，因而它们的相似性就更高了。唯一依据此法无法与生殖器类比的是同属于身体结构的牙齿。然而正因为是这种相似和不相似的结合，而使得牙齿在受到性压抑的压力作用下很合适做表现的媒介。

然而我不能就此妄言我们将有牙刺激的梦解释为手淫的梦的事情全部解释清楚了，尽管这种解释的正确性已无需质疑。但我已经竭尽所能地加以解释了，虽然也一定还有未解决的。在此，我说明一下语言学用法上的另一种比较。在语言世界里，手淫的行为被含糊地称为“sich einen aus reissen”或“sich einen herunterreissen”（字面上看是“拔出来”或“把自己弄贱”的意思）。虽然我不知道这些词出自哪里，也不知道它们是基于什么的想象，但“牙齿”倒对应了第一句话。

陶醉

通俗的说法是，梦中拔牙或掉牙是亲人死亡的象征，但在精神分析方面，只能承认这是一个玩笑。这里，我想插入奥托·兰克提供给我的一个梦例。

我的一位同事一直对梦的解析问题持有浓厚的兴趣。在他给我的信中，讲述了这个有关牙齿刺激的梦：

“不久前我做了这样一个梦：‘我来到牙科诊所看牙医，医生在为我下颌的一颗坏牙打钻。结果他钻过了头，致使这颗牙废掉。而后，他用镊子拔它，没费多大劲就拔出来了，这使我感到很意外。他把牙放到桌子上，然后告诉我不要动它，因为他真正要治疗的不是这颗。这颗牙（此时想来，似乎是一颗上门牙）后来分离成好多层。我自手术椅上坐起来，好奇地向它移近，并问了一个我关注的医学问题。这时，牙医一面将我这颗奇怪的牙的各层分开，并用一个仪器将其捣碎，一面对我说，这关系到青春期，只有在青春期之前，牙齿才会这么轻松就拔出来。如若是女性的话，就要看她有没有生过小孩，生了孩子的女人才会如此。

“之后（我十分确信我当时是处在半醒状态下）我发现，这个梦同时还伴随着我的遗精，但我不能确定这次遗精与梦的那一部分有关。我隐约觉得在拔牙时自己就已经在遗精了。

“后来我又梦到一些内容，但具体细节已有些忘了，不过结尾是我把帽子和上衣遗落在某个地方了（可能是留在了牙所的更衣室里），我期盼着有人能将它送还给我。而我当时只穿着外套，在赶已发动了的火车。

“最终我赶上了火车，跳上了最后一节车厢。车上已站了些人，虽然我不能挤入车厢内，不得不忍受旅途的拥挤，然而最后终于避开了拥挤。火车驶入一条大隧道，而后迎面开来两列火车，并自我们的车厢穿行而过，好像我们的火车就是个隧道。我由一节车厢的窗户向外望去，发现自己像是置身车厢之外。

“下文是做梦前一天的经验和念头的记录，以作为解释此梦的材料：

“最近我确实因为牙的问题而在接受牙科医生的医治，而在做梦当天，我下颌的某颗牙齿持续地疼痛着——梦中牙医所钻的正是这颗。事实上，那次治牙持续的时间的确很长。当天清晨，我因牙疼又一次去拜访牙医，他告诉我还要将患牙同一侧的另一颗牙也拔掉，因为患牙的疼痛就源于这颗牙。那是我刚刚长出不久的一颗‘智齿’。关于此事，我问了他一个问题，这个问题与他的医德有关。

“做梦当天的下午，牙疼的缘故使我冲一位女士发了火，后来又因此向她致歉。接着，她告诉我，她一颗牙的牙冠几乎全废了，但担心会把它的牙根拔出来。她认为拔‘上腭犬齿’是既疼又危险的事，尽管一位熟人曾告诉过她，拔上牙一点都不困难，而她坏的正是那部分的牙。这个熟人还曾对她讲过，在一次被局部麻醉后，牙医竟拔错了她的一颗牙，这更加剧了她对手术的恐惧。之后，她又就“上腭犬齿”是臼齿还是犬齿的问题向我询问，并要我讲述一下它们的特征以及区别。我指出这些意见的荒唐之处给她看，虽然又同时强调了一些大家所接受的合理事实。在这之后她告诉我了一个古老且又广泛流传的传言——若一个孕妇牙疼，那么她怀的一定是个男孩。

“受这种观点的影响，我产生了把《梦的解析》中的牙刺激梦的典型意义解释成手淫的代替的兴趣，因为听到了上面（那位女士）引用的民间传说——牙和男性生殖器（或男婴）有关。所以，当天晚上我就翻阅了《梦的解析》的相关章节。我发现以下的论述和之前提及的两个经历一样对我的梦产生了明显的影响。弗洛伊德对牙刺激的梦的观点是：‘就男人来讲，是青春期的手淫欲望衍生了这些梦的动机力量，而再没有其他。’‘在我看来，有牙刺激成分的典型梦的诸多变式（如被拔掉牙的梦等），都可以按一样的方式来解释。然而，我们所不理解的是，“牙刺激”何以会具有这种意义呢？对此，我提醒读者注意，梦所表现的性往往是身体部位的由下向上的移位（在梦中，是指由下颌向上腭的移位）。’‘因而，歇斯底里病患才会这样表现：原本是与性器官有关的情感和意愿，却表现在了其他不会惹异议的身体部位上。’‘在此，我指出语言学用法上的另一种比较。在语言世界里，手淫的行为被含糊地称为“拔出来”或“把自己弄贱”。’处于青少年时期时，我了解了这种表示手淫的术语，而凡是有经验的释梦者都会轻易地由此发现梦潜隐的幼儿期材料。梦中牙齿如此轻松地被拔出来（之后变成上门牙）使我记起，我在孩童时期，我曾很容易地就将一颗松动的上门牙拔出，而未曾感受到疼痛。到现在，我仍清楚地记得这件事。恰好也是在这一时期，我第一次有意识地尝试手淫（这是一个遮盖记忆）。

“妇女因牙刺激而产生的梦的象征是弗洛伊德引用C.G.荣格的话，它和人们所普遍相信的孕妇牙疼的意义形成了对（青春期）少男少女的梦的决定因素的不同。由此，我记起了一个梦。那是由牙科诊所回来后不久做的。梦中，我刚镶上的金牙冠掉了出来，我当时因此大为恼怒，因为它花费了我一笔数目不小的钱，而我还没有将这笔大开销补上。

“此外，从理论上讲，这个梦吸引我的有两个方面。首先，它是证明弗洛伊德的发现的例证，即梦中发生遗精会伴随一颗牙的被拔除。无论遗精呈现的方式是什么样的，我们都理应视它为不需借助什么机械刺激的手淫的满足。此外，在此梦中，与通常的情况有所区别，射精实现的满足并没有任何对象，甚至是想象的。因此，它不针对对象，而完全是自体性欲

(autoerotic)，或者最多也是（和牙齿相比）轻微倾向同性恋。

“其次，我认为有必要强调一下，我们应该站到以下观点的对立面去。一些人的想法是，此梦例根本不能作为弗洛伊德观点的证明，因为通过前一天发生的事人们就可以理解这个梦了。看牙医和那位女士的谈话以及阅读弗洛伊德的《梦的解析》，这些体验对梦者来讲就足够将做这个梦的原因解释清楚，特别是他因牙疼而无法入眠的事实。如果有必要，这些事情甚至还能解释此梦如何处置那使他难以入睡的牙疼，即将患牙拔除的想法，以及将梦者所恐惧的疼痛感用性来冲淡。然而，即便我们给予这些以最大限度的承认，我们也不能完全相信，只是阅读了弗洛伊德的解释，梦者就能在拔牙与手淫动作之间建立起联系，或实行这种联系，除非这种关系很早就建立了，就像（在‘拔出来’这句话里）得到梦者自己的承认。这一联系能够复苏，不仅有他与那位女士的对话的功劳，还要归功于他随后所报告的一个事件。在阅读《梦的解析》的时候，他因很容易就理解了而不愿意盲从于牙刺激梦的这个典型意义，并产生了想了解此种意义是不是适用于任何牙刺激梦的愿望。这一点得到了证实，至少他的这个梦是这样，同时他对这一问题的怀疑也得到了解答。因此，在这方面来讲，这个梦也是一个愿望的满足——想使自己确信弗洛伊德观点的正确性及其适用范围。”

岩间圣母

梦者飞翔或漂浮，摔落，游泳等的梦属于第二类典型梦的范畴。这些梦又有何种意义呢？想要给此一个一般性的回答是不能够做到的。我们接下来将看到，它们在不同情景下的意义不尽相同，唯一的共性是它们所包含的原始感性材料的来源。

由用来分析的材料来看，我可以断定这些梦亦是孩童时期印象的再现。即它们是关于动作的游戏的，儿童对这种游戏异常着迷。没有哪位叔叔不曾用张开的双臂将儿童举至空中，并在室内跑动；或让孩子骑在他膝盖上，而后一瞬间绷直双腿；或者是假装将高举着的孩子放下。这类体验深得孩子的欢心，他们会强烈地要求再来一遍，特别是那些使他们感到害怕或眩晕的动作。长大以后，这些体验就会在他们的梦中复现，不过在梦中，支撑他们的手却被略掉了，他们是没有任何支撑地漂浮着或跌落下去。大人们都知道，诸如荡秋千、跷跷板类的游戏是孩子们的最爱。而他们的此种记忆，会被马戏团里的杂技表演召唤起来。患歇斯底里的男孩子的复杂病症表现就是此种玩耍的重演。儿童的这些动作游戏，虽然本身很纯洁，然而却能引起性的感觉。孩童的这些活动可以用“顽皮嬉耍”来描述，那么飞翔、跌落、眩晕等的梦就是儿时的顽皮嬉耍的再现，而在这种体验中，则是用焦虑替代了快感。正如妈妈常常见到的那样，伴以此种顽皮行动结束的是吵架和哭泣。

所以，这些导源于相同来源的相似动作可以表达出不同的梦念。因此，飞翔或漂浮于空中的梦有着各种不一的解释，而大多都带有欢愉感受。在一些人那里，这些解释要求要带有鲜明的个人特征；而在另一些人那里，这些解释又可能是典型的。我的一位女病人曾梦到，她飘行在街上的某一高度上。她个头很矮，并且认为和别人接触就会使自己受到污染。她的这个飘行的梦满足了她两个愿望，即远离人群和比别人高。而另一个女病人的飞行梦则实现的是她想变成一只鸟的愿望；其他梦者则借它实现了变成天使的愿望。

维也纳的保罗·费登医生曾在某个精神分析的集会上提出了一个非常吸引人眼球的理论，即飞翔的梦通常都是勃起的象征，因为这通常使人产生幻想的勃起，往往给人以反重力的印象。

需要提一下的是，穆利·沃尔德这样一位思想严肃、对解析梦没有什么兴趣的梦的研究者，竟也是飞翔或飘浮的梦具有性欲的解释的支持者。他认为，“飞翔的梦最强有力的动机”正是这种性欲因素，而且，与这种梦相伴产生的身体震荡感，往往和勃起或遗精有关。

另外，跌落梦则往往带点焦虑性。在女性中，这种观点的解释是非常容易的。她们几乎都认为，跌落所代表的就是服从性欲诱惑。关于跌落梦的来源，我们并没有忽略掉作为绝大多数梦根源的幼儿期，每个孩子都曾体验过这一过程，即跌倒——被抱起爱抚。若晚上摔下床，则会有保姆将他们抱起，送回至床上。

有关火的梦的解释，是对幼儿期禁止孩子玩火规定的支持，以此避免儿童为晚上尿床事件找理由，因为这些梦与许多孩童时期尿床的回忆有关。在我的《一例歇斯底里的片段分析》（杜拉第一个梦）中，我已以梦者的病症为例对这类梦进行了完全的分析，并说明了这种幼儿材料会以何种方式在成年生活中表现出来。

如果我们将在不同梦者的梦里呈现出的同一显梦的内容视为是“典型”的含义，那么我们所能列举的“典型梦”将会很多很多。例如，走过狭窄道路或穿行过许多套房间的梦，或者是与盗贼有关的梦。对这些，神经质的人通常都会在睡前先做好防范。还有些人他们总会梦见被野兽（野牛、马等）追赶，或是有人拿着刀、匕首、长矛等威胁他（这两类梦是焦虑者显梦的特有成分）等等。研究这些材料是非常有价值的。

一个人越是急于寻求梦的解释，就越会发现，成人梦的大部分都是关于性的材料和表达性欲愿望的。这是那些真正的梦的解析者——那些由梦的显意挖掘出隐意梦念的人才会有的论断，而不是那些只简单记录下显梦就满足的人能有的。这个事实并不出人意料，反倒是常见的，并且完全贴合我解析梦的原则。性本能及其各成分是自孩童时期起，受到压制最大的一种本能；同时它也是保留下来最多、最强烈的潜意识欲望，时刻准备着在睡眠中做梦的一种本能。在对梦的解析过程中，我们一定不要将性欲情结的重要性忽视掉，自然也不能过分地夸大，视其为梦的唯一重要因素。

对于大多数的梦，若详加分析的话，就都可以断定它们是双重性意味的，因为它们都需要被“多重解释”，以表现梦者的同性恋冲动，即与那些梦者的正常性行为相反的冲动。但我并不支持斯特克尔和阿德勒所主张的“所有的梦都具有双重性欲”的观点，因为它同样缺少说明的例子，并且不足取。特别是还存在着一个我不能否认的事实，即许多梦都是可以满足不是性欲的例证，像是饥渴、方便的梦等。所以，诸如“一切梦的背后都藏有死亡的幽灵”（斯特克尔）或“一切梦都包含有女性趋于男性化的倾向”（阿德勒，1910）等类的言论，也都在梦的解析的合法范围内。

在其他地方我已指明一些看似纯洁无邪的梦有可能潜伏着丑陋的性欲愿望，对此我还有很多梦例可证实。也有一些梦，表面上看来并无出奇之处，而且似乎没什么深意。然而经分析后，却与“性”联系了起来，而且是让人吃惊的。

> 圣安娜与圣母子

例如，一位梦者讲述：“在两座金碧辉煌的皇宫稍后一点的地方有一个门窗紧闭的小屋。我跟随太太经由一条小路走至门前，并将其打开；所以，我轻松并且快速地溜进庭院内，结果我看到了有一定倾斜角度的上坡。”凡是有些释梦经验的人马上就会想到，穿过狭窄的空间和打开紧闭的大门通常代表的都是性，最终结论是指肛门性交的意思（在女性圆润的两臀之间）。自然，那个狭窄而导向斜斜上坡的代表的是阴道。由梦中梦者受到太太协助的信息我断定，在真实生活中，由于对太太的种种顾虑他的此种欲望未能实现。而就是在做梦的当天，一位女士到家中拜访，梦者因此产生一种想法，即若他这样要求的话，她是不会抵抗的，两座皇宫之间的小屋的原型是巴拉格炮台，而这更进一步加深了这个梦与此女士的联系，因为那正是她的故乡。

我曾向一位患者反复强调，奥狄帕斯梦——梦者和自己母亲性交经常会发生，他一贯的反应是：“这种梦我不记得我做过。”然而，这不久后，患者就记起一些不显著、不重要但又会频繁出现的梦。但在分析后，却发现这些梦具有相同的内容，即同属于奥狄帕斯梦。我十分确定，大部分与自己母亲性交的梦都不是直接呈现的，而是经过了加工和合成的。

在一些成分包含风景和地点的梦中，梦者往往会这样强调：“我曾经来过这里”，这种“似曾相识”在梦中带有特殊的含义。这些地方常常是指梦者母亲的生殖器，而且除此之外，没有任何一个地方会让人有这么强烈的到过此地的确信感。

只是有那么一次，我对一个强迫症患者的梦感到迷惑。他告诉我，梦中他去了一个曾经去过两次的房子。前不久，他又向我讲述了一件发生在他六岁时的事。一天，他和母亲一起睡觉，却在母亲睡眠中将手指插进母亲的生殖器内。

许多伴随有焦虑感，并以关于通过狭窄路径和在水中为内容的梦，是建立在宫内生活基础上的，即是由存在于子宫内和生产过程的幻想而来。以下是一位年轻男子做的梦，在他的幻想中，他曾在子宫内观察其父母发生性关系的过程：

他置身于一个深坑内，但那里有一个小口，仿佛是塞默林隧道的窗口一般。自窗口看去，首先映入眼帘的是一片空地，正在他对这块空地产生联想时，一个图像突然呈现出来，并将这个空隙填补上。画面呈现的是一个工具正在勤奋地耕耘着一片土地。与这幅景象相伴的是新鲜的空气、黑色的泥土以及勤奋劳作的印象，使他产生了愉悦的感觉。之后，他的面前又出现了一本展开的与教育有关的书……使他大为意外的是，其内容是关于儿童的性欲的，由此他联想到了我。

这里将要提到的是一个很动人的关于水的梦，它来自一位女病人，这对她的治疗起到了特殊的功效。在她常去避暑的地方，她在湖面映有皎洁月光之处纵身跳入深深的湖水中。

这类梦就是分娩梦，将这个梦的显意颠倒过来便是它的解释。如：“跳入水中”颠倒过来就是“从水中出来”，解释为出生。由法文“lune”一词的通俗含义（即下部），我们可想到婴儿出生的部位。月光就是那白色的底部，儿童都知道他们是自那里出来的。那么病人渴望她在度假之地出生，究竟是何用意呢？我就此向她询问，她当即就回答我道：“这和我通过治疗获得新生不是很像吗？”所以，此梦的解释就是她要邀请我，让我到她度假的地方继续为其治疗，即在那里治疗她。此梦可能还隐含着一个轻微的暗示，即她想做母亲。

关于分娩梦和它隐含的意义，我将再引入一例，它是摘自厄尼斯梦·琼斯的一篇论文的另一个出生的梦：她站立在海边，看到一个小男孩向海里走去，这个小男孩长得有些像她。他一直向前走着，直到淹没在海水里。此时，她只能望见他在水面上时沉时浮的头。随后，梦境变为一个人流涌动的旅馆大厅，她丈夫走远，她跟一个陌生人“交谈起来”。分析第二部分的梦得出的结论是，她想背叛丈夫，而和第三者建立亲密关系。显而易见，第一部分的梦是一个出生幻想。在梦里，包括神话也一样，往往会用孩子投入水中表示婴儿自羊水中分娩出来。由浮动在水面上的头，病人想到的是自己仅有的那次怀孕时所体验到的胎动。她由看到男孩走入水中，产生了一个与之相反的幻想，即她把孩子从水中带出，抱入育婴室，在给他洗理穿戴完后，将其带回家中。

因此，第二部分的梦表达的是私奔的念头，它是隐意的前半部分；而第一部分的梦与梦的隐意的后半部分（分娩的幻想）相对应。在这种顺序颠倒之外，存在于梦的这两部分之间的颠倒还有很多。在第一部分里，小孩走入水中，头在水面上浮动。梦的隐意却是，先有胎动，婴儿随后才脱水而出（双重颠倒）。在第二部分里，丈夫走远，而梦念则是她背离了丈夫。

在分析了大量的梦例后，兰克指出，分娩梦与小便梦利用的是一样的象征。就后者而言，小便刺激表现了情欲的刺激。而这类梦的各层次的意义与自婴儿期起逐渐变化的象征意义一一对应。

在这里，我们可以再接上前一章中断了的一个论题，即在梦形成时干涉睡眠的肌体刺激的作用问题。在此影响下形成的梦，不但公开表现愿望满足和方便性，并且也往往显示出明显的象征作用。因为，此刺激在梦里通常以伪装目的的象征来面对它失败后醒来的梦者，这是很常见的一种情况，它不仅适用于遗精或性欲高潮的梦，那些由小便或大便失禁所引发的梦亦是这样。“由遗精梦的独特性质，我们不但可以直接观看到一些现已被视作典型，却又受到激烈争论的性欲象征。我们还充分相信，梦中一些看起来纯洁无邪的情境，不过是毫无掩饰的性欲景象的象征罢了。通常来讲，后者只有在较少见的遗精梦中才会不加任何伪装地直接表露出来，但它常常会引发焦虑梦，而梦者一样会因这种梦而惊醒过来。

母与子

关于尿刺激梦的象征作用，很早以前就为大家所知。希波克拉底就曾发表过“梦到喷泉或泉水，就是指膀胱失调”的观点。在研究完尿刺激象征的多元性后，施尔纳说道：“所有具有相当强度的尿刺激都一定会转为性感带的刺激，而且象征性地显示出……尿刺激梦常常表示为性梦。”

在关于惊醒的梦的象征的多元性的讨论中，兰克这样总结，许多尿刺激梦，其实是受性刺激激发产生的，然而却想要由幼童的尿道刺激中获得满足，这实在是一种退化。尤其是由尿刺激导致的醒来和排尿。然而梦却仍旧持续着，因此以赤裸裸的方式呈现出性欲幻想的例子是尤其有价值的。

同样，类似的对比也可用在肠刺激的梦的象征上，并且还再次证实了为社会人类学所认同的黄金与大便之间的联系。“例如，一位因患肠胃疾病而正接受治疗的妇女做的梦，她梦见有人在一间类似乡村户外厕所的小木屋里埋藏着珍宝。梦的第二部分内容则是，她正在擦刚拉完大便的小女儿的屁股。”（来自兰克的梦例）

盗贼、强盗以及鬼怪等往往会让人们在睡前提心吊胆一阵子，而且他们也总是干扰已进入梦乡的人们。这些梦的原型都是同一种类的童年回忆。他们作为夜间访问的常客，常常在半夜三更唤醒孩子，以避免他们尿床，或者是掀开被子来检查孩子的双手是如何摆放的。在对一些焦虑梦做完分析后，我大致地查明了这些夜间来客的身份：强盗是指梦者的父亲，而鬼怪则是指穿着白色睡袍的女性。

六、若干梦例：梦中的算术和言语

在对影响梦形成的第四个因素界定之前，我要先引入一些我记录的梦例。一方面是要证实上文提到过的三个因素的彼此协作，另一方面是为那些还未有确凿证据的论断作证明，并从它们之中得到一些必要的结论。当对梦的工作作解说时，我发现，要为我的见解提供实例是十分困难的，因为所有用来为某些论断提供依据的实例，都需要在整体解释一个梦的情况下发挥作用。若在这整体背景之外谈这个实例，它将失去原本的意义。但是，在另一方面来讲，即便是对梦做粗浅的解释，它也是十分冗长的，这将会导致我们忘记原本用来提供依据的思想链。下面我讲到的将以本章前几节内容为主。

我最先想到的是关于梦的特殊表达方式的一些例子。

一位女士的梦的内容是：一个女仆借助梯子站在高处，像是在擦窗户的样子，在她的身旁有一只黑猩猩和一只猩猩猫（后文被更正为安哥拉猫）。这个女仆把两只动物抛向她，黑猩猩紧紧地抱着她睡觉，对此她感到十分厌恶。

此梦用了一个非常巧妙的手段实现了这样一个目的：利用暗喻来明确地表达。“猴子”和其他一些动物名称通常意味着骂人。如此，这个梦的意义就是：遭受谩骂。下文提到的许多其他梦例都应用了这一巧妙设计。

这是应用类似方法的另一个梦：一位妇女产下了一名男婴，但是这个孩子的颅骨却是畸形的，梦者得知是胎儿在子宫中的位置不当导致了这一情况。她听见医生说可以通过挤压来改善婴孩的颅形状态，但是可能会伤及他的大脑。她认为，他还是一个婴儿，挤压不会对他造成什么伤害。

这个梦是“儿童印象”可塑性的一种隐含表达，这个抽象概念梦者早在开始接受医生治疗时就已经知道了。

接下来的这个梦例中，梦的运行应用了一种稍微特殊的方法。梦的内容是：在靠近格拉茨的希尔姆泰克，外面下着倾盆大雨，在一家十分破旧的旅馆里，水滴从墙壁的缝隙处渗入房间，浸湿了被褥（梦的后半部记不太清了）。“过剩”或浸透便是此梦的意思。这种抽象观念在梦念中先后经历了这样的过程：被迫扭曲——被表现为“泛滥”、“溢出”或“液体”等形式——表现为一组相似影像：外面的大雨、雨水渗透墙壁、被褥被浸湿——全部的东西都是流动着的。

就梦的表现方法来讲，词的读音较之其写法重要一些。这一点在韵文中表现得尤为明显。兰克曾就一个姑娘的梦做过详细叙述和深入分析。梦里她在一片麦田里，收割成熟了的麦穗。她的一个儿时玩伴向她走来，她尝试着躲避他。

分析后的结论是，这个梦与一次接吻——一次体面的接吻（kussin Ehren，后者的发音与Ahren同，可释为“体面的吻”）有关。梦里，那个不是被拔除而是被切割的Ahren代表了麦穗，而当其与Ehren凝缩一体时，它就隐含了无数其他含义。

从另一方面来讲，一些梦的工作因为语言的演进而变得容易许多。梦的运行中会出现很多的语言词汇，而这些词汇原本都源于图形，并且具有一定的意义，只是现在是改装的和抽象的。梦的工作就是致力于为这些词汇找回原来的意义，或者是追溯其发展的某一阶段的真实情况。

《绿衣亨利》中提到了这样一个梦：一匹精神气十足的马在一片优美的燕麦田中驰骋，每一个麦穗都是“一粒香甜的杏仁，一粒葡萄干或一枚新币……用红绸布包起来，而后用一绺猪鬃捆起来”。作者（或梦者）让我们能够直白地看到这个梦的意义：有麦穗挠痒，马儿感到很舒服，于是欢快地喊叫着：“燕麦正为我刺痒”，意为财富乐坏了我。

汉森的理论指出，古代斯堪的纳维亚人的梦的绝大多数都使用了双关语等修辞手段。

对这些表现方式进行搜集并依据其内在原则整理分类，足可以写成一本书。有些表现方式几乎可以被视为是“玩笑”，并能引起共鸣，若没有梦者的协助，要理解它的意义就相当困难了。

1.一位男士在梦中被人问到另一个人的名字，他没能记起来。对此梦他自己的解释是“我完全不会梦到这些。”

2.一位女病人向我讲述了她的一个梦，说她的梦中出现的所有人都十分高大。她告诉我："这个梦必然和我的童年有联系，在当时，我眼中的每个成年人都是块头特别大的。"她本人并没有在显梦中现身。梦暗指童年也可以用其他方式来表达，即将时间转换为空间。则呈现的影像为：视觉上人物和风景似乎存在在很远的地方，似乎是路的尽头，或者如反观看戏用的望远镜所见到的景象。

3.一位在真实生活中习惯用抽象和不确定语言的聪明男士，有一次梦见，当他赶到火车站时，一辆火车恰巧抵站，但奇怪的是火车没有动，反倒是站台向它移去——这是反事实的荒谬事件。这个细节是在提醒我们，在梦的内容中还存在着另一个颠倒。在这个梦的分析过程中，梦者联想到了一些画册，其中绘有男人头脚倒立用手走路的场景。

4.同一个人在另一个时间里又向我讲述了他的另一个短梦，它就像是一个猜字画谜。他梦见叔叔在汽车里吻了他一下。他对此的解释是自慰，这完全出乎我的意料。若在清醒生活中上演这一幕，很可能被看作是一个玩笑。

5.一个男士的梦是这样的：他将一位女士自床后拉出来。此梦表示他对那位女士有好感。

6.在一位男士的梦中，他成了一位官员，正坐在皇帝的对面。这梦的意思是，他跟父亲对立着。

7.一位男士梦见他在医治某个断肢的人。分析后表明，骨折（knochenbruch）象征着破裂的婚姻（Ehebruch，真正的意思是"通奸"）。

8.出现在梦中的时刻往往表示的是梦者童年某个阶段的年龄。所以，梦中的"早上五点一刻"代表着梦者五岁零三个月的时期。这个年龄具有特殊的意义，因为这个时

> 蟒蛇神迹

候他的弟弟出生了。

9.这是在梦中表示年龄的又一个方法。在一位妇女的梦中，她与两个小女孩结伴散步，这两个女孩有着十五个月的年龄差距。她想不起她们是谁家的孩子。她自己的解释是，这两个孩子代表着不同年龄段的她。而且，此梦还使她记起了童年时期的两次受伤经历，一次是在她三岁半时，另一次是在她四岁零八个月时，而它们的时间差正好是十五个月。

10.在接受精神分析治疗的人，常会做关于这种治疗的梦，并会在梦中表达出对此种治疗的想法和期待。旅行是最多用来表现此种想象的方式，而且此种旅行最常用的工具是现代化且复杂的汽车。病人往往会借用汽车的快速来表达讽刺性的评论。而若“潜意识”——梦者真实生活的一个部分要在梦中表现的话，它就会被某些地下区域恰当地置换掉。在这些区域与精神分析治疗无关的情况下，这些区域所代表的是女性身体或子宫。梦中的“下面”常常是指生殖器，而相应的“上面”则是指面部、嘴或乳房。在梦中往往会用野兽来表现梦者害怕的激情冲动，无论这是他本人的还是来自他人的。所以，只要稍微转换一下，野兽就可成为那些拥有此激情的人的象征。因而猛兽、狗或野马常会被用来表示令梦者敬畏的父亲——这和图腾的表现方式相去不远。也可以这样说，野兽象征着原欲，它是一种为自我所害怕以及用压抑手段来对抗的力量。梦者会由自身将他的神经症，即他的“病态人格”，分离出来，并视其为一个与自己无关的独立人，这是时常会发生的事。

11.以下将要提到的是汉斯·萨克斯（1911）搜集的一个梦例：

“由弗洛伊德的《梦的解析》我们了解到，梦的工作利用各种不同的方法来给词或短语以形象的形式。譬如说，它要表达一个有歧义的词，梦的工作就会利用歧义这点，而使其中一方的意义表现于梦念之中，另一方的意义进入到显梦中。下面是一个能说明这点的好梦例，虽然它有些短。为了实现表达，此梦巧妙地利用了前一天的体验。做梦当天，我患了感冒，因此决定晚上如没特殊需要，就尽量一夜不下床。在梦里，我似乎还在继续白天做着的事。那天我将剪报贴入簿子中，并依性质进行了分类。我在梦中试图把一张剪报贴在簿子中，然而它却就是不粘，我因而感到非常痛苦。最终，我醒过来，并仍能感觉到梦中的痛苦，所以我放弃了睡前的决定。此梦作为我睡眠的守护神，以含糊的表达方式“er geht nicht auf die seite”（但别上厕所）来满足我不愿下床的愿望。”

或者可以说，为了用视觉形象来表现梦念的目的，梦的工作无所不用其极地运用了它所能把握的各种方法，而不论在真实生活中，梦者本人认为合法的或是不合法的。因此，梦的工作会被那些只是听过梦的解析却不曾切身体验过的人嘲笑和质疑。关于此，史德喀尔的《梦的语言》中记录了不少这样的实例。然而它们却不是我想引用的材料，因为其作者的眼光并不具有批判性，并且我对其使用的技巧也很不看好，我想任何一个不具偏见的脑袋都会认为它们是不可信的。

12.以下的梦例引自V.托斯克的关于梦对服饰和颜色的使用的文章：

①在A的梦中，他曾经的一位家庭女教师，穿着黑颜色（Luster）的衣服，臀部绷得紧紧的。此梦的解释是，这位女教师非常淫荡。

②B梦到一个女孩站在一条大道上，她沐浴在白色光芒之下，并且穿着白色外套。此梦的解释是，梦者曾在此路上和一位姓白的小姐第一次发生暧昧关系。

③C夫人梦见八十岁的维也纳老演员布拉塞尔全副武装（involler Rustung）睡在沙发上。后来，他在桌椅上跳来跳去。这之后他又拔出短剑，来到镜子面前，举着短剑在空中挥动，样子就像是在与一个敌人作战。——解释：梦者患有慢性膀胱（Blase）病。在接受分析时，她躺在沙发上，这期间她曾望见镜中的自己，并暗自对自己进行了一番评论：尽管年老有病，但依然矍铄健壮。

对梦中所呈现的数字和计算进行研究，对我们了解梦工作的本质以及它操作梦念的方法，是非常有启发的。特别是梦中的数字还常常被曲解为是关于未来事件的。因此，下面我就列举一些我所收录的这方面的实例。

梦例一

在治疗即将结束的时候，一位女士做了这个梦：她正要去为某个东西付账，她女儿夺过她（梦者）的钱包，并取出三弗洛林六十五克鲁斯，梦者向她问道："你做什么？那只需二十一克鲁斯就可以。"因为对梦者的情况较熟悉，我不需询问她，就可以解析此梦。这位女士由外国搬来维也纳，她女儿正在此就读。只要她女儿在维也纳停留，她就会继续接受我的治疗。而她女儿的学年在三个星期后就结束了，也就是说我对她的治疗要告终了。做梦的前一天，女校长找来她，问她是否考虑让女儿再在此读一年。这自然也提醒了她，她可以继续她的治疗。此梦所指即是此。一年包含三百六十五天，而学年和治疗剩下的三个星期是二十一天（实际的治疗时间可能比这个少）。这些在梦念中指时间的数字在显梦则是指钱数——这象征具有更深层的意义，即"时间就是金钱"。三百六十五天就只是三弗洛林六十五克鲁斯的价值，梦中数目如此小的钱是愿望满足的结果，梦者对我的治疗很满意，希望继续接受治疗，因而将治疗和学费的数目说得很低。

梦例二

另一个梦中牵涉到的数字则比较复杂了。一位女士尽管还年轻，但结婚已有好多年。在听到一位和她年龄相仿的熟人艾丽斯·L的订婚消息后，她做了这个梦：她与丈夫一起在剧院前排观看演出，在他们前排的座位都空着。丈夫对她讲，艾丽斯和未婚夫本打算同来，但因为买不到好的座位，只剩一弗洛林五十克鲁斯三张票的，所以就没要。她心想，他们如果买下了也没什么的。

为什么会是一弗洛林五十克鲁斯？这是因为做梦的前一天，在一件不重要的小事中提到了它。那天，她丈夫赠给他妹妹一百五十弗洛林，而她转眼就用这些钱买了珠宝。我们要注意，一百五十弗洛林就是一百个一弗洛林五十克鲁斯。那三张戏票的"三"又来源于哪里呢？我们可找到的唯一解释是她那刚刚订婚的朋友恰巧小她三个月。现在就差空着的剧院的意义，这整个梦就可解释了。空着的座位是过去的一件小事的直接暗示，因为这件小事她丈夫曾嘲笑过她。她想要去看一出预定在下周上演的戏，并且提前好几天去订票，而且不惜多付一些定金。而在该戏上演时，剧院几乎空了一半的座位，其实她完全没必要那么心急。

所以这个梦的解释是：“如此早早地结婚是很荒谬的，我完全不用那么心急。看艾丽斯·L就知道，我最终一定会找到丈夫的。是的，如果我能耐心等待（和她小姑的性急相对），我的情况就会比现在（一件珠宝）好上一百倍。”“我的钱（或嫁妆）可以买三个和现在一样好的丈夫。”

我们能够发现，较之上一个梦，这个梦中出现的数字的意义和背景的变动程度都要大些，也做了更深入的伪装和改造。可以这样解释，在实现表达之前，梦念需要克服特别强烈的内部精神阻抗。此外，我们还要对此梦出现的具有荒谬色彩的事实加以注意，即两个人要买三个座位的票。关于荒谬的事件需要特别强调的是“如此早早地结婚是荒诞的”的梦念，而“三”这个数字正好巧妙地满足了，它本是两人之间很不重要的年龄差——三个月。梦中会将一百五十弗洛林减少为一费洛林五十克鲁斯，事实上，是梦者受压制的潜意识思想中对其丈夫轻视的结果。

梦例三

这个梦例则表现了梦中的各种计算方法。因为这些方法的使用给梦招来了非议。一位男士梦到他来到一位旧识家拜访，并和他们讲：“你们阻止我娶玛丽是非常不对的。”而后他问身旁的女孩：“你现在多大？”她答道：“我是一八八二年出生的。”“噢，那你今年二十八岁啦。”

由于梦发生在一八九八年，因此这计算显然是错误的。若不是另有解释，就是梦者的运算能力和白痴一样。我的这位患者有个特点，他见了女人就想追。而在我这儿接受治疗的几个月来，排在他后面就诊的恰好是一位女士，他结识了她，并不断问询她的情况，而且很急切地想给她一个好印象。他猜测这位女士是二十八岁。这就解释了梦中的计算。而他正是在一八八二年结婚的。此外，他还总是会和我诊所的两位女佣搭话（她们已经不年轻了），往往是由她们给他开门，但因为她们的冷漠态度，他曾自嘲道，或许她们把他当成严肃的老绅士了。

梦例四

这是与数字有关的又一个梦例。它有着显著的早被决定或过度决定的特点。此梦以及它的解析由B.达特纳医生提供。“我住着的那所公寓的主人是位普通警员，在他的梦中，他在一条街上值勤（这是一个愿望的满足）。一位巡官走向他，其领章上的编号是二二六二或二二二六，反正上面有好多的二。”

> 圣乔治与龙

梦者会主动将“二二六二”分成“二十二六十二”来报告，就表明这个数字具有不同的含义。他讲道，做梦的前一天，他和警察局内同事就各位的服役年资进行了讨论，并提到一位巡官在六十二岁时退休，并领取养老金。而梦者目前只服务了二十二年，要领取到百分之九十的养老金，还需要再服务两年零二个月。此梦首先满足的是梦者长期想要达到巡官警衔的愿望，这个领章标号是“二二六二”的高级警官，就是梦者本人。他正在街上值勤又满足了他的另一个美好的愿望，即他已将剩下的两年零两个月的役期服满，因此他得以和那位六十二岁的巡官一样领取全部养老金。

对这些及下面将提到的梦例进行观察，我们可以得出一个确切的结论，即梦的工作并没有进行任何计算，也无关对错，它只是借用了计算的形式表现出梦念而已。因此，可以暗指某些无法用其他方式来表现的材料。这样说来，数字只是梦工作用来表达其目的的一种媒介，和以别的方法表达的其他一切观念一样，例如，文字表达的名字和言语。

虽然梦本身不能制造言语，然而梦中可呈现的言语和会话却是多种多样的，而不管其本身是否具有合理性。对梦的分析结果都无一例外地表明，其工作过程不过是以任意的方式组合由梦念中抽取的自己说过的或者是听说的言语片段。梦在使用这些片段时，先是将它们作取舍和分割处理，然后再将它们以新的次序排列出来。所以，对梦的内容中的一个连贯的言语进行分析，就会发现它事实上是由三四个分离的片段凑成的。在新的言语形式的构成过程中，梦往往都会赋予取自梦念中的字词以新意，而舍弃掉其原有的意义。若我们对梦中的言语仔细研究的话，就会注意到，它既含有一些相对清晰且紧凑的部分，又包含一些连接的部分，也许它们是后来加上的，就像我们在看书的过程中，会补上一些意外情况下漏掉的字母或音节一样。所以，梦中言语的构造就如同角砾岩似的，即各种不同种类的岩石块由黏合剂粘在一起。

严格一点讲，只有梦中那些具有"感觉"性质且又被梦者本人称作言语的部分才符合这种说明。而梦者不认为听过或说过的其他言语（即在梦中与听觉和运动感觉无关的），则只是和我们在清醒时产生的相同的思想，将会不进行任何改装地入梦。这类不经改变的言语是另一个梦的内容的丰富源泉，似乎是由阅读材料提供的，然而，任何作为显梦的内容的言谈，都能够溯源回梦者真实听过或说过的。

在之前为了别的目的而列举的例证中，已经提及了许多关于梦中言语的例子。以下的这个梦就很有代表性，它代表了许多具有相同结论的梦例。

梦者置身于一个正在焚烧死尸的大庭院里，说道："我要离开这里，我看不下去这样的景象。"（这 言语确实很含糊）之后，她遇见了两个孩子，他们是屠夫的儿子，他问他们："这个味道好吗？"有一个孩子告诉他："不，非常不好。"——这对话谈论的似乎是人肉。

此梦是这样产生的：在晚饭后，梦者和太太一起去一位邻居家拜访，邻居待人很好，但却不受人欢迎（不合人的胃口）。他们来到时，好客的老夫人恰好刚吃完饭，就强迫他（在男人来讲，强迫是带有性意味的玩笑短语）尝尝她的菜肴。他谢绝了，推说自己没胃口。她硬是说道："来，尝一尝吧。"因此，他迫于无奈尝了一下，并且奉承地说："味道很好。"然而，在他和太太一起走回家的路上，他却对邻居的坚持和其饭菜的味道抱怨起来。而在梦中，"我看不下去这样的景象"并没有呈现为一种言语，实则这句话是对那位硬要他吃东西的老妇人的体态的一个暗指，这个意思一定是他不想看她。

这里，我将要再讲到一个更富有启发性的梦例，我将用一个很明确的言谈作为它的核心来讲述，不过全面解释我将会在后面的梦中情感一节中再给出。我做了一个梦，并记得很清晰：我在半晚时分来到布吕克实验室，在一阵轻微的敲门声后，我前去开门。而后（已故的）弗莱切尔教授和一群陌生人出现在门口，他们走了进来，教授跟我搭了些话后就坐到了自己的位置上。然后，我又接着做了一个梦：七月的时候，我的朋友弗利斯轻装来到维也纳。我在街上碰到了他，当时他正在跟我的另一位朋友P（已故）交谈，而后我们三人一起来到一个地方。他们两人相对而坐，我则坐在桌子角处。弗利斯说到他姐姐，说她在四十五分钟之内就死去了，而且还说了类似“这已经是最高限了”的话。因为P不了解他的话，他便转过头来问我向P说了多少他的事。我当时受控于一些奇异的感情，因此极力地向弗利斯解释，P自然不能了解，他已经去世了。然而实际上我说的是“Non Vivit”——我注意到了自己的错误。随后我凝视着P。我的这一举动，使得他脸色苍白、身形模糊起来，而他的眼睛呈现出病态的蓝——最终，他消失了。对此，我感到很高兴，因为我认识到恩斯特·弗莱切尔不过是一个幽灵或者是一个“亡魂”而已。而我又产生了一种想法，即这种人的存在或消失是由人的意愿决定的，在喜欢时，他会存在；在不希望他存在时，他又会消失。

这个精巧的梦，包括了许多梦的特征。譬如说，我在梦中的评论，我错误地把“Non vixit”说成“Non vivit”，即他没活过，而不是他已经死了。我能察觉到对死人的轻松态度，在梦中和认为已死的人交往，我最后的荒谬结论以及由此获得的巨大满足感，等等。这个梦包含了太多谜一样的特征。若要对此加以详细说明，则要花费我更多的笔墨。然而，在真实生活中我不能像在梦中那样做，即为了自己的野心而不惜牺牲自己的好友。但是，任何的隐瞒都将会破坏我所理解的这个梦的意义。所以，我只会选择其中的部分成分来进行讨论。

这个梦的核心是我极具杀伤力地看了P一眼，他的眼睛变成古怪的蓝色，而后就消失了。这一场景无疑是自我真实体验过的一幕中抄袭而来。在我做生理研究所的指导员时，我需要一大早就来上班。布吕克得知我偶尔会迟到，于是有一天，他一早就来了并等着我。听了他简短而直指要害的话后，我并没太在意，反倒他那双凝视我的蓝眼睛使我非常紧张，我因它而紧张，正如梦中P的紧张情景一样。在梦中，我因角色的调换而感到心安。所有知道这位大师的人都知道，即使是在上了年纪后，他的双眼依旧非常迷人，见过他生气的神色的人，都会对这位年轻犯错者那时的心情有所体会。

然而，很长时间内，我都没能找出梦中的“Non Vixit”来源于哪里。最后，我记起来这两个字并不是我听来或说过的，而是很清晰地看到的，于是我立刻知道了它的出处。在维也纳霍夫堡（皇宫）凯瑟·约瑟夫纪念碑的基座上刻着这些感人的字：

Saluti Patriae Vixit

non diu sed totus.

（其意思是：为了使祖国富强起来，尽管他活得不长却尽职尽责。）

我从碑文中摘取了几个字来表达梦念中的敌意观念，它们暗示着：“在这件事情上，这个人没有发言权，他甚至并未活过。”由此我又想到，这个梦发生于弗莱切尔纪念碑揭幕后的几天内。那时，在大学走廊我又一次见到布吕克的纪念碑，而且必定会因此而对我早逝的朋友P在潜意识中产生惋惜之情。他的一生都献给了科学事业，却没能在这些走廊上为自己换来一座纪念碑，因此，我的梦中就出现了这座我为他树立的丰碑，而约瑟夫正是他的教名。

由梦的解析的原则来看，我现在仍不能说明从凯瑟·约瑟夫纪念碑碑文记忆中抽取的Non Vixit是如何替代梦念所要求的Non Vivit的。所以梦念中一定还有其他成分存在，就是它促成了这个置换。于是我又发现，在梦中我对朋友P的情感是两种感情的混合，它们同时以Non Vixit这个子句表现出来，即仇恨和柔情，其中前者由表面上就可看出，而后者则潜隐着。因为P对科学所做的贡献，我为他树立起一座纪念碑，又因为他不怀好意（梦的末尾处）所以使他消失。我发现，这最后一句的韵律十分特别，因此我内心必定已有了一个模型。对于同一个人同时持有两种相对的反应，但却又合理而没有矛盾，像这样的反题在什么地方可以找到呢？唯有文学上的一段文字——一段读者记忆深刻的文字，即莎士比亚《恺撒大帝》（第三幕第二场）中布鲁特斯所作的一段演说："因为恺撒爱我，所以我为他哭泣；因为他幸运，我为他高兴；因为他勇敢，所以我夸赞他。然而，因为他巨大的野心，所以我杀了他。"这些句子的结构以及其对应着的意义，与我梦念中所发现的，不恰好吻合吗？因此，我替代布鲁特斯出现在了我的梦中。如果我可以在梦念中找到一个附带的关联来证实这点就好了。我想到了这样一个可能的证据，"七月份，我的朋友弗利斯到维也纳来"，梦的这一内容在现实生活中没有任何事实基础。据我所知，七月间弗利斯从没来过维也纳。但既然这个月份是因为恺撒大帝而提出来的，因此这可能巧妙地暗示了我的一个中间思想——扮演布鲁特斯的角色。

奇怪的是，事实上我真有一次扮演布鲁特斯一角的经历。那次，我给孩子们讲解席勒的一出戏，其中有一幕讲的是布鲁特斯和恺撒。那时我十四岁，大我一岁的侄儿在一旁协助我，他由英国回来探望我们；所以他也是一个"亡魂"，他的回归为我带回了早年的游戏玩伴。在我三岁前的那段时光里，他都如影随形，我们相互关爱，也相互敌对。正如我前文暗示过的那样，这一童年关系很大程度上决定了我之后与同龄人之间的全部关系。那之后，我侄子约翰的性格的各方面发生了许多的变化，并且在我的潜意识中烙下深深的印记。他一定曾对我不好过，而我也一定没有示弱，因为我曾多次听过我父亲即约翰的祖父责备我道："你为什么要打约翰？"而我当时总是这样回应："因为他打了我，我要还回去。"当时，我还不足两岁大。一定是这一童年印象导致了我把"Non Vivit"转换成"Non Vixit"，因为小孩在童年后期会用"wichsen"（和英文vixen〔泼妇〕发音相同）一词来表示"打"。因此梦的工作就毫不客气地借用了这一关联方式。在真实生活中，并没有任何理由，使我对P怀有敌意，不过他比我优越得多。所以，他很适合充当我童年的玩伴，因而是我对约翰复杂的童年关系导致了我仇视P。这个梦我将会在后文再次提到。

七、荒谬的梦：梦中的理智活动

在解析梦时，我们不止一次地碰上了荒谬的元素，因此我们非常有必要对它的意义和起源进行探讨。

我将用下面的一些梦例使读者明白它们的荒谬性只是表面现象，一经仔细深入地研究，这种特性就会消失。以下的梦都涉及了梦者已故的父亲，它们看起来似乎只是一种巧合。

梦例一

这是一个来自一位父亲已死去六年的病人的梦：他父亲遭遇了一次重大的事故——他所坐的那班夜车突然脱轨了。车座挤压在一起，他的头被夹在中间。而后，梦者看见他在一张床上躺着，左边眉角上有一条竖直的伤口。对于父亲会碰上车祸，梦者感到非常惊诧（因为父亲已过世了，在叙述的过程中，梦者补上这样一句）。他清楚地看到了父亲的眼睛。

按一般人的理解，此梦应该这样解释：我们先假设，梦者在想象此意外发生时，忘记了父亲已死去多年。随着梦的继续，这个回忆必然会再次被记起，因此梦者会对梦的内容感到不可思议。然而由解析的经验可知，这是一种无关大局的解释。梦者曾请一位雕塑家为其父亲造一座半身塑像。就在做梦的前两天，梦者第 次去审查雕刻的进展情况。他认为的事故，正是这件事。那位雕塑家不曾见过他父亲，因此只能依据照片来雕刻。做梦的前一天，他指派了一位老仆人，去工作室观看石像，看他是否也觉得石像的前额雕得过窄了。接着，他就陆续联想到很多构成这个

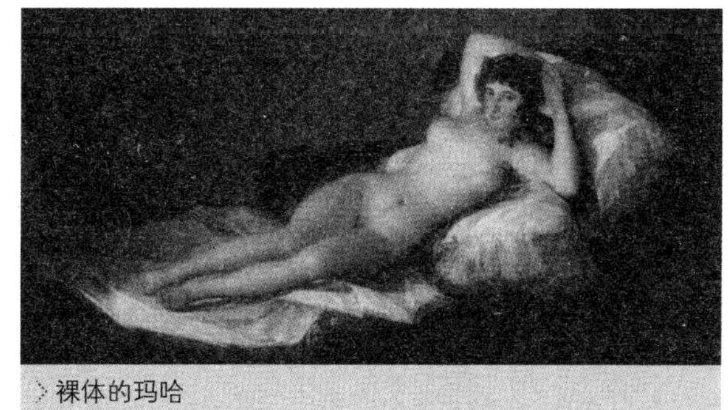

裸体的玛哈

梦的材料。在他父亲遭逢商业挫败或者生活艰难的时候，他往往会用双手挤压两边的太阳穴，就像是觉得头太宽似的，要把它挤窄些。在梦者四岁的时候，有一次，手枪走火，将父亲的眼睛弄伤了（对应于梦中的“父亲的眼睛非常明亮”）。出现在梦中的父亲左眉上角的疤，正是他生前每逢遭遇难事时，会显现皱纹的地方。而伤疤在梦中代替了皱纹的事实，又导出引发此梦的第二个原因。梦者曾为他女儿拍照，但一个不小心底片从他手中滑落，这导致底片上划出一道裂痕，而它恰巧在他女儿前额眉上。他觉得这是一个不好的征兆，他迷信地以为，曾经就是因为自己把母亲照片的底片弄碎，才导致母亲在数天后辞世的。

所以，此梦的荒谬性源于语言表达上的疏忽，它粗心大意地将半身石像、照片和真人混在了一起。在观看照片的时候，所有人都可能这样说：“你没觉得父亲哪里不对劲吗？”事实上，此梦的荒谬性轻易就能避开。并且在这个梦中，我们可以认为，其荒谬性是被允许的，甚至就是这样策划的。

梦例二

这是一个和上述的梦极度相似的梦，是我本人做的（家父于1896年辞世）。父亲去世后在马扎尔人的政治领域中扮演起了重要的角色，他们因为他而变成完整的政治团体。随后，我的面前出现了一幅非常不清晰的小画：一些人欢聚一堂，好像是在德国国会上。一个人脚踩着一张或两张椅子，其他人则分散在他的周边。我记得在去世时，父亲躺在床上的样子与加里波尔第十分相似，并且因为实现了诺言而面带微笑。

再没有比这更荒诞滑稽的了！这个梦做于匈牙利政局混乱时期——因为国会作梗而导致无政府的状态，最终因为苛洛曼·泽尔而获得拯救。梦中的那幅小画包含的细节景象对此梦的解析工作是有帮助的。梦念通常会以与真实等大的视觉图像表现出来，但出现在我这梦中的那幅小画的原型，则是一本奥地利史书中的一幅插图。它所描绘的是，在著名的“Moriamur pro rege ncstro”事件中，玛丽亚·特里萨现身于普雷斯堡议会上的情形。同画中显示着的玛丽亚·特里萨一样，梦中的我父亲的周围也围着一群人，然而他却脚踩着一两张椅子（“椅子”chair–stuhl）。他使他们联合成一个整体，如同一位主裁判一般（stuhlrichter，字面意思是“主席裁判”。而德文俗语“我们不需要裁判”将两者连接到了一起）。事实上，在我父亲死去时，我们围在床边，他的样子的确像是加里波尔第。父亲的体温在死后不断攀升，脸颊泛红，而且越涨越红……每当忆及此，我就会自然地想到：

Und hinter ihm in wesehlosem scheine

Leg was uns alle bandigt das Gemeine

（意思是：在他身后幻影里的是，紧密连接我们的纽带——共同的命运。）

这令人激动的思想还在另一方面为“共同命运”（gemain）的分析和理解做了准备。父亲死后体温升高和梦中的“他死后”相对。在死前的数周内，父亲的最大痛苦来源于肠道的彻底麻痹（作梗），这也是各种不敬念头的关联点。一位和我同龄的人，在读中学时，他的父亲就去世了——当时我也受到了很大的触动，并和他做了朋友。一次，他向我讲述了他一位女亲戚的不幸经历。她父亲在街上身亡，而后被抬回了家。在为其解衣时发现，他的裤子上沾有大便（stuhl），这可能是临死或者死后排出来的。这个肮脏场景，使他女儿深感伤心，并最终破坏了父亲在她心中的形象。至此我们发现了此梦所隐含的愿望，“即便是死去也要给孩子留下自己伟大和圣洁的印象”——有谁不希望这样呢？又是什么导致了此梦会如此荒谬呢？这是忠实呈现在梦的内容中的一个暗喻的作用的结果。虽然此暗喻有着它的合理性，然而其成分间所含有的荒谬性却往往会被我们忽略掉。此例再度加深了我对荒谬性是有意且精心设计的说法的认同。

死人常常会出现在梦中，他们就像活着似的，和我们一起活动，建立各种联系，因此时常会造成许多不必要的惊诧，并且导出一些有影响的解释——而这不过使我们对梦的意义的不了解更加凸显罢了。事实上，这些梦的意义并不难发现。我们时常会这样想：“如果我的父亲没有死去，他对这件事会是什么样的看法？”而这种“如果”是梦不能够传达的，它只能将相关人物表现到某种情况之中。譬如说，一位年轻人继承了其祖父的一大笔遗产，在他因为花去很多钱而悔恨时梦到：他祖父又活了过来，并且要求他解释此事。如果我们了解并且确信，他祖父确实已经死去，那么我们就能够判定，这个梦的批判性只不过是一种慰藉的想法，所幸的是他祖父没有亲眼看见他大手大脚花钱；或者是一种惬意的满足感，即他祖父不会再在花钱上干涉他了。

若梦者梦到曾经喜欢的已故的人，那么此梦解析起来会相当麻烦，并且往往不能获得彻底的解释。这是因为梦者和此人之间存在着特别激烈的矛盾情感。此种梦常见的形式是：死去的人起初复活了，而后又突然死去，再后来又活过来。人们因此而难以理解。不过我渐渐明白，梦中的又死、又生的交换，表示的正是梦者的冷漠，即他是死是活对我都一样，我不在乎。自然，这个冷漠并非事实，它不过是种愿望罢了，它的目的是使梦者否定他那强烈并对立的情感态度，即形成于梦中的矛盾情感的表征。在一些与死人发生关系的梦里，这种不规律能够帮助我们理解。若梦中未提及那人已死的事实，则是梦者将自己看成已死去的人，即他是在以自己已死为内容做梦。若在梦的形成过程中，梦者忽然惊奇地自语道：“嗨，他都过世好久了”，这则表明他在否定这个等同，否定自己已死。但我愿意欣然承认，对此梦的解析还未能彻底地揭示出这类梦的秘密。

梦例三

这个梦例所关注的是，梦的工作刻意制造出来的荒谬活动，而这种荒谬性就梦的原始材料来看，是不可理解的。我在为度假做准备期间，偶遇了图恩伯爵后的不久做了这个梦：我坐在一辆马车里，要车夫送我去火车站。在路上，他发起牢骚来，似乎他已经累得不行了，我回道：“我自然不会让你载着我沿着火车道走。”看样子好像我们已经驱车驶过一段通常由火车完成的路段。在对这个繁杂且不重要的梦分析后，我得到这样的结果：做梦的前一天，我租了辆马车，要求他送我去多恩巴赫的一条僻静的街道。但车夫却不知道路线，于是便带着我胡乱地转，在我发觉这一情况后，给他指明了方向，并就此责备了他。在后来对此进行分析时，我由这个车夫想到的是贵族。当时，在我们这些中产阶级人士的潜意识里，贵族都很喜欢坐在车夫的座位上。实际上，整个奥地利国家那时就是由图恩伯爵驾驭着的。

梦的第二句则是指我哥哥，因此他也被我赋予了御者的身份。那年我和他的意大利之旅被我取消了——“当然，我不会和你驾车沿着火车道走”。计划之所以会取消，是为了惩罚他，因为他总是埋怨我在旅行中使他受累（这一点忠实地呈现在了梦中），说我习惯于在很多地方中换来换去，在一天中看了太多的风景。做梦当晚，哥哥和我一起去火车站，在还未到站时，在郊区，他就跳下了车，他要乘郊线车到伯克斯多夫去。我告诉他，我们还可以同行一段路，他可以坐干线车去伯克斯多夫。这就引起了梦中的那段我坐马车驶过一段通常要乘坐火车来完成的路程的内容，这正好颠倒了事实——是一种“你也是”式的争论。当时我对哥哥这样说：“你可以和我一起坐干线车，来完成你要坐郊线车的那段路。”所有混乱的连接点就是我在梦中用“租用马车”替换了“郊线车”（正是这个替换把我哥哥的形象和御者联系了起来）。如此，我就成功地在梦里创造了一些看起来不可解释的事情，并且和我在梦中说的话相互冲突（“当然，我不会和你驾车沿着火车道走”）。但由于我没有任何必要使郊线铁路和出租马车混淆在一起，因而我必定在梦中故意安排了这谜一样的事件。

但何以会如此呢？现在，我们将对梦的荒谬意义和允许甚至故意设计荒谬的动机展开探究。上述梦的解释是这样的：我需要在梦中为“fahren”这个字加一些荒谬以及难理解的关联，因为梦念中具有一个要被表现的特殊判断。一天晚上，我梦到我在一位热情好客的女士（她在同一个梦的其他部分扮演的是“女管家”的角色）家里，我被问及两个非常难猜的字谜。因为在场的人都已知晓谜底，而我又无法解答，所以我就乱猜一气，无疑，我成了笑柄。这两个字谜分别是由“Nach-kommen”和“Vorfahren”两字的语意双关形成的，谜语的内容是：

Der Herr befiehlt’s,（御者遵从了，）

Der Kutscher tut’s.（主人的吩咐。）

Ein Jeder hat’s,（它躺在坟墓中，）

Im Grabe ruht’s.（为每个人所拥有。）

（谜底：“Vorfahren”，意为“驾驶”、“祖先”，字面意思为“前来”和“以前的”。）

比较困难的是，另一个字谜的前段和上一个完全相同：

Der Herr befiehlt’s，（御者遵从了，）

Der Kutscher tut’s.（主人的吩咐。）

Nicht jeder hat’s，（不是所有人都拥有的，）

In der Wiege ruht’s.（它在摇篮中休憩。）

（谜底：“nachkommen”，意即“跟在后面”、“后裔”；字面意思是“跟着来”和“继承者”。）

在目睹图恩伯爵庄重地到来，并听了他很有耐心地赞美绅士后，我不禁坠入费加罗式的心境，梦的工作就利用这两个字谜充当了中间思想。由于贵族和御者很容易就会被搞混，此外我们曾称呼驾车人为“schwager”（“车夫”或“姐〔妹〕夫”），因此，凝缩作用又将我哥哥引入梦中。但是，这个梦的隐含意义是：“若说沾祖先的光是荒谬的，那就使自己成为祖先。”恰恰是这一“是荒谬的”的判断，才造成了梦中的荒谬。此外，这也使梦的其他不明处变得明朗化，即我为什么

> 生与死

会以为我之前与车夫驾过一段路程了，这是因为：Vorhegefahren（已驾过）——Vorgefahren（驾到）——Vorfahlen（祖先）。

所以，若梦念中某些东西具有“荒谬的”成分，也就是说梦者的潜意识里包含有批判或嘲弄的动机，那么这个梦就是一个荒谬的梦。所以，同梦的内容中颠倒某些梦念关系颠倒或者借由动作被压抑的感觉等方法一样，荒谬也是梦工作表现相互矛盾的一种方法。然而，却不能将梦之荒谬简单译成“不”，它的核心旨在使梦念的心境重新显现，正是梦念将嘲弄和矛盾合成为一体的。就是因为这一目的，梦的工作才会造出一切荒谬的东西来。而借由这种方法，隐梦的一部分也直接转变成显意。

梦例四

这是另一个与逝去的父亲有关的荒谬梦：我收到市政务会寄来的一封信，内容是关于1851年某人在我家突发痉挛而住院的医护费用问题。这事令我感到很奇怪，原因之一是，1851年还没有我；其二，这可能是关于我父亲的事，但他已过世了。我来到隔壁房间见他，然后把事情讲述给他听，他正躺在床上。出乎我意料的是，他记得1851年，他有一次因醉酒而被关禁闭，那时他正服务于T公司。我问道：“那么你就是经常喝酒了？那之后你是不是很快就结婚了呢？”算来我正是1856年生的，那似乎是信中提及的年份的下一年。

由上面进行的讨论我们可知，此梦侧重于荒谬性的表达，只是对梦念中某个令人痛苦的强烈争论的暗示。更为蹊跷的一点是，梦中的争论公开地表达了出来，而嘲笑的直接对象竟是我父亲。而表面看来，这种公开性似乎和我们的梦工作的稽查作用不统一。但我们发现，在这个梦中，我父亲只是作为一个假面形象呈现，而讨论的对象实则是一位潜藏着的人物时，这种情况就好理解了。

虽然通常情况下，梦所表现的都是对其背后隐藏的梦者父亲这一人物形象的反抗，但在此梦中，表现的却是相反的情况。此梦中出现的我父亲代表的是另一个人。如此，梦才得以在这种不加伪装的情况下对一个通常被视为神圣的人进行处理，这是由于我确认了我真正的梦中敌手不是我父亲。此梦会这样呈现的原因，是因为它有一个有趣的动机。我是在听说了我的一位年长的同事对我的一位病人的精神分析治疗已进入第五个年头而感到吃惊和怀疑后，做了这个梦。梦开头的那几句显然是以伪装的方式暗指着一个事实，即此同事接替了我父亲不再能胜任的职责——承担医院的费用问题。而在我们失和后，我陷入了一种与父子之间发生误解时所产生的一样的情感冲突中，即因为父亲的地位以及他以前所提供的帮助而不可避免会产生的一种情感冲突。梦念指的是对那位责备我进展太慢的同事的强烈抗议，这个指责最先针对的对象是我对病人的治疗，而后又波及其他事物。我想，莫不是他知道有谁治得比我更快？难道他不知道，这种病几乎不能治愈并会伴随病人终生吗？相比之下，四五年值得一提吗，何况在我的治疗下病人觉得生活更舒适更美好了呢？

我们之所以会对这个梦留下荒谬的印象，是因为其中大多数自梦念而来的句子不经转换过渡就直接拼凑到了一起。譬如说，“我来到隔壁房间”的句子和其前句的主题就没有关联，并且这正好准确地再现了我当初没有征得父亲的同意就定下婚约的情景。因此，这句话展示了我那位老父亲的宽宏大量，同时他还是另外某个人行为的鲜明对照。需要注意的是，在梦境中我父亲会成为受嘲弄的对象，是因为他在梦念中的受人尊敬的楷模身份。而稽查作用又有着这样的特性：不允许谈论被抑制的事物（事实），但却允许关于此事物的谎言。

下一句，讲的是他记起“有一次因醉酒而被禁闭”，其实已和我父亲无关联。他代表着的人物完全就只是伟人梅纳特。我曾抱着无比崇敬的心情追逐他的足迹，而他回敬我的除了开始阶段的些许赏识外，就只是公然的敌视。由此梦我联想到了一些事，他曾对我讲，他年轻时曾一度耽于氯仿使自己中毒，而被送入疗养院。还有一件发生在他临终前的事。我曾就男性歇斯底里症，和他进行过长期论战。在他病危住院期间，我拜访了他。他详细地向我描述了他的病症，并且笃定地总结道：“你要了解，我就是男性歇斯底里症最好的病例。”对于他承认了他一直固执反对的事的行为，我大感吃惊并且感到满足。在这个梦中我之所以会用我父亲来掩盖梅纳特，原因不在于我看出了他们的类似点，而是梦念中的一个条件从句的既简洁又完全的表达，即“若我是教授或枢密顾问官的后代，那么我就一定能进展得更快。”因而在梦中我给父亲加上了教授或枢密顾问官的头衔。

此梦中的最荒谬之处要数1851年这个年份了，看上去它似乎和1856年没有差别，似乎五年的差异可以忽略不计。梦念所要表达的即在此。四五年的时光又恰好是我前述的得到梅纳特支持的时间，同时也是我许诺未婚妻的等待我们结婚的时间，而且非常凑巧地这也是梦念迫切寻求的一种巧合，因为这又是我治愈病人所要花费的最长时限。“五年意味着什么？”梦念如是说，“在我看来，它不算什么，可以完全忽略掉，我还有大把的时间。正如你所不相信的事情，我最终还是实现了一样，这件事我亦能很好地完成。”此外，五十一除了是代表年代的数字外，它本身是由另一种方式决定的，而且含有对立的意义，这也是它会多次在梦中出现的原因。对男人而言，五十一似乎是个非常危险的年岁。就我知道的，我的好几位同事在这个年龄死去，而其中一位是在得到了期待已久的教授头衔后的数天内突然死去的。

梦例五

这又是一个玩数字游戏的荒谬梦：一篇文章激烈地抨击了我所熟知的一位先生M，我们猜想这位批评家可能是歌德。自然，这攻击极大地影响了M先生，他在餐桌前不停地向大家抱怨。然而，他并没有因此而减少对歌德的尊敬之情。我试图捋清它的时间顺序，然而又似乎不太可能。歌德于1832年逝世，因为他的抨击要早于这个时间，所以那时的M先生一定还十分年轻，可能只有十八岁。但又因为我不确定我现在所处的年代，因而整个计算变得一团糟。

我和M先生是在餐桌上认识的。数天前，他要我为他那位全身瘫痪的弟弟做检查。我证实了他的怀疑。在此次检查中有一段尴尬的小插曲。在和患者交谈中，他无意间说出了他哥哥幼时干过的蠢事。我向他询问他的出生年月，并且还给了他些简单的计算题做，以测验其记忆力的损伤程度，然而他却做得很好。由此看来，我在梦中的表现就像是个瘫痪病人（我不清楚现在所处的年代）。

梦的其他部分则可溯源到另一件近事。我的一位从事医学杂志编辑工作的朋友，近期发表了一篇言辞激烈的批评文章，而他抨击的对象是我的另一个朋友——柏林的弗利斯。写这篇文章的是一位缺乏判断力的年轻评论家。我想要干预此事，并认为自己有权力要求其消除不良影响。编辑为此事致歉，认为不该发表此文章，然而却不愿做出任何更正。因此我和该杂志社断绝了关系，但在断交信中我表示，希望这件事不要影响到我们的私人感情。我的一位女病人为我提供了此梦的第三个来源，那是她对患精神疾病的弟弟在狂暴中喊叫“自然！自然！”的描述。医生们认为这种呼喊源于他阅读了歌德那篇《论自然》的批评文章，并且还认为他在自然哲学研究方面太过劳累。但我的理解是，这是性的暗示，就是在未受过教育的人中，此词也是如此使用的。而后来的一件事证明我至少没有错，那位不幸的病人切除了自己的生殖器，当时他年仅十八岁。

我说过，所有的梦都是受利己主义动机驱使的。发生在那位十八岁病人身上的事以及医生们对他呼喊的“自然”的不同解释，都暗示了我对精神神经症的性的病因论与大多数医生的意见相左。所以，我可能是这样告诉自己的：“你朋友受到的那种批评也可能施加到你身上——其实，已经出现了一定程度的议论。”所以，梦中的“他”可以换成“我们”：“是的，你是正确的，我们是不折不扣的笨蛋。”而由于梦里的那个起暗示作用的歌德那篇短小精悍的论文，我又记起“我正在思考”，在中学毕业时我对选择何种职业深感迷茫。而正是在一次演讲上，听到有人诵读此文章后，我才下定决心要从事自然科学的研究。

梦例六

在前面的章节中，我亦提及了一个没有我的呈现的梦，然而它也一样是自我主义的。在上文的一个短梦例中，M教授说道：“我儿子患了近视……”当时我说这是一个序梦，是另一个和我有关的梦的开场白。以下就是当时省略了的主梦——其内容结合了荒谬和令人费解的言语形式，是要经过深入分析才能了解的梦。

罗马城因爆发了某些特殊事件，而必须将孩子们转移至安全地带，我们最终顺利地完成了此项任务。然后梦的场景转移到一个古式双扇大门前，我隐约觉得它是西恩纳的“罗马门”。我在一个喷泉边坐着，很伤心，就像要哭出来似的。一位女士，可能是侍女或者是修女，牵着两个男孩，将他们的手交到他们父亲手上，这位父亲不是我。那个较大的孩子显然就是我的大儿子，但没有看清另一个孩子的脸。那位女士要求孩子们和她吻别。她鼻子红得刺眼，孩子们拒绝吻她，伸手向她挥别，并说道：“Auf Geseres！”而后又对我们两人（或我们中的一个）说：“Auf Ungeseres.”我想这最后一个短语表示的一定是好感之意。

> 自由女神邀请艺术家参加第22届独立沙龙展

这个梦是在我看过一出名为《新犹太人区》的戏后做的，它使得我思绪纷乱。犹太人的问题与他们子女的未来命运息息相关，不能拥有自己的国家，没有很好的教养子女的方式，不能自由地跨越国界——凡此种种，都易于在相关梦念中辨识出来。

“在巴比伦的河边，我们坐下来哭泣。”同罗马一样，西恩纳因为美丽的喷泉而闻名。若要梦到罗马，那么就必须选一个已知的地点来取代它。邻近西恩纳罗马门的地方，有一座庞大且辉煌无比的建筑物，即曼利柯米欧疯人院。在做此梦的不久前，我听说一位和我有着同样宗教信仰的人，被迫辞去了他好不容易才在疯人院争取到的职位。

短语“Auf Geseres”（在梦中呈现出的情况让我们记起“Auf Wiedersehen”〔再见〕）以及其无意义的反义词“Auf Ungeseres”激起

了我极大的兴趣。自语言学家那里得来的知识表明，“Geseres”这个字眼是真正的希伯来文，是动词“goister”的衍生字，翻译过来的准确意思是“受苦”或“厄运”。在俚语中，它可被大概译为“哭泣与哀悼”。而“Ungeseres”这个字眼则是我本人的发明了，最先吸引我注意的就是它，起初我并不明了它的意义。但当看到梦结尾处的那句“Ungeseres”的喜爱之意比“Geseres”更加强烈，我的联想之门就打开了，同时它也说明了这个字的意思。

鱼子酱也具有这种关系：不咸的（ungesalzen）鱼子酱比咸（gesalzen）鱼子酱更受人偏爱。“将军的鱼子酱”是贵族的象征，这其中包含着我对我的一位家庭成员的玩笑式的暗喻。由于她较我年轻些，所以我希望将来她能替我照看我的孩子。这恰好是与以下事实相符的，即我家的另一个成员、我们能干的保姆，以侍女或修女的形象出现在梦中。尽管在“咸——不咸”与“Geseres—ungeseres”之间仍没有中间过渡观念，但这可以从“发酵——不发酵”（gesauert—ungesauert）的关系中找出。

逃离埃及的时候，以色列的子民没顾上发酵他们的生面。于是他们在复活节时吃不发酵的面团，以此纪念。这里要穿插一个我在这部分的分析中突然产生的联想。上个复活节期间，我和柏林的一位朋友来到我们都不熟悉的小镇布累斯劳。我们悠闲地走在街上，而后跑来一位年轻姑娘向我问路，我如实地告诉她我不知道。接着我就对身旁的朋友讲：“但愿这小姑娘在长大以后，会有敏锐的眼力辨识指路人。”

不久，我看到一个门牌，其上写着：“海罗德诊所，工作时间……”我又对朋友讲：“希望这位同行不是儿科医生。”同时，我的朋友向我讲述了他关于两侧对称的生物学意义的看法，并说道：“如果我们也和独眼巨人一样只在前额中央长一只眼睛……”由此可导出序梦中那位教授说的话：“我儿子患了近视……”现在我就找到了“Geseres”的主要来源。M教授的儿子现已是一位独立的思想家。很多年以前，在他还坐在学校的板凳上念书的时候，就患了眼疾，并且医生还将他的焦虑归咎为此种疾病。医生告诉他，若眼疾只是局限在一侧，那么就没什么要紧的，而若是另一只眼睛也受了感染，那就麻烦了。随后他的那只病眼很快就好了，然而不久后另一只眼又表现出了感染的迹象。这一情况吓坏了孩子的母亲，他将医生请到家里——很偏远的乡下。医生检查了另一边后，对孩子母亲大声吼道："你为什么要说它是Geseres（厄运）呢？如果一边好了，那另一边也一样会好的。"最终的结果证实他是对的。

此刻我们所要探究的是所有这些和我以及我的家庭的关系。M教授儿子读书时所用的课桌，后来被他母亲转赠给了我的长子，在梦中正是通过他讲出告别话的。这一转换所隐含的愿望很容易就能猜到。梦中引入这张桌子也意在借用它避免孩子出现近视和单眼视力的功用，所以近视以及两侧对称才会呈现在梦中。我会对单侧性关心不止是有一层含义，它不仅指身体的一侧性，同时也意指智力发展的一侧性。梦中出现的一切荒谬不就和这一关注相矛盾吗？孩子在这一边说了道别的话后，又转向另一侧说与之相对的话，似乎是为了维持一种平衡似的。他的行为暗示着要注意两侧的对称性。

于是，看似最荒唐的梦意义也就最深刻。任何一个时代，那些想要说些话，但又知道说出来会对自己造成影响的人一般都会为自己冠以愚笨的名义。这些犯禁的话若被说得含有自我解嘲的意味，那么听众就会更容易容忍它。戏剧中的那位不得不装疯卖傻的王子，他的行为就是梦在现实生活中扮演的角色，因而我们可以用哈姆雷特的自白来为梦注释，即在机智和不可解的外衣下掩藏着真相："我不过是在刮西北风时才发疯，而当风转向南吹的时候，我就不会再将苍鹰与手锯混淆了！"

至此，梦的荒谬问题已被我解答完了，即梦念绝非荒诞无稽的——无论如何，正常人的梦念从来不会是荒谬的。而梦的工作之所以会制造出荒谬梦或含有荒谬成分的梦，是为了使梦念之中的各种批判、滑稽或嘲笑得以表达。

我下面的任务是，揭示梦的工作只包含我前文已提及的三个因素（即凝缩作用、移置作用和梦的表现力）以及以下即将讲到的第四个因素。梦的功能只是在遵从这四个因素的条件下对梦念进行翻译而已。而心智活动会以其全部官能或部分官能参与梦的形成，是一个与事实脱离的错误的观念。无论如何，大量的梦中常常会出现一些判断、一些批评、一些赞赏，甚至对梦的部分因素表示惊讶，并在某些时候对其进行解释或争辩等，因此，下面我将借由一些挑选出来的梦例来分析这些事实引起的各种误解。

简而言之，我是这样答复的：所有呈现于梦中的判断功能的显在活动，都不能被当作梦工作的理智结果，而只可以视为梦念的材料，它们只是以现成的结构从梦念进入梦的显意中的。对此，我甚至还可以进行更进一步的引申。即便在醒后对梦之回忆所下的断言，以及伴随梦的重现而产生的情感，都是隐梦的一定程度的表露，并都是梦的解释的一部分。

1.关于这类梦，我已引用过一个非常明显的例证。一个女病人拒绝向我谈及她所做的一个梦，原因是“它很含糊，不清晰”。她的梦中出现了一个人，但辨认不出是她丈夫还是她父亲。而后梦的场景切换到一个垃圾箱（Misttugerl），由此触动了下面的回忆：一次，她刚收拾完屋子，就有一个年轻亲戚来访，在与他的谈话中，她戏称下一步的工作是要找来一个新垃圾箱。次日早晨，就有一个新的出现在她面前，不过里面却插满了山百合。梦的这一片段是一个常用语（德国谚语）“不是长在我自己提供的肥料——粪便上”的表达。经分析发现，此梦念可上溯到梦者小时候听过的一个故事。那讲的是一位姑娘怀了孕，但却不清楚孩子是谁的。所以，此梦的表现又再渗入到真实的思想中，即一个梦念成分在清醒时刻对整个梦所下的断言中得到了表现。

2.这里有一个与上述梦例相似的梦。它来自我的一位病人，梦者本人认为它是一个很有趣的梦，在做了这个梦后，他的第一反应就是：“我一定要把它讲给我的医生听。”分析的结论是，这显然暗指着一种通奸关系。此种关系在治疗初期就存在了，而他并没有向我坦白。

3.这个梦来自于我本人：我和P一起走在去医院的路上，我们途径了一个区域，那里有整片的房屋和花园。我当时冒出了一个想法，这一场景我曾多次梦到过。我对这条路并不熟，P指给了我一条一拐弯就到饭店的路（在室内，而不是在花园里）。我还询问了多妮夫人的情况，得知她和她的三个孩子生活在后面的一间小屋里。我走向那里，而在抵达前，一个模糊的人影引起了我的注意，那里有我的两个女儿。和她们一起站了一会儿后，我带走了我的女儿们，同时我责备我妻子不该把她们留在那儿。

醒来后，我感到极大的满足，因为我想我会由这一分析获知“我多次梦到此地”的真实含义。而事实并不如我所料，分析没有告知我关于这类梦的意义，反倒向我呈现，这种满足属于隐梦，而非关于梦的判断。使我感到满足的是婚姻给我带来了孩子。P和我有相似的生活经历，而后来却在社会地位和物质上都远远超过了我，然而他婚后却一直没有小孩。与此梦相关的两个事件，尽管不足以将梦的解释彻底地交代清楚，但却明确了它的意义。做梦的前一天，我读到了关于多娜（梦中改名为多尼）夫人逝世的报道，她的死因是难产。我妻子对我讲，负责为多娜接生的和为我们最小的两个孩子接生的是同一个人。我会注意多娜这个名字，是因为不久前我读到的一本英语小说中提到了它。另一件事情是做此梦的日期，那是我长子生日的前一天晚上——他仿佛带有些诗人的特质。

4.相似的满足感还产生于，做了那个我父亲死后在马扎尔人的政治领域中发挥了作用的荒谬梦醒来后，并且我认为它是伴随梦中最后一幕而生的情感的真实体验。我记得父亲临死前躺在床上的样子与加里波尔第十分相似，并且因为实现了诺言而面带微笑……（还有后续部分的，但我已记不清了）。在分析后，我能够填补上梦的这块空白，它与我二儿子有关。我替他取了一个和历史伟人（克伦威尔）一样的名字。自我童年时起，我就深深地被这位伟人吸引，特别是在我访问英国后，这种感情愈加地强烈。在孩子未出生前，我就决定若是个男孩就叫这个名字。而孩子出生后，真的是男孩，我感到极大的满足（在此不难看出，为人父所具有的那种被潜抑的自大狂倾向是如何通过思想的方式传给子女的。而在真实生活中，这似乎是在必要时刻此种压抑感情得到实施的途径之一）。而小孩子会呈现于梦中，是因为他和那个将死的人一样——易于把屎拉在床单上，我们可以用同样的类比方法，将Stuhlrichter（总裁判，字面意思是“椅子”、“屎”的裁判）和梦中出现的在自己的孩子面前维持伟大和不可侵犯的姿态进行比较。

5.接下来我的探究对象是梦中所表现的决断，而不是那些继续呈现于睡醒时刻或者是睡前时刻的判断。为了对这点加以证明，我引用了为其他目的而记录的梦例。在那个关于歌德抨击M先生的梦例里，就含有很多的

幻想

判断活动。“我试图捋清它的时间顺序，又似乎不太可能。”无论从哪个方面看，这都是对歌德竟会对我所熟知的一位年轻人猛烈抨击这一荒谬事件的批判。“我猜他可能有十八岁”，这尽管有些含糊，但听起来像是计算出来的结果。而末尾的那句：“我不确定我现在所处的年代”，似乎是梦中的一次不确定。

初看之下，上面提及的这些句子似乎都是梦中的决断。但分析后发现，这些话都另有深意，而且是此梦的解释的必要成分，同时又有助于消除梦的各种荒谬迹象。“我试图捋清它的年代顺序”一句将我置于我的朋友弗利斯的处境中——他正致力于搜寻人生的编年资料。如此，它就失去了作为反对前面数句荒谬性意义的判断力量。那句插入的话“又似乎不太可能”应接于下面的句子“我猜想他可能有十八岁”之后。在那个那位向我讲述她弟弟个案史的梦例里，我用了几乎一样的字句。“他喊叫‘自然！自然！’会与歌德有什么关系？这是我未能理解的。而我的看法是，这更可能和大家所熟悉的性意义有关。”在此梦例中，的确表达过某个决断，不过却不是发生在梦里，而是被梦念记起又加以利用的真实生活中。梦的内容在利用这个判断方面和它使用其他梦念片段的方式并无差别。

在梦中，被判断假借的“十八”这个数字，保存了它来自真实判断的痕迹。末尾的那句“我不确定我现在所处的年代”，则只是为了使我和那位瘫痪病人更加相似。在我为他进行检查的过程中，这种想法真实产生过。

看起来这些研究像是梦的评论结果，然而它们却使我想到在前文讲过的梦的解析原则，即我们必须视梦的各成分是独立的个体，并为每一个元素找到其所对应的缘由。梦是一个聚合的整体，但在对其进行研究时必须将它再度复原为若干片段。但在另一方面，梦中有一种精神力量在运作，正因为它的存在成就了其表面的联系，即将梦的工作利用的材料加以“润饰”。这里，我们又发现了另一种重要力量，后文中我们将会把其视为构成梦的第四种因素进行探讨。

6.这又是一个我记录下的梦中形成判断的梦例，我曾在前文引用过它。在那个关于市政务会寄来通知书的荒谬梦中，我这样问：“那之后不久你是不是就结婚了？”算来我就是在1856年生的，那似乎是信中提及的年份的下一年。这一切似乎都在一套逻辑结论外衣的包裹下。在我父亲发病之后不久，即1851年，他结了婚。当然，身为家中长子的我，生于1856年，事实即如此。

我们已了解，梦中假设的结论都是为愿望满足服务的。而其主要的梦念是：“四五年压根就不值得一提，可以不加以考虑。”上述结论，不管其内容和形式如何的接近逻辑，都可以认为它是早就存在的梦念。而我同事觉得治疗周期太长的那位病人，决定结束治疗后就立即结婚。梦中我和父亲的谈话方式很像是一种问讯或考试，由此我又记起大学里的一位老教授，他喜欢询问并记录下每位选修他课程的学生的详细资料，诸如：“生日？”——“1856”。“父亲名字？”这一项，学生被要求说出自己父亲拉丁文字尾的教名。我们猜测着，是否这位教授能由他们父亲的教名中推断出某些从他们本人姓名中得不到的推论。因此，梦中推断出的结论只不过是一个对梦念中的材料做出的推论的重复而已。这里，我们又有了一个新发现。无疑地，梦中出现的结论必定是源于梦念，不过在梦念中它的呈现形式可以是一段回忆材料，或通过逻辑的形式串联一些梦念。但不管怎样，梦的内容中的结论都一定是梦念中的结论。

知道这些后，我们可以继续上述梦例的分析。由那位教授的询问我联想到大学的学生注册表（我当时是用拉丁文填写的），并联想到我的主修课程。医科规定的学制是五年，而这对我来讲太短暂了。于是我默默地又多学习了几年。熟知我的人都觉得我是个浑小子，而且对我能否及格很是怀疑。之后我就迅速地报名参加了考试，尽管耽搁了些，我还是通过了。这重新强化了我的梦念，从而使我能向我的批评者挑战：“尽管因为我浪费了时间而使你们不信任我，但我最终还是通过了。由此可知，我的医学训练最终也会成功，事实本就是这样的。”

这个梦开头几句显然带有些争论性质。此争论甚至不是荒谬的，完全可能会在清醒时刻发生：我因为收到市政务会寄来的信而感到奇怪，原因之一是，1851年还没有我，其二是，此事肯定是关于我父亲的，但他已过世了。这两个论证不仅本身正确，而且，若我真的收到了这样一封信，它们也依然是我会提出的论证。

由上文的分析可知，此梦的梦念是内心深处的苦痛和嘲弄。如果我们假定稽查作用有充分的运作理由，那么我们就会了解到，梦的工作就是为了创造一些对梦念中存在的荒谬思想完全有利的反驳。但分析的结果表明，梦的工作并没有任意制作这种对应的自由，为了这个目的的实现，它必须运用梦念提供的材料。这就好比一个代数方程式，其中包含着（除数字外）加、减、根、幂等符号，却让一个不了解数学的人抄录它，结果他把数字和各种符号混淆了。

梦的内容中的两个论证可上溯到如下材料：那些第一次听见我对精神神经症的心理学解释的某些基础前提的人，总是会对我投以质疑和嘲讽的目光，每忆及此，我就感到十分痛苦。例如，我认为人生第二年（有时甚至是第一年）的印象会潜伏在那些之后发病者的感情生活中，而尽管这些印象受到记忆的扭曲和夸大，却是构成歇斯底里症状起始且最深刻的根基。而当时我就此点向病人说明时，他们会带着嘲弄用与新得到的知识类似的说法回应我，他们打算对还未发生的记忆展开寻找。而我对父亲在女儿最早期性冲动中所发挥的出人意料的作用的发现，亦受到了同样的冷遇。但无论如何，我有足够的证据为这一假设的正确性证明。同时我也知道，我的这一论断是基于正确性受到争议的推论之上，因此，梦的工作的模式正是运用那些我害怕受到争议的结论来导出一个正确的结论，这就是愿望的满足。

7.在一个梦的开头部分，梦者有对忽然出现的事物的惊讶表示，到目前为止我都很少论及这类梦。我被布吕克老先生叫来做什么很古怪的事。这是关于我自己身体下部的解剖任务，解剖我的骨盆和大腿。我好像在解剖室见到了它们，不过我却没有觉得自己身体缺失了什么，也丝毫没有恐惧的感觉。路易斯·N先是站在我旁边协助我，之后又和我坐到一起。骨盆已完全取出，我们能够同时看到它的上部和下部，两部分是一体的，还能看到有厚厚的肉色突起（在梦中，我想到的是痔疮）。覆盖在它上面的是一种类似皱褶锡纸的东西，我亦小心地将其剔出。当时我的双腿还在，而且在城里走动，但（疲劳的缘故）我叫了辆马车。我感到惊讶的是，马车向一处房屋的大门奔去，而大门居然就瞬间敞开了，马车穿过它，而在到达另一端的时候，转了一个弯，又回到外面来。最后，我和一位阿尔卑斯山向导做了一次旅行，我们走过一片不断变幻的风景区，我的行李由那位向导帮我扛着。在途中，因为体恤我的双腿，他还曾背过我。由于道路泥泞，我们傍着边缘行走。

一些类似印第安人或吉卜赛人在地上坐着，其中有位女孩。起初我还觉得惊奇，经解剖后，我还能在滑溜溜的地上走得这样好。后来，我们来到一间小木屋前，它的后面开了一扇窗。向导将我放下，同时将两个预先准备好的木板架在窗台上，搭建了一座跨越窗子后的深沟的桥梁，那时，我真的为我的双腿担心起来。但我们没有像计划那样跨越木板，我反而看见在墙边架起的木凳上睡着两个成年男人，在他们的旁边好像还睡着两个小男孩。仿佛就是踩着两个孩子跨越深沟的，而非木板。我从极度震惊中醒来。

凡是对梦的凝缩作用有些了解的人都会知道，详细地解释这个梦需要占用大量的篇幅。所幸的是，我在此只就其中一点进行讨论，作为“梦中的惊奇”的例子，就如同插入语“很古怪”表现出的那样。接下来我们开始此梦的研究吧。在梦中协助我的那位路易斯·N女士在一次来访中对我讲：“借给我一些书看看吧。”我递给她赖德·哈加德的《她》，并告诉她：“这是本古怪的书，但充满了隐意，永恒的女性，不朽的情感……”她插话道：“我已看过了。就没有属于你自己的东西吗？”“还没有，我的不朽之作还在进行中。”“那么你什么时候能完成你的那些终极解释的写作呢？你许诺过写一本我们都能看得懂的书。”她以一种讽刺的口吻问道。我知道，她只是别人的发言人而已，因此并没有辩解。我转而想道，即使只出版与梦有关的书，我本人也要付出巨大的代价，因为书中必然要公开我个人的许多隐私。

所以，梦里我被安排的解剖自己肢体的工作，其实是指分析我自己的梦。梦中布吕克老先生的出现是非常恰当的。在我开始科学研究的最初阶段，我就把自己的一个发现搁置了，直到在他的督促下，它才得以被发表出来。而和路易斯·N的谈话所引发的思想因为涉入太深而不能在意识中显现出来，但它们分散在了赖德·哈加德的《她》所引起的各种材料中。

“很古怪”这一判断不但适用于此书，同时还适用于同一作者著的另一本书《世界之心》。此梦的大量成分都来源于这两本极富想象力的小说。泥泞地带以及用来渡过鸿沟的木板源于《她》，而印第安人、女孩和木屋则来自《世界之心》。

那位向导在两本小说中都是以女性的形象呈现的，并都做了危险的旅行。《她》讲述的是一条不曾有人问津的冒险旅途，它通向一片未被发现的天地。我对此梦的记录显示，双腿感觉疲乏是白天真实感受到的，与之相伴而生的可能还有倦意和疑惑："我的腿还能支撑我多久呢？"《她》这场冒险之旅的结尾是：女主角（向导）没能为自己和他人找到新的天地，她自己也葬身于神秘的地下火海中。无疑，这种恐惧会在梦念中发挥作用。

那个木屋所象征的应是一具棺材或一座坟墓。但这个最不希望的梦念却成功地借助梦的工作实现了这一愿望的满足。我有过一次去坟墓的经历，那是与奥尔维托相邻被挖空了的伊特拉斯坎人的坟墓，是一个很狭小的空间，依墙放着两个石凳，其上躺着两具成年男人的骷髅，和梦中木屋的内部没什么两样，不过是石头换成了木头。梦似乎在对我说："若你一定要待在梦中的话，那么就让它是伊特拉斯坎人的坟墓吧！"借着这一置换，梦却把最不期待的转变成最受欢迎的了。

尽管梦可以把伴随着某种情感的观念转变成它的对立面，但却无法改变情感本身。因此，虽然孩子可以成功地完成父亲未成功的事情这一观念——这就是对小说中关于一个人的身份可以一代接一代地相传达两千年之久的一个新的暗喻，我仍会在惊恐中醒来。

无论提供多少梦例，它们都不过是在证实我之前所得到的结论——梦中的决断不过是梦念中的某些原型的复现罢了。通常来讲，这种复现常常都不太合心，而且还被插入到不合适的背景之中，但也有偶尔被使用得非常巧妙的时候，以致给人留下的最初印象非常深刻，像是梦中独立的心智活动一般。由此来看，我们下面应该对精神活动加以注意。尽管精神活动没有参与梦的构建，但它却能够把同一梦中来自不同地方的各成分联合在一起，使其具有意义且不相互冲突。但在开始这个主题的讨论之前，我们要先对梦中出现的情感进行考察，并且将它们与分析所得的梦念中的情感加以比较。

阿喀琉斯

八、梦中情感

由斯特克精细的观察，我们注意到，梦中所表达的情感，并不会像梦的内容那样在醒后会被轻易地忘掉。“若我梦见盗贼，并畏惧他们，那么盗贼自然是不存在的，但我感受到的害怕是真实的”。梦中感受到的高兴亦是如此。由此我们可以得出结论，梦里产生的感觉的强度与清醒生活中体验到的情感的强度不相上下；事实上，梦确实投入了更多的精力使情感加入到真实的心理体验中。而在清醒时刻，我们却很难这样做，因为，一旦一种情感和某一观念性的材料没有结合到一起，我们就无法对这种感情加以精神上的评估。而在清醒状态下，若情感没有和相应的观念内容在性质、强度上保持一致，我们就会觉得混乱。

我们往往会惊讶，梦中的观念内容竟不伴随着我们在清醒时刻必然会激起的情感结果。史特林姆贝尔曾主张梦中的意向不带有精神意义。不过在梦中，还想呈现颠倒的情况——一些看似不起眼的事件，却引发了强烈的感情冲动。因此，在梦中我可能处于一种可怕、危险或厌恶的情境之中而不感到害怕或者是感觉厌恶；反倒对一些无害的事情感到恐怖，或视幼稚的事情为好玩有趣。

但这种特别的梦生活之谜，会在我们进入隐意之后，迅速且彻底地消失，比别的所有梦的难题更快更完全。如此，我们就不必为它伤神了，因为它已不存在了。经分析可知，梦形成时，观念材料会被移置和替换，而情感却维持不变。因此，我们无需再为这种现象感到意外，观念材料经过梦的歪曲作用之后，自然和那不曾变化的情感不再相符合，这再正常不过了；而且在分析后能够把适当的材料恢复原始的样子，这也是不必惊讶的。

如果分析之前的正确材料，就接受稽查作用的抵抗影响的精神情节而言，此种奇怪就是它的构成成分，它几乎不受影响，而且单单依据它本身我们就能补上遗漏的思想。在精神神经症中，这要比梦表现得更加显著。因为神经症的情感是妥当的，至少就性质来讲是这样的，虽然神经质注意的移置可能会造成其强度的增大。若一个歇斯底里患者会因为自己对微不足道的小事的担忧而感到惊讶，或者一个强迫症病人惊讶于自己对一些不存在的事情的痛苦和自责，那么他们就走错了方向，因为他们将观念内容——无关大局或假想出来的事情——视为是基本的，所以他们的抗争也是没必要的，因为他们的思想活动是以这种观念为起点的。精神分析指示他们，情感有着合理性，并找到因被压抑而为一些代替物所置换的原本属于这个情感的观念，使他们回归正途。这一切的必要前提是，了解到情感和观念内容之间并不如我们通常以为的那样是有机统一体，而是两个分离的个体，它们的一起出现只不过是偶然糅合，因而在精神分析后，它们就能分离开。梦解析的结果显示，事实亦即如此。

接下来我将以一个梦例开始本节的分析，其中观念内容本来应当有感情的激动，但表面上却没有显示。而分析正是对这点的解释。

梦例一

在一片沙漠中，她看到三头狮子，其中一头正对着她咆哮，不过她却全然不害怕。之后，她一定尝试了要逃离它们，因为她正要爬上一棵树。但她却在树上发现了她那位教法文的表姐……

我询问出下列材料。梦者在梦中表现出的镇定源于她英文习作中的一个句子："鬃毛不过是狮子的装饰罢了。"她父亲的胡须造型与狮鬃极相似。教她英文的老师是莱昂斯小姐（Miss Lyons）。她收到了一位熟人寄来的一本洛伊（LOEWE，德语，意为"狮子"）的民歌集。梦中的三头狮子正源于这些，那她还用畏惧它们吗？她读过一本小说，里面提到一个黑奴因为同伴的煽动而反叛，结果却被猎犬追捕，为了活命他不得不爬上树。由于情绪的过度兴奋，她又想起一些记忆片段，例如，一本叫《飞叶》的杂志中讲述了如何捉狮子："用筛子筛沙漠里的沙子，就会将狮子留下来。"她还提到一则与某官员有关的有趣轶事，但却不是很合适：有人向一位官员问，问他为什么不去讨好上司，他回答说："上司已经在上面了。"至此，整个梦的解释就搜集完了。做梦当天，这位女士到她丈夫的上司那里去拜访。丈夫的上司极其礼貌地对待她，并吻了她的手。虽然他是个"Bigbug"（名人，德文为Grosses Tier，意为大动物），并且是她所在地的首府的"上流人物"，但她没觉得一丁点儿的胆怯。因此，这头"名流"狮子与《仲夏夜之梦》中的那头狮子相同，是指志同道合。所有出现在梦中而梦者又不畏惧的狮子均属此类。

梦例二

我要讲到的第二个例子，是那个梦见自己姐姐的小儿子死了并躺在棺材里，而梦者丝毫不伤心的梦。经分析我们获知，梦者不过借着此梦掩饰了她想再次见到她所爱的那个人的愿望而已，因为情感必须与愿望相一致，而无需配合伪装活动，因而她不痛苦也没感觉难过。

在某些梦中，情感确实和置换它来源的事件的观念材料有着一定的关联。不过在其他梦中，两者的分离就更明确了，之后和它所属的观念完全脱离，而和梦境新的因素组合在一起。此情况和我们对梦中判断活动的发现有着极大的相似之处。若一个重要结论包含于梦念中，那么在梦中也必具有一个，只是梦中的结论被置换到了一个不一样的材料中。此种置换所遵循的原则是反题对立。

下述的梦表现了这种可能，我已为此梦做了最详尽的分析。

梦例三

有座城堡，最初与海岸相接，而后又没有直接坐落在海上，而是经一条狭窄的运河与大海相连。P先生负责管理此城堡。我和他一同在宽敞的接待室站着，接待室有三扇窗户，可以看到扶垛，是类似城堡上齿状突起的东西。我是驻防部队的一员，可能是志愿海军官员。因为当时的状态是在作战中，我们担心敌人军舰会突然来袭。P先生做好了逃离的准备。他那残疾的妻子带着孩子们也生活在这危城里。在轰炸开始时，必须将大厅清空。他呼吸变得沉重，正欲转身离开。我拦住他，问他必要的时候我如何与他取得联系。在说了些什么后，他突然倒毙地上。可以肯定，我的问题一定施加给了他不必要的刺激。他的死没对我产生任何影响，之后情境转换到我在考虑要不要把他的遗孀留在城堡内，是否向上级报告他的死讯，而且作为地位仅次于他的第二长官，我是否要接替他掌管此城堡。我静静地站立在窗前，望着过往的船只。它们都是一些商船，在深蓝色的水面上匆匆而来，急急而过。有带烟囱的，有些筑有甲板（就像序梦中提到的车站建筑那样——此处没有描述序梦）。之后我弟弟出现在我身边，我们一起注视着窗外的运河。在注意到一艘船后，我惊慌地叫喊："战舰来啦！"结果表明，那只是我们自己的回航的船舰。后来，又出现了一只小船，中间是断裂开的，样子很滑稽。它的甲板上摆放着形状奇怪的杯形或箱形物品。我们齐声喊道："餐船来啦！"

飞驰的船舰，深蓝色的海面，自烟囱冒出的滚滚浓烟——这一切组成一种紧张和有着不好征兆的压抑氛围。

梦中情景的发生地是由我在亚德里亚海上几次航行的所到地（米拉梅、杜伊诺、威尼斯和阿奎雷尔）的复合体。我仍旧清晰地记得几个星期之前和我哥哥进行的那次阿奎雷尔之旅，那次旅行尽管短暂却很愉快。此梦亦对美国与西班牙之间的海战，以及受此战役影响我产生的对那些美国亲人安危的挂念进行了暗示。梦中可注意到两处情感。其一是应该表露感情的地方却没有表露，即城堡总督的死没对我产生任何影响。其二是在我看到我以为的敌舰时非常恐惧，而且睡眠中也都笼罩着恐惧感。此梦的建构非常完善，以致没发生任何明显的情感冲突。我不必为总督之死感到害怕，同时身为城堡新任总指挥，看见战舰，自然会产生畏惧感。分析后发现，P先生不过是我自己的替身而已（梦中呈现的则是正好相反的情况）。我正是那位意外猝死的城堡之主，梦念是对死后家人的将来境况的担忧，梦念中唯一使我感到痛苦的成分便在此。因此梦中的害怕必定是和这件事分开的，而和我认为看见了战舰的情节发生联系。另一个方面显示，与战舰有关的那部分梦念却是令人愉悦的回忆。一年前的夏天我们来到威尼斯，并在奇尔沃尼河岸住下来。有一天，阳光灿烂，我们站在窗子前远眺深蓝色的水面，眼前是热闹异常的场景。为迎接一只英国舰队的来临，一场盛大的接待仪式已经准备好。突然，我妻子如同孩子般欢快地喊道："英国舰队来啦！"我因为相同的话出现在梦中而感到惊异（在此，我们又一次发现，梦中言语来源于真实生活；我将在下文阐述，我妻子欢呼的"英国"一词亦是梦的工作的结果）。所以，在梦念与显梦的转变过程中，我亦完成了欢乐与恐惧的转换，而且，我想要提示大家的一点是，转换本身就是隐梦的一个部分的表达。此梦例显示，梦的工作能够切断情感与梦念的原有联系，而后随意将其安插在经它们挑选的全部梦的内容之中。

现在，我想详细地分析一下"餐船"，梦因为它的出现而打破了一直保持合理连贯的情境，得到了一个无意义的结论。于是，我仔细地回忆梦中的这一物象，并惊讶地发现，它是黑色的，同时因为中部最宽的部位被截断了，它极像是我在伊特拉斯坎博物馆里看到并感兴趣的那个物件。那是一个黑色长方形的陶制托盘，有着两个把柄，上面摆放着类似于咖啡杯或茶杯的东西，和我们今天所使用的餐具很像。经询问，我了解到它是伊特拉斯坎妇女用来装化妆用具的梳妆盒，其上还附有装胭脂和香粉的小盒。当时我还开玩笑道，要是能把它带回家给我妻子就好喽。因此，梦中餐船是指黑色的"礼服"，即丧服，指代的是死亡。此外它还使我想到葬船，古代人们将死尸装在船上，任其自由漂流，最终葬于海中。这就是梦中船返航的解释。

因为是在失事后返航的（Schiffbruch，德语，字面意思是："船断裂"），餐船被从中部截断了。但"餐船"之名来自哪里呢？船舰前漏掉的"英国"就是它的来源。英语"早餐"（Breakfast）有着"打破斋戒"（Breaking Fast）这一层含义，"打破"和船只失事（断裂）相关联，而斋戒又能和黑色礼服或丧服建立联系。

只有餐船的名字是在梦中新构造的，其他梦的内容早就有了，我由此想到上一次旅行中最令我高兴的事。因为对阿奎雷尔提供的食物不放心，在来之前我们自己就预先从格里齐亚买了些，并还跟阿奎雷尔买了一瓶上好的伊斯特里安酒。在我们乘坐的小邮船经由德拉密运河和咸水湖，而慢慢地向格拉多靠近时，我们是仅有的兴致勃勃地在甲板上吃早餐的游客。这是到目前为止我们吃得最痛快的一次。梦中的"餐船"，就这样形成了，正是在这兴致盎然的生活趣事的背后，梦暗暗地插入了对捉摸不定的未来所持有的最伤感的思想。

肯特海滩

虽然在梦形成时，情感和形成它的观念材料相分离是很明显的事实，但这并不是由梦念转为显梦时唯一或最核心的变化。如果将梦念的情感与梦中情感相比较的话，那么我们就能很明显地察觉到，任何情况下，梦中拥有的情感都能在梦念中找到。而反之则不然，经过了重重处理的梦中情感较之作为梦精神材料的源泉要逊色不少。当我对梦念进行重新建构的时候，常常会注意到，其中最强烈的精神冲动一直都力图压倒那些与它相对立的精神力量，而挤入梦中。我们再来看看它在梦中的表现，显然它不是那么鲜明了，反倒缺少强烈的情感色调。不仅梦的内容，就连我们思想的感情色彩，也在梦的工作下，变得激不起一点涟漪。

或者说，梦的工作造成了情感的抑制。

我们以那个关于植物学专著的梦为例。真正的梦念是想要按自己选择的方式去行动以及依照自己觉得对的想法来对我生命的冲动的感情要求加以引导。但梦中却是这样表现的："我以某种植物为主题写了一本专著；摆在我面前的是展开的插图，每一页都夹有干枯的植物标本。"这正如经历过一场激烈战斗最终赢得了和平一般，宁静祥和的氛围下没有任何争斗过的迹象。

不过有时也有特例，真实的感情可能会入梦；但我们多数情况下面对的是这样的事实：很多看似平淡如水的梦，分析的结果表明，其梦念带有强烈的感情。目前，我还不能对梦工作过程中的情感抑制问题给予全面的理论解释，前提是，要先对情感理论以及压抑机制进行最详细的探究。我只想提到两点，由于别的一些原因，我不得不把情感的发泄看作是向身体内部的输出过程，就像是运动和分泌的神经发动过程一样。睡眠中，那专向外部世界传导的运动神经冲动受到了限制，睡眠状态下由潜意识思想来唤醒输出的情感释放，可能更不容易。在此种情况下，梦念中的情感冲动就会软弱下来，因此显露于梦中的也不会强烈到哪里去。由此可知，"情感的抑制"并不是梦工作的结果，而是由睡眠状态造成的。这可能有着一定的正确性，但却不完全正确。我们亦要记住，所有相对复杂的梦，都是各种精神力量抗衡后相互妥协的产物。一方面，架构成愿望的思想要同它的对立面——稽查作用斗争；而另一方面，我们往往会注意到潜意识的每一个思想串列自身内部，都有对立的思想相互冲突，因为它们可能都带有某种感情。如果我们把情感的抑制视为是对立各方相互抑制以及稽查作用压抑的结果，这可能不会偏差太远。因此，我们需要将情感抑制当成是梦的稽查作用的第二结果，就如我们任命梦的歪曲为其第一结果一样。

接下来我将列举一个梦例，它的平淡的感情，可以用梦念之间的反题对立给予理解。这是一个会令每位读者都感到厌恶的短梦。

梦例四

在一个小山丘上，有一个看起来像是露天厕所的物体：一条狭长的坐板的尽头，有一个很大的洞，坐板的后缘层层叠叠堆积着大小不一、新旧不同的小堆粪便，背后的青草长得郁郁葱葱。我冲着坐板小解，在长长的尿流的冲刷下，一切变得干净起来，粪堆迅速地顺着尿流流入洞内，不过坐板末端似乎还有些残留。

奇怪的是我怎么没有恶心的感觉呢?

原因在于，正如分析结果表明的那样，此梦是由一些最愉快、最美好的思想构成的。在分析过程中，我产生的联想是海格立斯将奥基斯王的牛栏冲刷得十分干净。我就是海格立斯。山丘和草丛的原型是奥塞湖，那是我孩子们居住的地方。在我发现了神经症的幼儿期病因学后，为了避免他们患病就将他们送到了那儿。我收到了一位女病人送给我答谢礼物，那是一件家具——坐板（当然不包括那个洞）正好精确地复制了它，因而我联想到这位病人对我的尊敬，就连大便的出现意义也是令我愉悦的。不管真实生活中我如何反感，但是它在梦中的呈现却包含着我对美丽的意大利的回忆。在意大利小镇中，就设有和梦中一模一样的厕所。使一切变得干净的尿流，一定代表了伟大意义，利利普特的大火就是被格利佛以这种方式熄灭的——尽管因为这样，他失去了小人国王后的宠爱。大师拉伯雷塑造的超人高康大在对拜火教徒进行报复时亦是用了此种方式。他站在巴黎圣母院上，对着这座城市撒尿。做梦前一天晚上临睡前，我翻看了加尼尔作品中的拉伯雷画的插图。奇怪的是，这里为我提供了我就是那位超人的证明。我最爱的巴黎风光就是巴黎圣母院的平台。每天下午一有时间，我便会攀上大教堂的塔楼，爬行于妖魔鬼怪之间。尿流冲击粪便的情节不仅让人联想到格言：“它们正在消失。”我想，总有一天我的歇斯底里治疗作品中会有以它为名的章节标题。

以下是引发此梦的真正使人愉快的原因。一个夏天的酷热黄昏，我进行了一次关于“歇斯底里与性倒错的关系”的讲演。讲演的整个过程都令我厌烦，而且我认为它没有任何价值。讲演给我带来的疲劳感，使我压根就提不起一丁点儿兴致，我希望尽快不用再就这一切人类龌龊之事唠叨不休，而是到孩子们中去，和他们一起欣赏优美的意大利。这样盼望着，我离开讲堂到一家露天小餐馆里，由于没有什么胃口，我只点了些快餐——咖啡和卷饼。在我正吃饭时，一位尾随我来到这里的听众要求和我坐在一起，他坐下后，便开始对我奉承起来，说我的讲演如何使他受益匪浅，如何启发他以新的眼光看待所有的事物，以及我的关于神经症的理论如何洗净了他那奥基斯王牛栏式的错误和偏见。总之，他把我说成了一位伟人。然而他的赞美却愈发地使我烦躁，最终为了摆脱他，我早早地回了家。临入睡前，我翻看了拉伯雷的画页，并阅读了康拉德·费迪南·迈耶尔的短篇小说《一个男孩的悲哀》。

此梦就是由这些材料构建的，而迈耶尔的小说还勾起了我童年时期的一段往事（参见那个关于图恩伯爵的梦）。白天的烦躁心境和厌恶之情持续到梦中，而且构成梦的内容的全部材料几乎都是它提供的。但在晚间产生了一种相反的心境，几乎是夸张式的自我肯定，替代了前者的梦。所以，梦的显意需要找到一种形式在同一材料中同时实现自卑和自大妄想的表达，在二者的妥协下形成了不清晰的显梦。但同时亦产生了一种淡漠的情感，这是两个对立冲动相互抑制的结果。

由愿望满足理论可知，如果作为反题的自大妄想（虽然受到抑制，但却具有欢愉的基调），没与厌恶感一同出现的话，那么此梦将无法形成。因为，困扰人的事情不太可能呈现在梦中，而同时令人痛苦的梦念没有被伪装成愿望的满足。

梦的工作对梦念中的情感的处理方式，除去承认或摒弃外，还有第三种，即将它们置换成与它对立的一面。在把梦的解析纳入考虑后，我们已制定出了一条解释原则：梦中的每个元素自身都极可能是它对立面的暗指。而它的象征意义，只能结合上下文来判断，我们事先是无以知晓的。这一点，往往会招致一些人的怀疑，因为“梦书”在解析时采用的就是对立原则。其实，由于我们脑海中很容易将事物与其对立面建立起密切的联想，因此把一个事物置换成其对立面是绝对可能的。正如其他移置作用一样，它亦在为躲避稽查的目的服务。但它往往也是愿望的一种满足，愿望的满足正是这样的过程：把一个让人不快的事物转换为其对立面。正如事物的观念能够借由转化为对立面而得以在梦中呈现一样，梦念的情感亦是如此，而且非常可能的是，这种情感的倒转常常由梦的稽查作用达成。社会生活中，为了伪装的目的，我们亦会运用情感的抑制和反转的事实，就是梦的稽查作用的一个很好的类比。在与他人交谈时，如果我想对他说些攻击的话，却又不得不做好表面上的恭维工作，那么我首要的任务就是不让他觉察到我的情感，接下来才是找到一种语言形式表达我的思想。如果我假装和他友好地交谈，但却在神情和姿态上表露出仇恨和蔑视，那么后果与我当面表示轻蔑是一样的。因此，稽查作用使我先抑制情感，若我是伪装的行家，那么我表露出的就是相反情感——生气时呈现的是微笑，想伤害他人时却假装是出于善意的。

费伦茨记录下的一个梦是这种情感倒置的最好的例证：一位老绅士在半夜时分被他的太太叫醒，原因是他在睡眠中一直笑使她感到害怕。而后他讲述他的梦："我正在床上躺着，一位我熟知的绅士进入到我们的卧室。我想把灯打开，但就是扭不开。所以我太太过来帮我，但灯还是没有打开。在意识到自己是半裸着身体站在那位绅士面前时，我太太觉得不好意思，最终放弃了开灯，而钻回被子里。这所有的一切是如此好笑，我不禁大笑起来。妻子不断询问我：'你笑什么呢？你笑什么呢？'但我仍然笑个不停，直到被唤醒。"次日，那位绅士是一副很沮丧的样子，感觉头疼：他认为，可能是因为一直大笑而受惊了。

分析起来，此梦似乎就不那么让人想笑了。那位走入卧室梦者熟知的绅士，在隐梦中是死亡那"伟大不可知"的形象——此形象是前一天在他脑海中浮现的。这位老绅士患有动脉硬化，所以他有足够的理由在前一天想到死亡，梦中笑个不停取代的是因想到死亡而产生的悲伤和哭泣，那个一直打不开的灯代表着生命之灯。此忧郁心情可能还与他的阳痿有关。睡前他曾尝试和妻子性交，尽管妻子半裸着身体协助他，但性交还是失败了。他知道自己的死期已临近了。梦的工作成功地把他的阳痿和对死亡的忧思以一幕滑稽剧呈现出来，并把哭泣假装成大笑。

一些梦有充足的理由被称为是"伪善的"，并且对愿望满足理论构成了严峻考验。当希尔费丁夫人将彼得·罗塞格的梦提交给维也纳精神分析学会的时候，我就已经对这些梦有所关注了。罗塞格的《解雇》中有这样一段：

通常情况下我都睡得很熟，但却有很多个夜晚不得安宁——长久以来，虽然我是一个文人（学生以及文学家），但我的生活却摆脱不了裁缝的生活阴影，得不到片刻宁静。

弗洛伊德的妻子玛莎

白天里，我似乎并不会对过去的往事有太强烈的反省。一个脱掉世俗外衣而努力想在天地间轰轰烈烈大干一番的人要做的事情很多，即便在精力非常旺盛的年轻时期，我也没有思考过晚上做过的梦。不过后来，我养成了凡事思考的习惯。当世俗习气在我体内得到肯定的时候，我开始了反省，为什么一做梦，我就会梦见自己成了一个流浪裁缝，并千篇一律地在师父的店里无休止、无偿地干着活。坐在师父身边干活的时候，我强烈地意识到，作为中产阶层的人，我应该去寻找别的事情做，而不是这样待在他身边。但我在梦中总是在度假，总是有假期可休，并且总是在他身旁协助他。我总是会莫名地因此而恼怒起来，我认为那是在浪费时间，我应该去做更好更有价值的事情。在工作出错时，我还会受到师父的责备，虽然我的工作是无偿的。当我弯着腰工作于黑暗的店里时，我总是会试图去引起他的注意，进而向他提出离开的要求。一次，我确实这样做了，但师父却没有一点表示，而最终我又不得不再次坐到他身边开始工作。

在此种使人不快的梦中醒来该是多么美好的事啊！所以我决定，再梦到此种犹豫不决的事情时，我便试图挣脱它并大叫道：“这就是个骗局，我不过是在梦中而已。”但次日晚我又梦见在裁缝店里工作。

就这样我持续做了好几年这样的梦，并且它呈现出了一定的规律性。一次，我同师父一起在阿尔贝霍夫（我做学徒时第一个服务对象）家做活，我的工作令师父大为不满，他一脸愠色地对我说道：“我想知道，你究竟想的是什么！”我当时想，最好的处理方式就是站起来告诉他，和他在一起不过是玩耍罢了，然后离开他。但我并没有这么做，在师父带来另一个学徒并要求我给他让位时，我没有任何反抗地服从了。我挪到一个角落继续开始缝纫。那天一个短工，一个伪君子——一个波希米亚人同时被雇佣来。十九年前，他曾和我们一起工作过，我还记起有一次他在小旅馆归家的路上掉进了小河里。在给他安排位置时，已经没有多余的了。我用询问的眼光望着师父，他对我讲："你天赋不足，你走吧，这里不用你了！"听后，我惊醒了。

朝阳透过没拉窗帘的窗户照入我熟悉的房间。我处在一群艺术品的包围中，摆放在我那别致的书架上的是永恒的荷马、伟大的但丁、非凡的莎士比亚以及辉煌的歌德——他们都是名耀古今的不朽人物。我听到隔壁孩子们银铃般的嬉笑声，他们刚醒来，正和母亲嬉闹。这让我又重新体验了甜蜜、平静且充满诗意的田园生活，我总是能从中深刻地感到人生的乐趣。我又因为不是由自己先向师父辞职，而是被他解雇，而感到非常懊恼。

使我感到惊喜的是，自从被师父解雇，我就获得了安宁，再没有做过那个关于裁缝生活的冗长的梦。我的确从那种纯朴的生活享受到了快乐，然而也是因为这段生活给我随后几年的生活投下了浓重的阴影。

在这位年轻时曾从事过裁缝工作的作家所做的这一长串梦中，我们不能明显看出愿望得到了满足。梦者的全部乐趣都产生于他白天的生活，而晚上，他却受到悲伤生活的阴影的困扰。虽然他最终脱离了此种生活。因为有过几次相似的梦经历，我有理由来对这一主题进行说明。年轻时，我曾在化学研究所工作过很长一段时间，但却没有掌握此门学科要求的娴熟技术。所以，在真实生活中我未曾产生过回忆这段乏味而令人丢脸的初学时期的念头。而在睡梦中我却频繁地梦见在实验室里工作，做分析和各种实验。这些梦和考试梦有着一样的特性——令人不快却异常清晰。在我就其中之一加以分析的时候，我的注意力逐渐凝聚到"分析"一词上，它是我解析这些梦的钥匙。而就是在那个时候起我成了一位"分析家"。现在我进行着的正是被授予高度评价的分析工作，尽管这属于"精神分析"范畴。于是，我发现，如果我对白天的分析工作感到自豪，并吹嘘自己的成功，那么晚上做的梦，就会提醒我那些错误的分析。这些梦是对奋斗成功者的一种惩罚，就如那位裁缝变为大作家后所做的梦一样，然而在奋斗成功者的骄傲和自我批评之间，梦是如何拣选内容，使之成为理智的警告而不是不合理的愿望满足的呢？我已表示过，这是一个很难回答的问题，我们能够这样判断，梦是以夸大雄心幻想为基础构造的，与这个幻想对立的各种谦虚思想也入了梦。我们已知道，心灵有受虐的冲动，这些颠倒可能就是它们造成的。我不反对将这类梦与“愿望满足的梦”分离开来，称之为“惩罚梦”。也并不能说明我所提出的梦的理论有什么不妥之处，它不过是一种对语言学的权衡结果。目的是使一些人觉得对立面能够聚在一起很奇怪。不过对此种梦的全面研究，却使我有了新发现，在做过的实验梦中，其中一个包含了些含糊的背景部分。我正值医学生涯中最忧郁和最失利的年龄，我还没有拥有职位，也不知道如何去赚钱生活，然而，也就是在这时，意外地发现我的婚姻对象有好几个选择。于是，我又年轻了起来，同时她也年轻了——与我共同经历多年困苦生活的女性。因此，这个梦的潜意识诱因就是一位迟暮老人的痛苦愿望。虽然梦的内容也取决于心灵上的冲动，但只有更深切的愿望，即对年龄的向往，才能促成这种冲动表现为一个梦，即使是在清醒生活中，我们也会这么对自己说：“如今事事顺心，而以前的那些日子真是辛酸啊。还好——我是那般年轻。”

若对想象力丰富的作家描述的梦进行分析，我们能够判定在描述时，他已略过了他主观上认为不重要的内容细节，这就造成了一些问题。但如果梦的内容被详细地报告的话，那么解决这些问题自然不是难事。

梦念中的情感在转化为梦中情感的过程中，需要经历删改、凝缩以及倒置处理。这些处理可在分析的结果——合理合成的梦中，明显地看出来，为了更好地证明，我再引入几个关于梦中情感的例子。人们将会发现，我所提出的这些说法在其中得到了实现。

梦例五

我们再对两个梦加以讨论，其中带来的满意感一直持续到醒后。其中一个梦的满意原因是期望，如今我知道“我曾梦见过这个”是什么意思了，而感到满足是因为我第一个孩子的出生。第二个梦中的满意原因是，我确认某些被预兆的事情正在变为现实，而实际上是与第一个梦类似的原因，这种满意来源于我第二个儿子的降生。在此梦中延续着梦念情感，但我可以有把握地说，没有梦会如此简单。若对这两个梦深入分析和研究，我们就会察觉到，这种不受稽查作用的管制的满意受到了另外来源的强化。此来源有充分的理由惧怕稽查作用。如果没有某种可能允许的来源产生的看似合理的情感东西作为伪装，并借此掩盖，它自身的情感必然会受到阻抗。

可惜的是，我不能用实际梦例来证实此点。不过我的意旨还可以用别的生活领域的事例加以证实。假设有一个我认识的人，我非常憎恨他，所以，若他遇到什么不测，我会有开心的感觉。但受于自身道德本质的管制，我不能表露出这种冲动，因而不敢做出希望他不幸愿望的表达，只能将对他遭受不幸的满意感抑制下来，并表现出难过的样子。每个人都会遇到我这种情况。而如果被憎恨的对象，因为自己的劣迹而招致不幸，那么我就有充分的理由感到满意，认为他是罪有应得的。如此，我就和那些公正无私的人意见统一了。需要说明的是，我会比他人更加感到满意，因为我的满意感还得到了另一来源的支持——我憎恨他。在与人交际中，被反感的人或者是被群体嫌恶的少数人犯了过错，往往会被这么对待。通常来讲，失误不是他们受到惩罚的唯一缘由，还有别人对他们的反感，在他们犯错误之前，这种反感难以得到表现。那些执行惩罚的人无疑是偏颇的，但却不自知。这是因为他们沉浸在长期以来保持的抑制被解除所带来的满足之中。在质的方面来讲，这种情感是应该的，但量的方面却得不到支持。当自我批评对一个问题松懈后，就容易忽略对另一个问题的考察。正如大门一旦被打开，涌进来的人群会比原计划多得多一样。

神经质病人的一个显著特征——某一原因引发的情感，虽然在质上是适当的，但却不符合量的事实。就心理学解释许可的范围来讲，这一解释亦可适用。引起量上超常的原因是，这一情感以前一直抑制在潜意识中。这些来源成功地和真正的释放原因联系起来，从而在情感的其他原因的掩护下正当地表现出来。这是合法而不会遭到反对的。因此我们发现，在对被抑制和起抑制作用的各种动因进行考察的时候，不能将它们之间的关系视为是对立的相互抑制。有时他们亦会因彼此合作而相互强化，以实现某种病理的效果。

接下来，我们将用关于精神机制的这些启示来解释梦中情感的表达。呈现于梦念中的满意情感，尽管很容易就能在梦念中找到其恰当的位置，却也不一定仅凭此关系获得充足的说明，而是要在梦念中找到其另一缘由，而这个来源正受着稽查作用的抑制。受于此种压力的压迫，这个缘由通常造成的后果是对立情感，而非满足。由于第一种情感缘由的存在，此第二个缘由就能摆脱压抑的影响，并使第一种情感缘由得到强化。所以，是一些缘由共同决定的梦中情感。在梦念材料方面讲，受于多种因素的决定。在梦的工作中，那些能够产生同一情感的缘由，一般组合在一起共同制造此情感。

对那个以“Non Vixit”为主题的绝妙梦例的分析结果显示，我们已能够对这些复杂的问题有所了解。在此梦中，各种性质的情感梦的内容集中于梦的两点上。当我通过两个字眼歼灭我的对手和朋友——梦中表达的文字是“受一些奇怪的情感的控制”后，对立以及困扰的情绪就合在了一起。在梦快要结束的时候，我感到非常高兴，并且坚持清醒时刻的看法，认为这是荒谬的，即仅有意愿能将之消灭。

我还没有提到此梦的真正有趣原因，它非常重要，并且有助于我们深入地理解这个梦。我听见柏林的朋友弗利斯说，他即将做一个手术，相关的病情我只能通过他在维也纳的亲戚了解到。手术后的前几个消息并不太确定，这使我产生了不安的感觉。我想亲自去看他，但因为疾病困扰，使我没能成行。梦念显示，我很为朋友的生命担忧。他唯一的妹妹，虽然我没见过她，但听说在很年轻的时候因为一场小病死去了。在梦中，弗利斯提到了妹妹，并说她在45分钟内去世了。我的潜意识里一定是这么想的，他的体质和他妹妹差不多，一旦听到坏消息，不管怎么样我都要去那里看他——但还是晚了，我将永远都无法原谅自己。我因为来迟了而责备自己构成了梦的核心。但恐惧却是以这样的情节表现的：我学生时代的良师布吕克用蓝色的眼神责备着我。使这幕（与弗利斯有关）情节产生移置的原因就立刻表露了出来。梦不能借由我的体验方式再现的情景，却让另一个人拥有了蓝眼睛。而我就是他要歼灭的对象——很明显就能看出，这是愿望满足的结果。我忧心朋友的身体状况，我因没去看他而深深自责和羞愧。他孤身一人来到维也纳，而我却假托自己病了，这种种合起来，就形成了我梦中所呈现的诸多情感。同时在梦念的这个区域中情感焦虑。

不过，此梦的另一个缘由却对我产生了相反的效果。在手术后的前几天里，我接到不好消息的同时，被警告不要跟任何人谈及此事。这使我感到很不满，因为这是对我的谨慎的怀疑。我知道这话并非出自我的朋友之口，而是消息传达者过分小心的笨拙主张。但我却因他背后暗含的指责而感到厌恶，因为它有一定的道理。众所周知，只有实质性的指责才会造成实际的伤害，也唯有此种指责才会让人感到不安。我由此产生的联想其实和这位朋友毫无关联，而是关于我的一段早期生活的。一次，我使两个很要好的朋友间产生了隔阂（他们对我都非常尊敬）。那发生在一次谈话中，期间我很不必要地把一位朋友所说的话对另一位讲了，当时我也做了深刻的自我谴责，而且至今仍记忆深刻。这两个朋友分别是弗来契尔教授和另一个教名是约瑟夫的朋友——我梦中出现的朋友和对手P。

在梦中，此元素谴责的是无法保守秘密，此种谴责亦表示为弗利斯向我询问告诉过P哪些关于他的事情。不过，就是这段回忆（我年轻时期的轻率及其后果）的进入，才导致我现在因为来晚了而自责，而后又转换成在布吕克实验室工作时期受过的责备。而且，借由把第二个人变成梦中被歼灭的约瑟夫，不但指责我的来迟，同时还指责我不能保守秘密。由此将梦中的凝缩作用

> 弗洛伊德与女儿安娜

和移置作用过程和它的产生动机交代清楚了。

而我因被警告勿谈弗利斯病情而感到恼怒，尽管微弱，却得到了内心别的元素的强化，转换为对我真实喜爱的人的愤恨。这一强化源于我的童年时期。我已提到过，我与同龄人之间的或友好或敌对的关系，源于童年时与大我一岁侄子的关系；他如何比我优越，我又是如何早早地学会在与他的对抗中自卫。我们既相互友爱，同时（根据长辈的描述）又相互为敌，相互埋怨。在某种意义上来讲，我后来的朋友都是这第一个人物的化身——重新肉体化。少年时期，我又再次与我的侄儿相见。此次他和我一起扮演恺撒和布鲁特斯的角色。我的感情生活里一般要求同时拥有一个朋友和一个对头，而我一直都在满足自己的这个愿望，同时，我童年时的渴望情境又能逐次展开。我的朋友和敌人能集中在同一人身上，尽管他不会像我童年时那般——同时发生，持续变换。

至于一个近期事件是如何能够上溯到童年回忆，并被这段回忆代替，这是我想探究的。这个问题属于潜意识思维心理学范畴，应在相关的神经症心理学讨论中加以说明。在梦的解析中，我可以假定在下述内容中，童年期事件可以被唤醒或是被幻想形式进行重新构造。两个孩子为了某件东西而发生争抢（这个东西是什么无关紧要，尽管在回忆和编造记忆中很明确），每个孩子的说法都是自己先得到的，这应该属于他。所以他们争夺起来，结果公理被强权打败。结合梦的材料看，我可能发觉到不对（我意识到自己错了），不过此次我是强者，并成功占有了它。落败的一方就向我父亲——他伯父告我的状。在我父亲责备我时，我以"因为他打我，所以我才动手的"一话来为自己辩解。这一记忆可能是幻觉的产物，产生于此梦的分析过程中，并且成为梦念的中间元素，联系起梦念的各种情感。如同一口水井将流入它的水蓄积起来一般。由此点可知，梦念是这样发展的："活该，谁让你谦让我的，你为什么要推倒我。我不跟你玩了，我去找新的玩伴。"诸如此类。所以这些思想就得以入梦。我也曾以此种"我不需要你"的态度来对待我的朋友约瑟夫，他接替了我做布吕克实验室的演示员，不过这里的升职速度却缓慢得让人烦躁。现任的两个布吕克助手都没有升迁的迹象，年轻人的耐心是不多的。我的朋友明白待下去的日子不多了，又因为和上司的糟糕的关系，因此常常公然做出不满的表示，又加之上司弗来契尔病得很厉害，因此P希望他走。其意图怕是不只在于希望自己升迁，可能有更为恶毒的意味。这非常正常，在几年前，我自己也曾强烈地渴望占有这个位置，但凡有升职的可能，那些受抑制的愿望就会出头。想象可知，梦惩罚我朋友的冷酷愿望，而没有追究我。

“因为他野心勃勃，所以我杀了他。”因为等不及别人退位，他就自己离开了。此想法是在我参与了另一次大学典礼活动后短时间内产生的。所以，我梦中的满意情感可部分归结为：这是一个公正的惩罚。

无疑地，一个人在讲述和解析自己的梦时需要具备极强的自制力。报告者会将与他生活的其他人视为伟人，而把自己判定为唯一的坏蛋。因此，自然地，一个人在愿意的情况下可以使亡魂活着，在不愿意时再使它消失。我已注意到，我的朋友约瑟夫就是我童年时朋友的一连串再现。我可以不断地为这个朋友找到替代者，这也是我感觉满意的原因之一，而且我觉得对于这个正要消失的朋友，我亦可以找替身取代他：所有人都是可以替代的。

但是梦的稽查作用何在呢？它不是该对这种麻木的利己思想加以强烈抵制的吗？怎么没有将此思想产生的满足置换成剧烈的痛苦呢？我想这是因为同一个人所产生的别的不可反对的思想也同时获得了满足。并且他的情感恰好遮蔽了被抑制的童年体验所产生的情感。

除此之外，梦中还存在对另一思绪的明显暗示，此思绪是能导致满意的情感串列。不久前，在经过了漫长的等待后，我的朋友弗利斯终于诞下一女。据我了解，他一直处在对妹妹早逝的伤痛中难以自拔，便给他写了一封劝慰信，告诉他可以将对妹妹的爱转移到他女儿身上，同时，他女儿会填补上他的感情空缺。

所以，在这组思想与隐梦的中间思想间又建立了联系，却产生了关于对立面的联想：“任何人都是可取代的，唯一真实的是亡魂，失去的一切都将再度回来。”如此，下面的这起偶合事件又将梦念各种对立成分之间密切地联系在了一起。我的朋友给他女儿取的名字恰巧与我童年时期的女玩伴的名字相同，我们同岁，同时，也是第一个朋友及对头的妹妹。在听到朋友的女儿叫“宝琳”的时候，我感到很满意。暗示这个巧合的是，梦中出现了约瑟夫的同名者，并使我觉得“弗来契尔”的名字和“弗利斯”的名字起头字母的相似之处有所指代。说到这里，我又想到了我孩子的名字。替他们命名的时候，我坚持要特立独行，为他们取我曾经爱过人的名字以示纪念。这些名字使他们成为了亡魂，其实，我是想让孩子成为我们生命的延续，实现永恒。

九、润饰作用

至此，我要对梦形成过程中的第四个因素进行讨论了。在对梦加以解析时，如果我们仍旧用以前的那种方法，即为梦的显义找到它对应的梦念来源，那么就会出现一些我们需要以全新的假设才能加以解释的因素。这里说的是这些梦：梦者因为梦的内容本身一部分内容而感到诧异、气愤或厌恶。在上一节的许多梦例中，我们可以发现，这些梦中的不满情感，往往不是针对显梦的内容，而是梦念的成分部分，并为某个适当的目的服务。但这种解释方法并不适用于解释全部这类材料，而且绝大多数都不能。因为我们不能找到它和梦念的关系。譬如说，反复出现在梦中的“这仅仅是一个梦而已”这句话是什么意义？这是一个关于梦的真实评论，就像在现实生活中一样。而且这往往是醒来的序曲，并且还通常伴随着一种痛苦的感觉，而在发现到仅仅是个梦之后又恢复了平静。当梦中出现“这仅仅是一个梦而已”的想法时，它发挥的功效与奥芬巴赫的滑稽剧中漂亮的海伦说的话引起的效果是一样的，即减轻刚刚体验到的情感的重要性，以使其更容易被接受。它起到的是安抚某个可能兴奋的使梦中断的因素或者是使该剧的一幕不再继续的作用。这样，睡眠就会更舒服地继续了，而且对梦的所有内容都接受，因为“这仅仅是一个梦而已”。在我看来，这个具有蔑视含义的评论——“它仅仅是一个梦”是这样产生的：未曾休眠的稽查作用发现在不经意下竟让某个梦产生了。梦已经产生了，要抑制已经来不及了，所以这样的话就成了稽查作用安抚因之产生的焦虑感的手段。

这使我发现，不是梦中的每一事物都来自梦念，与我们清醒思想不相上下的某种情绪活动也可以成为梦的构成材料。现在，又出现一个问题，此种情况是特例，还是在缺少稽查作用审查下显梦的永恒部分?

无疑地，我们认同的是后者。由上文的谈论中，尽管我已经知道稽查机构只是删除以及抑制梦的内容，但它也必然会使梦增加或插入一些内容。通过对梦的观察，我们可以明显地找出这些插入内容。通常来说，在对这些内容进行陈述时，梦者通常会表现得不太确定，会使用诸如“大概”“似乎”这类的词语来修饰它。此外，这些内容并不太引人注意，它往往只是将两部分的梦的内容联系起来。较之那些真正源于梦念材料的派生物，它们极容易被忘记；在我们将梦遗忘的进程中，此部分是首选。总是会听到有人讲，自己做了好多的梦，但绝大多数都回忆不起来了，只记得一些细琐的片段。我认为，这是因为这些中间思想较易被遗忘。一般来讲，中间思想都能在梦念中找到它的对应位置，不过这些梦念材料却没能在梦中得到显现，这或许是它们本身的原因，或许是对它们的抑制太强烈了。好像唯有在极特殊的情况下，这种我们所探讨的精神活动才会在梦的形成过程中有新的创造。而通常情况下，它们会极尽可能地利用梦念的材料。

此梦运作的目的便是在梦的工作中区分出这一功能，这也是为了将其身份更清晰地揭示出来。就像诗人对哲学家的恶意形容“梦构架的残缺处被它用碎布片修补上了”一样，这功能亦是以这样的方式活动的。它产生的效用是，梦不再荒诞或缺少连贯性，而且吻合于理智的经验模式。不过它不都是成功的。就表面上来讲，梦往往都是合乎逻辑且合理的，自某个合理的情节开始，而后经由一系列发展变化（此情况不太常见），最终得到一个接近情理的结论。这一类的梦必定受过与清醒时刻的思维差不多的精神功能的彻底修正。它们或许具有一定的意义，然而又全然不同于梦的真正意义。对此加以分析，我们不难发现，在这些梦中，润饰作用能够很自由地玩弄梦材料，并竭尽全力地将它们之间的联系消除。可以这么说，这类梦在呈现到意识以前，就已经经历了一次诠释。在其他梦中，此种有着偏向性的润饰只是部分成功，它使得一部分的梦的内容变得连贯起来，而与其相接的那部分却混乱了，虽然与此部分相连的那部分可能是连贯的。除此之外，在有些梦里，润饰作用彻底地失败了，这使得我们不得不面对一堆毫无秩序、重点难辨的材料碎片。

我并不打算完全否认这个梦形成过程中的第四个因素的存在，不久，我们就会熟悉它。其实，它是梦形成的四种力量中我们最为熟知的一个。不可否认，在梦的构成中，这第四种力量做出了新的贡献。自然，和其他几种力量相同，它也是依据梦念中的现存材料的偏好来选择，从而发挥作用的。有这么一个情况，即不用再辛劳地装点梦的门面，因为早在梦念中，这一工作就被完成了，只需使用就好。我习惯于将这种梦念视为幻想。就像清醒生活中的白日梦似的，如此类比，可能就会避免读者误会。关于这些结构在我们精神生活中所扮演的角色，精神学家们目前还不太明了，因此我们也不能得到明确的答复。然而，极富想象力且有着善于发现眼光的作家们却没有无视白日梦具有的重要意义。例如，阿尔芬斯·都德的《富豪》中，对一个小人物的白日梦有过精彩的描述。因为自觉幻想（白日梦）常常发生，使得我们对其构造有了一定程度的了解。不过，在这些能够意识到的幻想之外，还有许多潜意识幻想存在着。或因其自身内容，或因来源受到抑制，它们被抑制在潜意识里。在对这些白天幻想仔细研究后，我意识到，应该像对待夜间的思想产物——“梦”那般对待它们。因为在它们和梦之间存在着许多的共性，所以，以对它们进行研究来解析梦是最便捷且最优之选。

> 画家和她的女儿

和梦一样，这些幻想也具有愿望满足的意义；它们大多也都取材于童年时期的印象；稽查作用的松弛，也对它们有一定的好处。如果对其结构作细致分析的话，我们很容易发现，它们所希望的正是将混合在一起的各种构建材料重新组合，以形成全新的整体。它们来自童年的经验印象，它们之间有着和罗马的巴洛克式宫殿与古代废墟类似的关系，古代废墟的石阶和圆柱是巴洛克式宫殿的现代结构的构成材料。

润饰作用——形成梦的内容的第四个因素，它在不受影响地构建白日梦时同样发挥作用。可以这么说，它会将提供给它的材料装扮成与白日梦类似的东西。不过如果这种白日梦已在梦念中，那么，这个现成的材料就会被梦的工作的第四个因素直接利用，并可能被纳入梦中。所以，一些梦仅仅是白天幻想的重复表达，例如，那个小男孩梦见自己和特洛伊战争的英雄们同乘一辆战车的梦。还有，我那“自学者”的梦，它的第二部分就只是白天幻想的复现，内容是与N教授一起聊天。就形成梦时需要满足的各种复杂条件来讲，通常，这些现成的幻想只构建了梦的部分，也就是说，幻想只有部分进入到梦中。接着，幻想就受到了与隐梦别的材料相同的待遇，尽管它仍以一个实体存在于梦中。而且，和梦念的其他成分相同，这些幻想也要经历凝缩和互相叠置处理。一方面，幻想能不加改变地进入梦的内容中；另一方面，梦能在梦中呈现的可能只是它的成分之一或者一个不明显的暗示，在两个极端之间也有着过渡情况。至于梦念中的幻想会如何表现，自然也和它满足稽查作用和朝向凝缩作用的程度有关。

在此，我想要引入一个例证，它由两个不相同且相互对立的幻想构成。不过这两个幻想有一些方面是彼此吻合的，一个幻想在梦的内容中有所表现，另一个幻想则可以很好地解释。

梦的内容是这样的：一个未婚的年轻人，梦见他在常去的一家餐馆里坐着。之后，进来几个人，想要带他走，甚至还有一个人想逮捕他。他告诉同伴：“我很快就回来，等我来付账。”他们却笑他道：“这话太熟悉了，他们一向这样说。”在他离开时，身后的一个顾客喊道：“又一个走了！”后来，他被带到一间小屋里，他看到那里有个带着孩子的女人。其中一个带他来的人说：“他是缪勒先生。”有位像警官或官员的人，翻看着一堆卡片或文件，并叫道：“缪勒，缪勒，缪勒。”最后，他问了梦者一个问题，梦者应道：“我愿意。”他转过头瞪了眼那女人，却看见她长了大胡子。

此梦主要包含两个成分，其一是表面成分，是关于逮捕的幻想，这可能是梦的工作引起的新东西，但却在它背后找到了一些只被梦的工作粗略修饰了的材料——婚姻幻想。两个想象的共有特征非常明显，如同高尔顿的合成照片一样，那个男青年（他是一个未婚的年轻人）许诺他会回来和同伴继续用餐，但这却遭到他酒友们的质疑，他们的“又一个走了（去结婚）”的叫嚣——所有这些特征都贴合另一种解释。他回答警官的问题的“我愿意”亦是如此。一边翻看一堆文件一边叫人的名字，正符合婚姻的一个不重要却有些清晰的特征，即致贺电，这些贺电都是对一个人发出的，新娘呈现于梦中的事实显示，表面的逮捕幻想被结婚幻想打败了。经询问获知——这是一个无需解释的梦——梦的结尾新娘为什么会留着胡子。做梦的前一天，梦者和朋友在街上散步，这个朋友和他一样不愿意结婚。散步期间，一位黑发美女迎面走来，他的朋友对他说道：“但愿这位美女不会在几年后，像他父亲一样长出胡子。”自然，此梦也一定存在被继续歪曲的部分，譬如说“我……回来结账”的话，指的是他为岳父在嫁妆上的态度忧心。事实上，所有痛苦的感受都抑制着梦者幻想结婚的喜悦情感。其中之一就是担心因为结婚而失去自由，梦中以被逮捕的情节表现出来。

如果我们再回到这个问题上，即梦喜欢采用梦念中现成的幻想，而不愿从梦念材料中再制造一个，那么我们就可以解开一个有关梦的难题。本书开篇讲到，一个所有人都知道的意识，即莫里在一个长梦中惊醒，发现有一块木板打中自己的后颈。梦讲的似乎是一个发生于法国大革命期间的故事。由于梦的结构连贯，好像是要对惊醒他的刺激加以解释似的，而这个刺激的出现又是他所无法预料的，因而只可能是一种情况：梦恰好是在木板打中他的颈椎和他惊醒之间的短暂时间内构建并表现的。在现实生活中，我们不敢相信思维活动能如此迅速，所以我们可以假设，梦的工作能够将我们的思维活动加快到使人无法相信的程度。

对于这个迅速盛行起来的结论，一些现代作者都强烈地质疑，他们一方面怀疑莫里对其梦的叙述的准确性，另一方面又想证明，关于梦，若排除其夸张成分的话，那么清醒时刻的思维活动在速度上绝不慢于它。他们的讨论引出了许多原则性问题，我认为这并不是一下子就能解决的。但我必须承认，他们进行的论证，特别是关于莫里断头台的——不能令人信服。我本人对此梦的解释是：莫里的梦很可能是长期以来在他的记忆中形成并一直储存着的幻想的表达。在他被木板惊醒的那一刻，这一幻想也被召唤了起来，或者是被“暗示”了。

这难道完全没有可能吗？若真如此，那么这样长而详细的故事及其全部细节，如何在极短的时间内造出来，便不难理解了，因为这整个故事早就形成。

若在清醒时，莫里受到的小木块的打击，那么他的思维活动将是这样的：“这就如同是在断头台被砍头一般。”因为这一情景发生于睡眠时，梦的工作便迅速地利用这一刺激而表现为一个愿望的满足。一个年轻人会在让人激动的强烈印象下产生这样的梦，我认为是情理之中的。在那个恐怖时代里，无论贵族男女，亦或是民族英雄，谁不满怀激情地将生死置之度外，并且在生命即将结束的前一刻，依然保持着头脑理智和风度优雅。对于此种描述，特别是法国人，而且还是研究人类文学史的人，怎能不被吸引呢？

试想一下，你是一位年轻小伙，在和一位小姐吻别后，毅然决然地走上断头台，这样的想象多么诱人啊！再或者，若野心是幻想的主导动机时，那么把自己想象成是如此可怕的人物，又是多么令人亢奋啊！就是这些人单凭智力和口才就统治了整座人心躁动的城市，就是他们凭借自己的判断将无数人送向断头台，并奠定了欧洲变革运动的基础。而他们自己的脑袋却也是不安全的。有那么一天它们也会落在铡刀下，或者将自己假想成吉伦特党人或是英雄丹顿，这又是多么魅力四射啊！莫里的梦有一个特点——他“被带上刑场的路上，被一群人拥护着”，如此看来，他的幻想是属于“野心”类的。

这一早已形成的幻想并不一定在睡梦中浮现出全景，它亦可以一瞬间就触发。我说的是，如果有人演奏了几小节音乐，并且有人说是莫扎特的《费加罗》，那么许多回忆就会在瞬间被勾起，而非逐次进入意识。在一些关键词被提及时，整个关系网就会陷入兴奋中，潜意识的思想亦会如此。一个刺激能使某种精神网络整个兴奋起来，进而使全部断头台幻想呈现出来。不过，这个幻想并非在梦中一一展现，只是出现在睡者醒后的记忆里。在此种梦例中，我们无法确定，所有忆起的事情都是梦见的，此解释——现有的幻想作为一个整体被幻想刺激激发起来——也可以用在其他一些被外在刺激唤醒的梦，例如，拿破仑在饵雷爆炸之前做的关于战役的梦。

我们还应该对梦的内容的润饰作用与梦形成的其他几个因素之间的关系做一下考察。我们能否这样假设，梦的形成因素——如凝缩倾向性，躲避稽查作用的需要，以及对为梦所应用的精神手段的表力的顾及等——最先是梦念提供的材料制造出一个暂时的显梦，之后对这个暂时的显梦进行重新构造，以使其尽可能满足第二种动因，这似乎是无法实现的。我们倒不如这样假设，在一开始，第二个因素的要求就成了梦应满足的条件之一，就如凝缩作用、稽查作用以及表现力那般，此条件在诱导和选择上对梦念中的诸多材料起的作用是同时进行的。但无论如何，梦形成的这四个因素中，我们最后提及的这一因素的要求对梦的影响是最微弱的。

下述的分析将使我们相信，所谓的润饰作用的精神功能与清醒时刻的思维活动极可能是一回事。在处理所接纳的感知材料上，我们清醒时刻的思维活动的作用方式与润饰作用对待梦的内容的作用方式完全相同。我们清醒时刻的思维的本质是替感知材料创造出秩序和联系，并使它们满足我们的理智的期待。事实上，我们总是做过了头，因为这个理智习惯，我们很容易受到魔术师的欺骗。在我们致力于使呈现给我们的各种感觉印象变成一个可理解的形式时，我们往往陷入各种奇特的谬误中，甚至对事实的真相做部分或完全的扭曲。

关于这点的证据人尽皆知，我在此就不用赘述了。在阅读过程中，我们通常不会计较印刷错误，并认为自己的理解是正确的。听说，有位法国通俗杂志的编辑跟人打赌道：如果让排字工人将“之前”或“之后”这两个词插入一大篇论文的每个句子里，那么将不会有读者注意到。事实证明他是正确的。数年前我在报纸上读到一则这种虚假联系的可笑实例：

在法国议院的某次会议上，一个无政府主义者掷入一颗炸弹，并爆炸开来，杜普伊以镇定的语气说道：“会议继续。”使得骚乱平息下来。边座上的来宾被问及对此事件的印象，其中两人是外省的。一个说，他确实在一篇演讲结束后听到了爆炸声，接着他又补充说，议会上每个演讲结束后，不是都要鸣炮的嘛。另一个人也许有过好几次听演讲的经历，他也是一样的说法。在他看来，鸣炮可能是一种对成功演讲表示敬意的方式。

月夜

同样，精神动因亦是如此对待梦的内容的，要求它们必须是可理解的，已经被它解释过一次，因而往往造成对梦的内容的误解。就我们的解释目的而言，必须永恒坚持的原则是不考虑梦表面的连续性，同样遵循着各元素原先的路径，上溯到梦念材料，而不论梦本身的清晰与否。

对于经过正常思维协助后梦的最终形式，如果要给它找个参照物，那么扉页上那些长期吸引读者的像谜一样的名言就是对照的最优之选了。这些名言的目的是使读者的相信一个句子——考虑对照，句子是最粗俗的方言——是句拉丁文名言，将此话中单词中的字母重新排列，新的句子中往往还会出现一两个真正的拉丁文字或者拉丁文的缩写。铭文中一些地方好像漏了字母或留有空白的地方误导我们，使我们无法辨认被分离的字母的意义。若我们不想受骗，就必须放弃寻找那些看起来符合名言的因素，将注意力从表面结构转到字母本身上，重新组成自己的母语。

关于润饰作用和清醒时刻的思维在作用方式上的雷同，狄拉克罗伊克斯的说法是："这一解释功能并不是梦独有的，我们在真实生活中对感觉材料所做的逻辑协助工作亦是如此。"此评论非常清晰。托波沃尔斯卡的意见与之相同："心灵渴望对这些不连贯的幻想加以逻辑上的协调，正如白天时对感觉的协调一样，它通过想象联结起所有这些分开的意向，并填补了它们之间的间隙。"

一些作者认为，在梦中，这种整理与解释的程序就已经开始了，并延续到了醒后。保尔汉说：“在我看来，梦在记忆中被极大程度地扭曲了……想象具有系统化趋势，在睡眠中产生的系统化，极有可能在睡前就已经完成了。因此，思维的真正速度可能会在清醒后的想象改善下得到明显的提速。”

因此，这个所谓的第四种因素——润饰作用就不可避免地被夸大了重要性，甚至导致有人认为，所有的梦都是由润饰作用创造出来的。戈布洛特和傅科的观点是，梦的形成工作是在睡醒的那一刻产生的。因为他们都认为，清醒时刻的思维能够将睡眠时所形成的思想制造成梦。

关于润饰作用的相关探讨，使我必须接着更进一步地考察梦工作的另一个因素。这个因素是赫伯特·西尔伯勒近年细心研究的对象，并且还进行了一些阐述。上文提及，在极度疲倦的状态下，西尔伯勒强迫自己进行理智活动，因为如此，他发现了将思维转变为意向的活动的过程。那个时刻，他所展开的思想不见了，取而代之的是一些图像，而通常情况下，这种图像代表了抽象思维。不过此时，在这些实验中所产生的看似可以当成梦的元素的图像，其内容有时并非在从事理智活动，而是和疲倦本身以及工作中的困扰和不愉快有关。也可以说，它表现的是主体的主观情况及其机能状态，而非主体本身。西尔伯勒经常称这种情况为“机能现象”，以与所谓物质现象对比。

例如：“某天下午我躺在沙发上，感觉非常疲乏，但却强迫自己对一个哲学问题进行思考。我想比较一下，康德与叔本华两人的时间观点。因为太累的缘故，我无法在同一时间思考他们两人的论证。因此，也就不能展开比较。在尝试了几次后，我生生地将康德的理论记住，希望将其应用到叔本华的论述中，因此，我又将注意力转移到叔本华的观点上，然而却又怎么也记不起康德的论述。突然间，藏匿在脑海某处的康德的观点以一种具体且可变的图像形式出现在我面前，像梦境般。我正向一位极不温和的秘书询问某些消息，他当时趴伏在办公桌上工作，并不太愿意因我的追问而中止正在做的事情。他半直起腰来，愤怒且赌气地瞪了我一眼。

西尔伯勒还提供了下面几个在睡眠与醒来之间往返的梦例。

“例二——环境条件：清晨时分，当我处在某种程度的睡眠（一种朦胧状态）中时，记起了前一天所做的梦，并想要延续做下去，我感到愈来愈接近清醒意识，但我却发自内心地想留在那种朦胧状态中。

“梦境：我正在过一条河，一只脚已经伸入水中，但又快速地收了回来，想要继续待在河的这一边。”

“例六——环境条件：同例四（他想要在床上多躺会儿，但不想睡得太深）我想再多躺一会儿。

“梦境：我和某人正在挥手道别，并和他约定好了下次见面的时间。”

西尔伯勒观察到的“机能”现象，通常发生在入睡以及醒来两种情形下，即“代表的是精神状态而非物体”，显然，梦的解析与后者有关。西尔伯勒所提供的例子强有力地证明，在绝大多数梦中，梦的内容的结尾所呈现的恰恰就是醒来的欲望或过程，进而就从睡梦中醒来。这种表现有许多种形式，如迈过门槛（门槛象征），由一个房间进入到另一个房间，告别，回家，与朋友重逢，潜水等等。在此，我需要承认，无论是在我的梦还是我分析过的梦里，我所接触的与门槛象征相关的梦的元素，远没有西尔伯勒说的那么多。

门槛象征可使梦的结构中的一些成分变得易于理解，事实亦是如此。譬如说，关于睡眠深度的波动问题，梦的中断倾向等，不过在这方面尚未找到令人信服的证据。

西尔伯勒研究出的有趣的功能现象，被频繁地滥用着，尽管错不在西尔伯勒本人。因为它被看成是对那个古老的倾向的支持，即以抽象和象征来解释梦。有些人对功能类型极度偏爱，致使梦念中出现的所有理智活动和情感过程都被认成是功能现象。实则不然，同其他所有材料一样，这种材料亦是前一天的经验遗留下的零星碎片在梦中的复现。

接下来我想总结一下上面关于梦工作的长篇大论。我曾被问到，在梦形成时，我们的心灵是以它全部的官能还是有限的某一部分官能参与的呢？这一提问方式被我们的研究成果完全否定了，它与研究事实不符。如果非要给这个问题一个答案的话，那么我们只能说它们都是对的，尽管这两种方式看似互相排斥。在梦形成时，我们可以分辨出两种不相同的精神活动，它们分别是梦念产生过程中的精神活动和将梦念转化为梦的内容的精神活动。梦念绝对是理性的，它的构建集合了我们能够发挥使用的全部精神能量。它们存在于潜意识思维里——我们的意识的思维就是经由某些变化在其中生成的，不管梦念有多少有趣且令人费解之处，这都和梦毫无联系。因而，不必在有关梦的问题中对其进行讨论。而梦形成中的第二个精神功能——将潜意识思想置换成梦的内容的活动，却为梦所独有。梦的工作和我们清醒时刻的思维之间的差异远比我们想象的大得多。即便将梦形成过程中的精神功能做最保守的估计也依然如此。

较之清醒的思维，梦的工作不单单是更无理性、更粗心大意、更健忘或者更不完整，因为性质上的不同，而不存在可比性。它根本不进行考虑、计算或判断，而只是赋予事物全新的形式。关于它实现其结果所需要满足的各种条件，我们已充分地说明过了。那个结果便是梦，它的首要的任务是躲过稽查作用的审查，此外，通过种种精神强度的移置作用，最终实现精神价值的全部转换。梦念必须完全或主要借由视听记忆的痕迹材料来重现，为了实现这一目的，梦的工作在进行新的置换时，需要考虑强烈的表现力。晚上也许要产生比梦念所能给予的更大的强度，梦的凝缩作用正是服务于此目的的。我们应对梦念的逻辑关系加以注意，它们将作为梦的特殊外形的一个伪装形式。较之其观念内容，梦念中的情感很少产生大的改变。通常情况下，这种情感都是受抑制的，而当它们得以在梦中表现时，就会与其原来附着的观念分离，而与相同性质的情感连在一起。梦工作的唯一不规则的部分，即借由部分清醒的思维对材料加以修正的润饰作用，与其他作者试图用来建构梦形成的所有活动的观点相合。

The interpretation of dreams

梦　的　解　析

第七章 梦过程的心理学

前言

在我搜集到的诸多梦例中，有一个尤为值得一提。这是我在一位女病人那里获知的，关于她在一个与梦有关的演讲中听到的内容。到目前为止，这个梦的真实来源我仍旧没有弄清楚。但是，这个梦却给这位女士留下了深刻的印象，以致她又重温了它的部分内容，即她再度梦见了它的某些内容，她以这种方式表达了她对该梦某部分的赞同。

以下是这个梦的序幕：

> 傍晚消逝的幻觉

一位父亲接连几日守在病危的儿子床边。孩子死后，他躺在隔壁的房间休息，但他要求将门开着，这样就能看见他的儿子了——在蜡烛包围中的尸体。他找了一个老人看顾着尸体，并为孩子低声祷告。睡去数小时后，这位父亲做了一个梦，梦中出现了他的孩子，孩子站在离他很近的地方，抓着他的胳膊，哀声抱怨道：“爸爸，我被烧着了，难道你没有看见吗？”他惊醒过来，只见隔壁燃着炫目的火光，他急忙赶过去，发现那位老人睡着了，而一支燃着的蜡烛掉下来点着了儿子的裹尸布，他儿子的一只胳膊正在烧着。

解析这样一个感人的梦，并不需要太费事，而病人也在那位演讲者那里获得了正确的解释。明亮的火光由开着的门投射到睡着的梦者的眼睛上，他清醒地意识到是尸体旁边的某些东西着了。有极大的可能，在睡前，他对老人并不放心，他怀疑他不能胜任看护工作。

对于这样的一个解释，我没有异议，只是我要追加一句，即必定是多因素的共同作用决定了梦的内容，梦里那孩子说的话一定在生前的清醒时刻说过，并且是关于这位父亲心中的一些重要事件的。例如，“我烧着了”极可能就是这个孩子在生前这场病中，发高烧时说的话。而“爸爸，难道你没看见吗？”这可能会联系到某种我们未知的敏感情况。

我们已经了解，梦的过程具有一定的意义，而且与梦者的精神体验有关，然而仍有一个问题是我们还没弄懂的，即梦发生的情况为何会是在亟须醒来的时刻？这个梦也是一种愿望的满足。在梦中，死去的孩子如同活着一般：他站在父亲面前，抓着他的胳膊提醒他，这可能就是他生前发高烧时做的。就是为了达成这个愿望，父亲才要求自己睡得长一点儿。梦里的情况是这位父亲比较喜欢的，因为他看见了自己的孩子还活着。如果父亲先醒来，之后进行了上述的一系列推断，再赶到隔壁房间，那么他儿子的生命就少了这一段时间。

对这个感人的梦，我要再次给予肯定。直到现在，我们的讨论中心都是围绕着梦的含义、获得这个意义的方法以及其所运用的伪装手段。我们叙述的核心一直都是梦的解析。而我们现在遇到的这个梦，却对我们提出了另一个要求。梦的意义能够明显地看出来，它的解析也没有难度，但是它具有的某些特征却不能很好地与清醒生活吻合，我们的新挑战即对这之间的区别加以解释。而这一工作要求我们将梦的解析搁置一边，在实现这一情况后，我们将会发现，我们对梦的心理的了解非常的贫乏。

在我们开始梦的心理的探寻之路前，我们需要静下心来仔细地检查，看看是否在走过的那段路途中丢失了某些关键的东西。这样做的目的是，使我们确信经过的路是这段旅程中最平坦的一段，到目前为止，我们走的路都是为了寻找光明，即利于我们的深入研究。若我们将梦的心理过程列为重点研究对象的话，那么我们的前方就将是一片黑暗。我们不能用心理过程来解释梦，因为解释都是以某些已知的事物为某个事物的来源展开的，而目前还没有任何确定的心理学知识能够提供给我们作为梦的解析的基础。反而，我们还要设定许多新的假设，就像关于心灵结构的各种假说，以及与其内部诸力量的运作有关的一些假定，而且这些假设要在一级逻辑联结关系范围内，不然它们便会因为距离主题太远而被模糊意义。然而，若缺少科学的前提，即便考虑了所有逻辑的可能性，并且推论都正确，我们的整个推演过程还是会得到不正确的结论。在将梦同别的所有精神机构隔离开来的情况下，尽管对其加以最细致的研究，也还是不能证实或者至少不能完全判定精神机能的结构及其运作方式。这种结论的获得需要对一系列这类机能进行比较研究，之后再将以此为基础所得的全部确定知识综合在一起。因此，我们要先将经由梦的解析所获得的心理学假设暂放一旁，这一情况将持续到这些假设可以与由另一角度对同一主题的探讨结论发生联系。

一、梦的遗忘

我建议将论题转移，换成一个有一定难度的问题。尽管这个困难我们尚未考察清楚，然而它却可能动摇梦的解析工作的根基。总是会有批评意见投来，说我们对要解释的梦并不了解，或者准确一点说，是并不能保证它就是所说的那样发生的。

首先，我们所记忆的梦以及以此为基础对它的解释，因为是建立在我们本身模糊的记忆上，所以它们原本就不完好。我们的记忆似乎尤其不擅长保存梦，而且往往会将梦的主要内容忘记。当我们集中注意力想回忆起某个梦时，我们常要大失所望，因为尽管做了很多梦，记得的却只是零星的片段，并且对这个片段的真实性，我们的记忆也持怀疑的态度。

其次，由种种迹象观察可知，我们所记住的梦不但残缺不全，而且还在记忆的过程中做了有意的曲解。一方面，我们要怀疑，真实的梦是否真如记忆那般混乱而不连贯；另一方面，我们也要怀疑我们对梦的连贯的描述的准确性。在对梦进行回忆时，我们是否增加了一些新的和经过挑选的材料来填补被遗忘的部分，或用来弥补遗忘了的部分，或者对梦做了润色和修饰，以致不能断定其原始内容是什么。的确曾有一位叫斯皮达的作者说过，在回忆梦时会随意添加一些东西，使其具有条理性或连贯性。因此，一种危险便悬于我们头顶上了，极有可能我们所要关注其价值的印象反倒被我们给完全忽视了。

前文做过的所有梦的解析中，我们还未曾意识到这种危险。与之相反，我们认为，对梦的内容中的最琐碎、最不明显以及不确定的成分加以解释，与对梦中记忆最清楚、最确定的成分进行解释是同等重要的。

在解析梦的过程中，其琐碎的成分也是不容忽视的；而且若没能对它给予足够的重视，则将会导致整个解释工作难以继续下去。在解析梦时，对梦的内容中不起眼的文字形式，我们都应为之找出其对应的意义。即便是再无意义和不可解的梦的内容，即看似无法准确描述的梦的内容，对这种不足本身我们也应加以应有的探究。简单来说，对于其他作者出于避免混乱目的的即兴发挥，我们都将之奉为圭臬。对这矛盾，我认为有必要加以解释。

春景中的人物

虽然这个解释没有明确地判定其他作者是错的，但它却非常有利于我们。由我们近期获知的与梦的起源有关的知识来看，以上的矛盾完全不存在。在回忆梦时，我们确实对其进行了扭曲。在此，我们又一次发现，所谓的梦的润饰作用（极易引起误解的）的过程发挥了作用，它由普通思维的动因执行。然而，润饰作用的组成部分中原本就含有对梦的扭曲，若想顺利地通过梦的稽查作用的检查，梦念就需要润饰作用的伪装。如此，被其他作者发现或质疑的这一运作明显的梦的扭曲，在我们这里，就不具有同样的重要性了。因为我们了解到，在隐藏的梦念形成梦时，就已存在了一个看似不突出实则更为深入的扭曲作用。之前的作者之所以是错误的，是因为他们相信在对梦进行回忆和描述时，梦的扭曲是随意糅合的，且不可进一步分解，并由此误导了我们对梦的理解。所以，他们没有对精神事件被决定的程度加以应有的重视。精神事件的发生并不是随意的，这一点很容易就可证明，若某个思路不能决定一个成分，那么它一定取决于另一个思路。譬如说，我随意地想象一个数字。然而，若说想到的这个数字十分清晰且一定取决于我的思想，而不论这些思想符不符合或有多少符合我当下的意向，这是不可能的。经由真实生活的改造后，梦所发生的各种变化也都是必然的，这些变化是建立在与之有关的代替梦的材料基础上的，而且还指示了寻找这个材料的路径，这也许又是另一个的代替物。

在分析病人的梦的过程中，我总会去验证这些主张，其结果大多都是成功的。若在病人向我描述了一遍梦的内容后我仍不能理解，我就会要求他再讲一遍。再次描述时，病人很少以原话进行。而他用不同的话阐述的梦的那一部分，就是揭示梦的伪装的突破点，就我而言，这些不同的描述就是解析梦需要的起点。我要求病人复述他的梦，便是在暗示他，解析他的梦需要费一番苦心。因此，受反抗压力的作用，在复述时，他就会随机地采用一些无关紧要的话来取代那些有揭露性的话。如此，我就会对他复述过程中放弃运用的表达加以注意。病人竭力制止梦的分析，而这也正好为我提供了揭露他的伪装用意的基础。

之前的作者对病人关于梦的描述过分不信任，这是毫无根据的，因为这没有任何理智依据。对记忆的准确与否，是我们不敢明确保证的，但我们仍要充分地信任它。对于梦以及它的一些细节的描述的准确性的质疑，其实只不过是梦的稽查作用的衍生物而已，即阻止梦念进入意识的阻抗。这种抵抗并没被已存在的移置作用和置换消耗掉，它依然以怀疑的形式依附在被允许通过的材料上。一般来讲，我们往往很容易对这种质疑产生误解，因为它只作为梦中微弱且不明显而非强烈的成分存在。然而梦所呈现的，是精神价值完全颠倒的梦念。歪曲只是精神价值贬值后的产物。多数情况下，它是以这个方式表达的，有时也安于现状。所以，若梦的某个成分因存疑而无法确定，我们就可以有把握地判断，此成分是一个违禁的梦念的直接派生物。这一情况与古代某个国家经历了一场彻底革命或文艺复兴类似，将过去曾一度处于统治地位的豪绅贵族放逐，取而代之的是新兴阶层。而那些曾在豪绅贵族里地位最卑微的成员或者是与其关联不大的依附者则被允许留下来。然而即便是这些人，也享受不到完全的公民权利，并且不被信任。这一类比中的不被信任与我们这里讨论的怀疑相同。正因为如此，我在梦的解析中便果断地放弃了确定性的一切标准。但凡是有可能出现在梦中的，就要以完全肯定的态度进行分析。在追溯梦的任何一个成分时，我们会注意到，若非坚持了这个态度，解析工作将难以进行。如果对所要分析的梦成分的价值持有怀疑态度，病人不能联想到潜藏在该成分背后的不自主观念。这个结果是不太明朗的。如果一个人说“我不确定梦中有没有出现……但它却使我想到了……”，这话没有任何的意义。但事实上没有人这样说过。正是这怀疑中断了分析，同时它也是精神反抗的衍生物和工具。精神分析的假设是非常合情理的，其奉行的原则之一是，所有致使分析工作难于进行的都是抵抗。

同样，如果将精神稽查作用的力量排除掉，梦的遗忘就不可能得到解释。绝大多数情况下，梦者都认为自己在一个晚上做了许多的梦，然而只记下了很少的部分，这可能还有另一层含义。例如，它可能表示的是，整个晚上梦都保持在运作状态，但只形成了一个短暂的梦。清醒后，由于时间的流逝，我们忘掉的梦的内容越来越多。尽管我们努力地回忆，还是不能将它们记起来。但我的看法是，这种遗忘是夸大了的；而且，我们对梦的理解受限于被遗忘的空隙的程度也被夸大了。通常来讲，在分析过程中，对梦被遗忘的成分的记忆都能再次被唤起。至少在多数的例子中，我们可以由梦的残片拼凑出全部梦念，尽管梦本身不能被重构（事实上它并没有多少决定意义）。因为如此，我们在分析时就要具备一定的注意力和自制力——仅此而已，但也向我们证明了，梦的遗忘并非没有敌对的成分在发挥作用。

若在分析中能考察遗忘的早期阶段，那么我们就能搜集到充足的证据来证明，梦的遗忘是有倾向性的，并服务于抵抗。在分析时，梦中被遗忘的部分突然被病人记起，然而在描述时说忘了，现在又想起了，这是很常见的情况。通过这种方式再次记起被遗忘了梦的成分必定是梦的最重要的部分。它常常存在于获得梦解释的最近路途上，因此也面临着比梦的一些别的部分更大的抵抗。在本书提到的各梦例中，有一个梦就是借由这种“后来想起”的方式添加上了一段内容。就是那个关于旅行的梦，那是我对两个令人讨厌的旅伴的报复。那时，我几乎没有对梦的这个情节进行深入的分析，因为我讨厌它。此梦漏掉的部分是：我讲的是关于席勒的一本著作的话（用英语），我说“它是从……”，而当我发现讲错了时就更正道：“它是……写的。”那男的便告诉他妹妹：“对，他讲得一点儿没错。”

在一些作者那里，梦中的自我纠正是非常奇妙的，不过我们不必注意它们。在此，我想提到我的一段回忆。我梦中的语句错误就源于它。在十九岁时，我曾到过英国，在爱尔兰海的岸边度过了一整天的时光。我自然也对海边拾贝之类有兴趣，并且被一只海星吸引了目光——那个梦的开头字母就是“hollthurn”和“holothurians”——一个可爱的小女孩向我走来，并问我：“它是海星吗？是死了吗？”我回道：“没有，它是活的。”立刻，我因为说错话而感到尴尬，并对其进行了更正。在梦中，我的口误被一个德国人常犯的语法错误取代了。“Das Buchistvon Schiller”应翻译为“由”字，而不是“从”字。在了解了梦的工作的目的以及其不择手段达成目的之后，此梦会完成这个替代就不意外了，英文“from”与德文“from”（虔诚）相似的发音促成了高度凝缩的作用。不过我关于海滩的记忆又是如何入梦的呢？它显示我利用了一个词的性，即我把性别搞混了（“he”一词）。解释此梦的关键便在此。此外，任何一个听说过克拉克·马克斯韦尔（在梦中讲到的）“Mater和Motion”这个标题缘由的人，都会轻松地完成这样的填空题：“Molière's Le Malade Imaginaire”——这种事（matière）应该被赞扬吗？——肠子的蠕动（motion）。

精神分析的经验为我们提供的另一个证据显示，不同于一些权威所强调的那样，梦的遗忘主要发生在阻抗中，而不是清醒与睡眠两个互不相关的状态之间。在梦中惊醒过来后，我们通常会立即用一切心智力量对其加以解释。在这一情况中，若没有全面理解梦，我们就坚决不睡觉。但次日早晨醒后，虽然我们没有忘记做过梦并做了一番解释，不过却彻底不记得梦的内容以及我的解释活动了。事实情况往往是，梦将我的解释发现和梦的内容一起遗忘，而不是在我的理智活动下成功地把梦保留下来。但就梦的遗忘来讲，我和权威的说法是不一样的。我的解释活动和清醒时刻的思维间并无这种精神的鸿沟存在。

在本书的写作过程中，我得到了一次进行观察的机会。得出的结果显示，梦并非比其他精神活动更易遗忘。就记忆而言，梦和其他精神活动的价值是相当的。我记录下了自己的许多梦，受各种影响，我并没有在这些梦发生后就进行全面解释，或基本没解释。在事后的一两年，我尝试对其中一些加以解释，来为本书提供例证材料。对各种梦解释的过程都很顺利，并且可以说，在事后这么久再进行解释要比醒后更无阻碍。原因之一是，大概做梦时各种内心抵抗已被我克服了。事后解析时，在我将做梦当时的梦念和事后更丰富的梦念对比后，我发现新的梦念中常常就包含旧时的梦念。这使我很惊讶，不过在我想到，一直以来，病人报告给我的发生在几年前的梦都是以这样的方式成功解析的，仿佛它们就来自前一天，这样就不意外了。在之后焦虑梦的讨论中，我会提供两个这种延误解释的梦例。我会做这种实验的初衷，是因为一个合理的预期，即无论从哪方面讲，梦和神经症病状都相类似。在我对神经症病人进行精神分析时，我的解释对象不仅是他当时的病症，从前的现已消失的病症也被我纳入了解释范围，并且我注意到，较之当时的问题，早期的问题更易于解决。

以下我想谈及一些关于梦解释问题的不相关联的看法。这也许有助于读者将来分析自己的梦来验证我的观点的准确与否。

对自己的梦进行解释并不是一件轻松且简单的事情。尽管没有任何精神动机出来干扰，要对自己的内心现象或一些日常不会注意的感觉进行观察，也需要丰富的实践经验。而要把握不自主观念，就更加难了。一个人若想做到这点，就需要对本书所讲的各种要求都了然于心，并遵循本书的原则；在分析时，必须不带任何批评意见、任何先入之见，以及情感或理智上的任何成见。必须牢牢记住克劳德·伯纳德对实验生理学家们的规劝："Travailler comme une bete."即要如同动物一般耐劳肯干，并且将工作得失置之度外。若听从了这个规劝，那么分析工作就不再困难了。

一次分析往往不能完成对梦的解析，在对一个梦做了相关联想后，我们往往会有疲倦的感觉，所以此时的分析工作就很难再有进展了。此时最好的做法是中断分析，过几天再继续，这样梦的一些内容就可能被我们发掘，从而寻找到另一层的梦念。这一方法也可以称为"分段"梦的解析法。

法兰西英雄们的赞礼

就一个从事梦的解析工作不久的释梦者而言，当他完成一个梦的解析时，即给了梦一个合理合题的解析，并且顾及了梦的内容的每一个成分，要使他相信工作仍未结束，是一件十分困难的事情。因为对同一个梦的解析还有其他可能，即多重解释，而这是他没有注意到的。要对潜意识思想线索的多样性有所理解确实难度很大，无数的思想都在我们的心灵中挣扎着，寻求被表达的机会。它的一个表现形式涵盖着数种意义，要把握梦工作的巧妙更是难上加难。

而同时，我也不能证实由西尔伯勒最先提出的观点：每个梦（或大多梦、某种梦）都一定有两种不一样的解释，并且两种解释之间的关系是固定的。西尔伯勒称其中之一为"精神分析"解释，它赋予了梦某种意义，而且通常是孩童式的性欲意义。他认为更重要的解释是"秘密解释"，它所揭示的思想更为严肃和深邃，梦的工作取材于它。西尔伯勒将这两种解释应用到大量的梦例中，但这却没有为他的观点找到充足的证据。但我必须承认，这个所谓的事实并不成立，尽管他这么说，但大多的梦都无需多重解释，也无法进行神秘解释。同近期提出的其他诸多理论一样，我们不得不注意到一个事实，即西尔伯勒的理论受制于一种目的，它企图遮掩梦形成的基本条件，并将我们的注意力从对梦的本能根源上转移开。在某种情况下，西尔伯勒的判断可以得到证实，不过分析后发现，此种情况下梦的工作将面临一个问题，即将清醒时刻一些高度抽象的观念转化成梦的难题。而这种思想是不能直接表现的。出于解决此问题的目的，梦的工作不得不抓住另一组理智材料，而这些抽象思想和那些散漫观念有关（往往是用一种隐喻式），并且很容易表现。对于此种方式形成的梦，梦者可以毫无困难地做出抽象解释，而要想正确地解释插入材料，需要借助那些我们已掌握的技术。

是否每个梦都能加以解释？我们的回答是：不是。在对梦进行解释时，构成梦歪曲的精神力量会出来阻碍我们。因此，问题就变成两种力量间的对抗，即我们的理智兴趣、自制力、心理知识以及梦的解析经验等受到内心的阻抗。解释工作常常得到一些进展，使我们足以相信，梦具有一定的意义，并进而窥视它的意义所在。一般来说，紧接着做的第二个梦证实了我们关于上一个梦的假设性解释，并使之进入另一个层次。仔细观察连续几周乃至几个月的一组梦，会发现它们往往是建立在一个共同的基础上的，因此它们的解释必定相关。对两个连续的梦而言，一个梦的核心成分常常在另一个梦中不占有重要的地位。反之亦然，所以它们的解释通常是互补的。由我之前给出的一些例证可知，做于同一晚的不同的梦，可以当做一个整体加以解析。

现在，让我们再回到关于梦的遗忘问题上，我将会给出一个重要的结论。我们已经知道，真实生活具有一种明确的倾向性，即将晚上形成的所有梦遗忘掉，或是在清醒后将整个梦忘掉，或是一点点地忘却。我们亦知道，精神的阻抗是造成遗忘的主要原因，而阻抗在晚间就尽其可能地发挥作用。于是就面临一个新的问题，即梦是如何在这种抵抗作用下形成的呢？我们姑且先就其最极端的情况展开研究，即醒后将整个梦忘掉，似乎它就未曾发生过一样。若在晚上的抵抗同在白天一样的强烈，在这种情况下，我们对各种精神力量的推导结果将是——梦未发生过。因此我们需要下这样的结论：在夜间，抵抗会部分失效，尽管我们非常清楚，它不会失去所有力量，因为我们已明确，它仍是梦形成过程中的歪曲因素。因此我们必须认同“梦的形成是因为晚上抵抗作用削弱了”的说法，也更易于理解，在醒来后它的力量恢复时，便立即将它在微弱时允许形成的梦从意识里排除了。由描述心理学可知，梦形成的基本条件是：心灵需要处于睡眠中，由此这个事实就可以这样解释：梦得以在睡眠中产生的原因是在睡眠状态下精神内部的稽查作用减弱了。

无疑地，我们容易将这一点视为从梦的遗忘事实中得到的唯一结论，并会以此为进一步研究睡眠和清醒之间能量分布情况的起点。但暂时我不想下结论。在我们进一步了解梦的心理学后，我们将发现，对梦之形成的影响因素可以从别的角度加以观察。当抵抗的力量未减弱时，梦念亦能躲避抵抗而潜入意识中。在我们看来，对梦的形成有所帮助的两个因素——抵抗力量的减弱和抵抗的视而不见——在睡眠状态下，可同时发生。对于这一点，我先暂时不做探究，留待后文继续讨论。

对于我们解析梦的程序还存在另一种阻抗，它们是我们现在所要考虑的。我们解析梦的程序是，将平时掌控我们思想的有益观念摒弃掉，将注意力集中到梦的单个成分上，并对随后发生的所有与之相关联的不自主联想做记录。之后再以同样的方法对待梦的另一个部分。任由我们的思想自由发挥，在两个不同主题间随意跳跃，我们确信，不主动干涉联想，最后我们必将得到梦所起源的梦念。

反对者这样认为，梦中某一单个成分会引发某种联想，这不必惊讶，每个观点都可和某种联想相关联。不能理解的是，这种散漫且任意的思想序列竟能引导我们找出梦念。这很可能只是一种自我欺骗罢了。我们跟随某一成分的相关联想，直到因为某种原因而中断。若在此时再结合梦的另一成分进行联想，那么这只会使原先的自由联想愈来愈窄，因为我们的脑中还存着上一个的联想。所以在对第二个观念分析时，我们的大脑总会不由自主地进行到与第一组联想有关的事情中去。所以我们就产生这样的幻想：好像梦中这两部分有共同的联结点。因为我们的思绪自由地发挥，除了那种发生于正常思维中的、由一个观念向另一个观念的过渡之外，最后我们必然可以找到许多我们称为梦念的所谓“中间思想”，而且它就是梦的精神构成的决断——但它的真实与否我们却无法确定，因为我们还欠缺别的知识，不知道梦念究竟为何。这一切都是随意编造的，这种联结只是

> 幻视

我们利用一种巧妙的方式制造出来的。借由此种方式，任何一个肯如此自寻烦恼的人都能为梦编造出一个如他所愿的解释。

如果确实有人这样质疑，我们这样辩护就好了——人们会对我们的解释印象深刻；梦的某个观念所引发的联想，与梦的其他成分之间是高度相关的；在没有遵循从前建立起来的精神联系的情况下，将无法对梦做出更具体的解释。另外我们的辩护还有，我们的梦的解释程序同治疗歇斯底里症状程序是相同的：在歇斯底里病的治疗中，其方法的正确性可以由症状的呈现与消失得到证实，或者以比方的方式说明。本书结论的正确性是由其旁证的正确性得出的。但关于随意且无目的的思想串列如何能达到事先已存在的目标的问题，我们还不能给出说明，但也无需说明，因为这个问题是不成立的。

在为梦做解释时，虽然我们不自省，而使思想自由发挥，但我们并非在追随无目的的联想。我们可以证明，被我们否定掉的只是已知的有意义的思想，然后，那些不知道目的的——准确说是潜意识的——观念就出面主持大局，对固定观念的过程发挥作用。我们能对自己精神过程施加的任何影响力，都不能使它去做无益的思考。在我看来，所有精神错乱状态亦是如此，在对待这个问题上，精神病学家们太过轻易地放弃了他们关于不同精神彼此相关的信念。我了解一个事实，在歇斯底里和偏执狂中，漫无目的的思想和梦的形成一样，是不会发生的。也许，这种思想不可能产生在一切内源性精神障碍中。若我们认同劳里特的看法，那么即便谵妄的意乱情迷状态也是有意义的。不过是我们没了解罢了。在我有机会对这种错乱状态独自观察时，我的想法也是一样的。谵妄得以产生是稽查作用没有掩盖它的结果，即稽查作用不再同心协力制作一些为潜意识可接受的新形式，而是将它所反对的一切直接摒弃掉，而使得留下的表现显得支离破碎，不明其意。这种稽查作用所做的是和俄国边界的新闻审查员一样的工作，他们把外国新闻部分删除后，才送给他们所要保护的民众。

也许，在器质性脑损伤患者身上，观念可以偶然自由推演，而在精神神经症病人那里，这种推演可以用稽查作用对精神串列的影响来说明，不过这种思想串列正是被某种依然处在潜意识中的目的性观念带入意识之中的。若联想（或意向）被认为是所谓的“表面的”关联——即无意的关联，如通过谐音、歧义或一切与字义无关的巧合等，或者是通过谐音、拼字游戏所运用的那种关联等——这些特殊的关联一向是摆脱目的性观念影响的明显象征，他们存在于各种成分通往中间思想的过程之中，和由中间思想通往梦念本身的过程中。这种情况可以存在于很多梦例中。在此类梦里，构架于两思想之间的联系是很紧密的，诙谐也并不是太过粗鲁而不能用的，因而完全可以连接起两个思想。但是这其中的真正解释却非常简单：当两个精神元素以牵强或很表面的联想相联系时，它们之间一定有一个正统且更深刻并受到稽查作用抵抗的联系。

表面联想之所以会多次出现，真正的原因是稽查作用的压力，而非对有异议思想的抛弃结果。当正常连接管道受到稽查作用的抵抗时，深层联想就被表面联想取代。对此，我们可以用山区交通作为类比：当因为故障（如暴发洪水）的发生导致主线干道受阻后，通讯并没中断，人们可以通过那些不方便的陡峭小道进行交通，这些小道平常只有猎人使用。

此外，我们要分辨出两种情况，虽然它们的本质相同。第一种情况是，稽查作用只对两个思想之间的联系起作用，而这两个思想本身不会受到它的阻抗。此时，两个思想可以相继进入意识，这样它们间的联结就隐没了，不过却有一种在正常情况下我们不会想到的表面联结。这种联结往往附着在观念情节的某些片段，而且通常没有主要联系存在的部分。第二种情况是，两个思想本身的内容都受到稽查作用的阻抗。此时，两个思想都不能以真实面目呈现，而只能以一种替代物的形式呈现。在为这两个思想选择替代物时，需要满足的条件是，与之具备某种表面联结，并且此种联结必须重复着被替代的两个思想之间的主要联系。在这两种情况下，稽查作用的压力效果是，将正常且严肃的联结转换成表面的并似乎有些荒诞的联结。

我们已经知道这种转移的存在，所以在解析梦时，在使用此关系方面不必迟疑。

到这里，我们可得出一个正确的结论，即我们不需要将在解析梦时的所有联想，都假设成和梦的工作有关系。事实上，在醒后对梦进行分析的过程中，我们以反方向将梦的内容推演回梦念，而梦的工作所运行的途径恰恰相反，而这两条路线相通并不是没有可能的。反之，白日里我们所遵循的是一些清新的思想线索，有时这种思想线索会触及中介思想，有时会触动梦念，有时出现在别的地方。我们会看出，白天的材料亦正是以这种方式加入解释的序列中。此外，因为在晚上抵抗会有所加强，这使得我们的解析工作愈加困难。在心理学意义上来讲，我们白日里遵从的思想旁枝，只要可以将我们带到所要找寻的梦念就行了，而它的数量和性质则是无关紧要的。

二、退　行

我们已经给了这些反对意见以反击，或至少已对我们的防御武器做了展示了，对已准备良久的心理学研究我们就不能再拖延了，我们可先大略地讲述一下已获得的研究发现：梦是一种精神活动，它和其他所有精神活动同等重要。促成每个梦形成的动机力量都是一个渴望被满足的愿望；梦的愿望之所以会不清楚，并具有诸多特征和荒谬性，都是其形成时所受到的精神稽查作用的影响结果。影响梦形成的因素，除了稽查作用外，还包括对梦的精神材料的凝缩、以影像来表现感性形象，以及要求梦具备一个合理且可解的外表结构（虽然无需具备）。以上每一个命题都开启了一个新的心理学研究领域。梦形成的动机力量——愿望与梦形成过程中的四个因素之间的关系，以及这些因素内部之间的相互关系，都有探究的必要。

而且也必须研究一下梦在复杂的精神生活中的位置。

在本章的开端，我引述了一个梦，目的在于列举我们所需要解决的问题。要解释那个孩子燃烧着的梦其实很容易，尽管我还没给出全面解释。当时，我提出了这样的问题：为什么梦者持续做梦而不醒来，并揭示了他的动机之一，即想要那孩子活着的时间长些。在下文的进一步讨论中，我们会发现此梦还有另一个愿望在运作。目前我们能说的是，睡眠状态下的思维程序转化成一个梦，首先是给一个愿望以满足。

若将此梦的愿望满足排除掉，那么，能将梦念与梦这两个精神事件作区分的，就只有一个特征了。可能的梦念是："我看见停放尸体的房间发出火光，也许有根蜡烛倒了下来，并烧到了我儿子。"这些思想在梦中得到了完全的体现，只是以一种真实存在的情景表现的，如同真实生活里可以借助感官进行感知那样。在此，我们所看到的梦过程的特征是最广泛以及最显著的：某个思想，而且必定具有某些愿望的思想，在梦中都物象化了，且表现为某个情境，像是亲身体验似的。

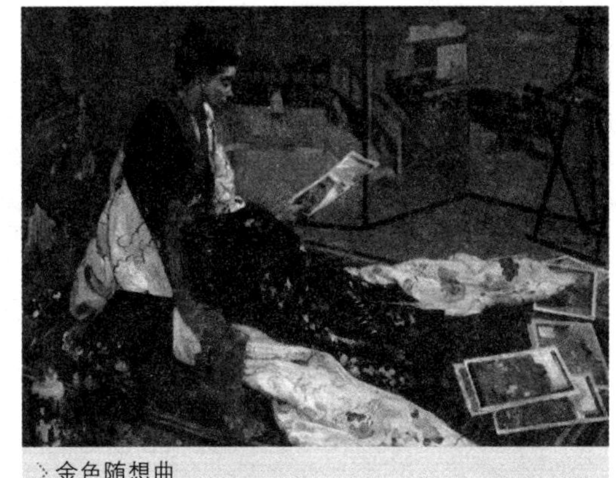

金色随想曲

但是，我们如何对梦的解析的工作所特有的这个特征加以解释呢？或者具体些说，我们如何在复杂的精神过程中找到它的准确位置呢？

如果我们进一步探究此梦，将会注意到，梦所采取的形式中具有两个相互独立的特征。一是思想以另一个直接的情境表现出来，只是略去了"可能"的思想成分；二是思想被置换成视觉图像和言语。

在此梦里，那个将思想所传达的可能性转变为现在式的思想转变并不显著，这是因为，此梦中的愿望满足仅仅起着辅助作用。梦使用了和白日梦一样的方式和等同的权利利用了现在式。现在式是表示愿望已实现的时态。

第二个特征所表示是，将思想转变成感觉形象，这点，可用于区分梦和白日梦。此形象不仅得到了梦者的充分信任，并且他们还认为正在感受着。在此，我应追加的一点是，并非所有的梦都能将观念转化为可感觉的形象。某些梦只具有思想，只因为具有梦的特质而被纳入梦中。我的那个“自学者”的梦就是一例，它所具有的感觉元素，并不比我白天思考中的内容少。一个很长的梦，必然有些内容未被赋予感觉形式，它们只是处于思考中，正如我们在清醒时刻思考或者是了解事物的方式一样。此处需要提醒注意的是，并不是只有梦中才会发生由观念向感觉形象的转换，健康的人或精神神经症病人所产生的幻觉或幻象中也会产生，这些幻觉或幻象各自以独立的实体形式存在。总而言之，我们这里所探讨的这种关系并不是梦所特有的。不过，如果梦的这个特征呈现的话，我们便会很自然地将其视为最明显的特征。因此，如果将这个特征删除掉，我们将无从理解梦的世界。但要对这一特征有所理解，我们需做一番深入的探讨才行。

我打算从诸多关于梦的理论著述中拣选出一个有价值的说法作为此次研究的起点。伟人费希纳曾就梦的问题做过简短的探讨，他主张梦境不同于清醒时刻的观念生活。这是唯一使我们理解梦生活的特殊本质的假说。

这些文字带给我的是精神位置的观念。我们现在讨论着的精神机构，往往被当成是一种解剖式的结构。我不会去考虑这一点，并会谨慎地避免将精神位置和解剖学结构混合讨论，而只是在心理学的范畴中，遵循下述建议，即将推动我们各种精神功能的机构视为复式显微镜或照相机一类的东西。以此为基础，精神位置就如同此类仪器中形象的初级阶段形成的那部分。我们明白，显微镜或望远镜中呈现的这些初步形象，部分是建立在一个理想点上的，虽然此点在仪器不可触摸的地方。在我看来，我们不必因为这个类比的不够完善而感到遗憾，它的作用只不过是帮助我们理解那错综复杂的精神活动，将各种功能解析，并把不同的成分归结为此机构的不同部分。就我所知，此种解析方法目前还没有被实验工作采用，借着探讨心理的机构，了解它们是如何连在一起的，我认为这样做没有什么不妥之处。我相信，在我们保持头脑清醒，并且在基础上不把构建的骨架搞乱的情况下，就能实现思想的自由驰骋。因为在研究任何未知事物的初始阶段，我们都需要一些暂时性辅助观念的协助，因此，我将先列举一个最粗略且最具体的假设。

由上述的讨论可知，我们将心灵器官假设成一个复式的机器，并称呼它的各个成分为“动因”，为了更清楚，我们也称之为“系统”。而后我们可以设想，各系统之间存在着规律的空间关系，如同望远镜内各棱镜之间所处的位置一样。当然，严格来讲，我们并无必要假设各精神系统之间具有某种空间的秩序。事实上只要我们可以借由某一精神过程的亢奋，在各系统之间确定个先后顺序，建立起某个特定的恒定模式，就足够了。在其他精神过程中，所遵从的模式可能就不同了。对此，我们暂且不论。出于简洁的考虑，我们姑且把心灵机构的各成分比作“ϕ系统”。

我们最先注意到的是，由ϕ系统所组成的复合机构是带有感觉或方向性的。我们的每个精神活动（包括内部的和外部的）都是起于刺激，而以神经传导终止的。因而，我们将赋予这个机构一个感觉和运动的起始以及终点。在感觉终端有一个接收知觉的系统，在运动终端有一个能够产生各种运动活动的系统。通常，精神过程由感觉终端逐渐进行到运动终端，所以，精神机构的总图式可用下图表示（图一）：

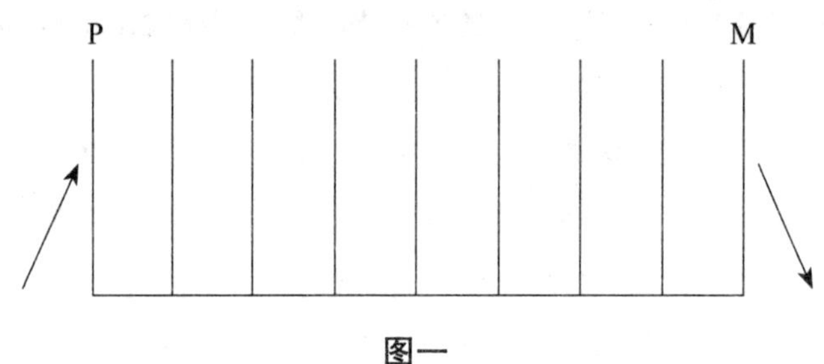

图一

注：P：perception end（感觉终端）
M：Motor end（运动终端）

然而，这也不过是满足了我们早就已经熟知的一个需求——精神机构必定是一个反射弧构造。一切精神活动都一直以反射过程为模型。

接下来，我们在感觉末端加以第一级分化。感官接收到刺激后，精神机构会留有一道痕迹，我们可为它取名为“记忆痕迹”，而称与之相关的功能为“记忆”。如果我们坚持要实施我们的关于精神过程系统的假说，那么记忆痕迹只能使各系统成分发生永久性的变化。但正如在别处已指出的那样，同一个系统若要留住成分的变化形式，同时又要一直保持新鲜度以持续地接受新成分的变化形式，是很困难的。所以，依据我们的实际原则，将这两个功能分别赐予两个不同的系统。我们将机构最前端的那个系统假定为，只能接受感觉刺激，但无法保留下任何痕迹，所以也就没有记忆。而紧承其后的第二个系统，则将它的短暂激动转化成永久的痕迹。（图二）

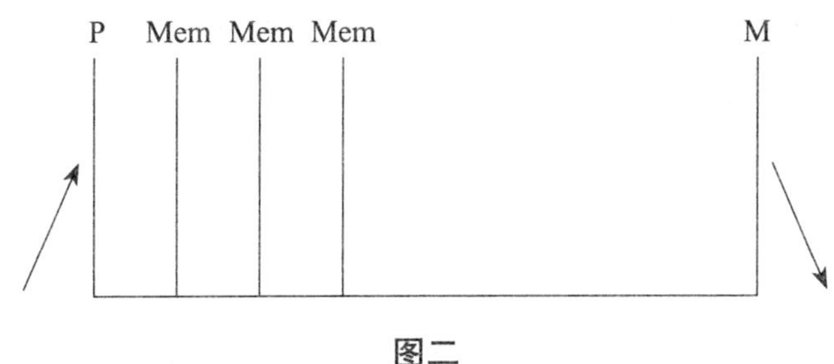

图二

注：Mem：Memory（记忆）

我们知道，记忆长期保存着的东西绝不仅仅是知觉系统接收到的知觉联系。在我们的记忆里，各种知觉是互相联结的，特别是发生的同时性。我们称这个事实为“联想”。显然，如果知觉系统没有任何记忆，就不可能存在什么联想痕迹。若前一个联结痕迹会影响新的知觉成分，那么分离的知觉成分在执行其功能时便会难以施展。所以，我们也需要假设，联想的基础必定存在于记忆系统内。在抵抗减弱以及途径方便后，兴奋较容易从某一给定记忆元素传给相关的某一个记忆元素，而不是另一新的元素。

在此，我想插入一段一般性质的话，可能会对我们有重要的启示。对于变化知觉系统没有保存的能力，因而它缺乏记忆力，是知觉系统为我们的意识供给各种多样性的感觉材料。另一方面，潜意识的，即便是那些深印在心灵中的记忆亦这样。尽管它们能被提升到意识层面，但无疑在处于潜意识状态时，它亦能施展其各种作用。被称为我们的“性格”的就是基于我们的各种印象的记忆痕迹。此外，对我们有极大影响的印象——童年时期的印象——恰恰几乎不会变成意识。不过，当记忆再次被提升到意识层面时，较之知觉，它的感觉性质几乎为零，或只有很少。若我们能够证实，在ϕ系统中，记忆与标示意识的性质是相互排斥的，那么就会大大有利于我们了解造成神经元兴奋的原因。

对于精神机构感觉末端的结构，前文所述及的这些假设还未曾利用梦，也还没涉及我们可由梦中获得的心理学知识。以梦的证据作为起点，我们能够了解精神机构的另一部分。我们已提到过，为了能对梦加以解析，我们必须做这样的假设，即两个精神动因，其中之一是批判动因，它对另一个动因的活动加以审核，包括将它从意识内排除掉。我们得出的结论是，与批判动因相比较，另一动因与意识的关系更加密切，它就像一道筛子，存在于被批判动因与意识之间。之后，我们还意识到，可以将批判动因与指导我们现实生活，并决定我们意识行动的机构同体化。所以，如果像我们假设的那样，将这些动因用系统来替代，那么这些批判动因必定会被我们放置在精神机构的运动末端。现在我就把这两个系统引入我们所设立的示意图中，以解释它们和意识的关系（图三）：

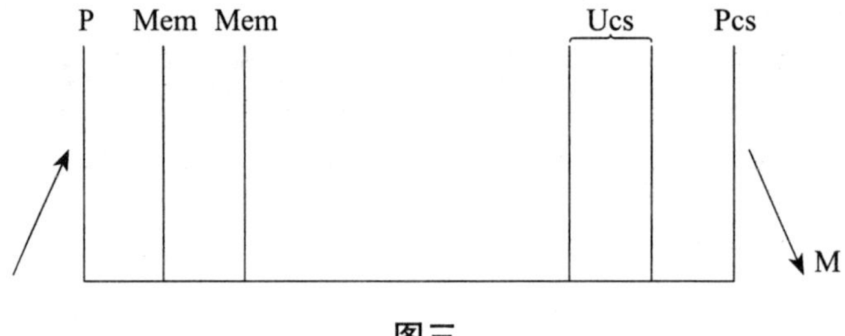

图三

注：Ucs: Unconscious（潜意识）
Pcs: Preconscious（前意识）

我们称呼运动末端的最后一个系统为“前意识”，以表示此系统出现的兴奋过程，在其他一些条件能够满足的情况下，譬如说，强度达到某种程度，所谓的“注意力”的功能以某个特定方式分配时，就能不受阻碍地进入意识。这个系统同时还充当着自主运动的关键角色。紧承前意识系统之后的是被称为“潜意识”的系统，因为只有在前意识的协助下，它才能进入意识。而且经由前意识时，其兴奋过程必定发生了某种改变。

那么，梦的建构力量到底应放置于哪个系统之中呢？出于简单的考虑，我们把它放在潜意识系统中。但在下文的讨论中，我们会发觉这个做法有欠妥当，因为梦念是梦形成时必然涉及的因素，而它却属于前意识系统。若单考虑梦的愿望，我们又将发现，潜意识为形成梦提供动机力量。为此，我们将潜意识系统当成梦的形成的起始点。同其他所有思维结构一样，这个梦产生的激发者也竭力想进入前意识，从而进入意识。

由经验可知，白日里，由于稽查作用的抵抗，这条经由前意识通向意识的途径对梦念是封锁的。到了夜间，梦念才得以进入意识。但问题是，梦念如何进入意识，又经历了何种变化？如果说梦念得以潜入意识的原因是晚上存在于潜意识与前意识之间的抵抗力量降低了，那么梦的本质应该是观念式，而不具有我们此时讨论的幻觉性质。所以，前意识和潜意识间抵抗力的降低，所能解释的对象只能是“自学者”之类的梦，而不能解释如本章开头引用的那个小孩烧着类的梦。

我们唯一可以用于说明幻觉式的梦的，是认为其兴奋的传导方向是反向的，即它不是传向精神机构的运动末端，反而向着感觉末端传去，最终进入知觉系统。如果我们将清醒时刻来自潜意识的精神过程的发展形容为“前行”的，那么，由同样的类比可知，梦是“退行”的。

无疑地，梦过程的心理特征中包含有这种退行。不过我们必须记得，它并不是梦独有的。意向性的回忆和正常思考过程，也都具备精神机构中的此种退行特征，即由一些复杂的观念活动倒退回形成它们的记忆痕迹的原始材料上。然而，在清醒时，这种退行未曾超出过记忆意象，它不会使知觉意象的幻觉重新醒过来。那么梦中何以会这样呢？在对梦的凝缩作用的研究中，我们曾假设过，梦的工作可以将附着于某个观念的强度完全转移到另一个观念上。或许，就是这个正常精神过程的变化，导致知觉系统的反向传导：以思想为起点，倒退回高度清晰的感觉上。

希望我们没有夸大这个名词的重要性。因为，我们不过是在替一个错综复杂的现象命名罢了。在梦中，当一个观念退回到它原来借以产生的感觉意象时，我们称之为“退行”。但就是这么一步，需要什么论证，这种命名又有什么好处呢？我认为，单单“退行”这名称对我们是有用处的，因为至少它关联着一个我们在上述示意图中早就知道的事实，即精神机构是具有感觉或方向性的。正是因为这样，上述示意图给我们带来了益处，因为，即便扫一眼而不必再深入地思考，我们就可以发现梦形成时的另一个特征。如果我们将梦形成过程视为发生于我们所假定的精神机构中的退行现象，那么我们就能马上解释何以所有梦念的逻辑关系在梦活动中会消失不见，或者难以呈现于梦中。依据我们的示意图可知，第一个记忆系统并不包含这些逻辑关系，它们存在于后来的记忆系统中。所以，在退行到感觉意象时，它们必然失去所有表现手段。在退行中，梦念的结构退回到原来的材料。

梦念是不是一定要经过些变化才能使退行得以产生呢？关于这一点，我们能做的只是提出一些设想。尽管，这时各系统的能量有所变化，以致会增加或减少兴奋过程经由各系统的可能性，而在所有这种装置中，许多不同方式都可以产生。毫无疑问，睡眠中对感觉末端所造成的能量改变，是我们最先能想到的。白日里，兴奋流持续经由知觉系统传向运动活动。然而，在晚上，这个兴奋流中断了，也不再阻挡兴奋流的反向传导。这种情况下，我们似乎“与外部世界隔绝了”，而这一点被某些专家用来解释梦的心理特征。

在对梦的退行进行解释时，我们必须牢记，在清醒时的一些病理情况下也会产生退行。刚刚的阐释，并不合适这些状态下的退行现象。因为此种状态下虽然产生了退行，却没有对前向的感觉流造成影响。我们分析歇斯底里和偏执狂病人的幻觉和正常人的幻象的结论是：它们仍然是退行——也就是说，把思想置换成意象——但是，能够经受此种转换的，是那些与被抑制或者是正处于潜意识中的记忆密切联系的思想。

譬如说，一位歇斯底里病人（四十岁的妇女）告诉了我她在病前的一个幻视。一日清晨，她刚醒来，就发现弟弟站在房间里，虽然她很清楚他当时正待在一家疯人院里。她的小儿子正在她身旁熟睡着，为了避免孩子看见舅舅而受惊发生抽搐，她将他的脸用被单盖住，这时那个幻影不见了。这一幻视是她孩童时期的一段记忆的翻版。此外，此记忆和她脑海中的潜意识材料密切相关。她的保姆曾跟她讲过，她母亲（她很早就去世了，当时这位病人仅仅一岁半大）曾因她弟弟（病人的舅舅）扮鬼——用被单罩在脑袋而受到惊吓，而发生癫痫或是歇斯底里性抽搐。病人梦中出现的情境和这个记忆有着完全一样的元素：弟弟的出现、被单、惊吓以及产生的后果。唯一的不同之处是，这些元素被放在另一个背景中，而且转移到他人身上。此幻视的明显动机或者是它所取代的思想，是她害怕小儿子学舅舅的样子——他长得极像这个舅舅。

林之魂

我在此列举的例证和睡眠状态相关，因此对我想借它阐述的观点来讲，它并不适合作为例证。因此我建议读者去参看我对一位患有幻觉型偏执狂的女病人的分析（弗洛伊德，一八九六，第三部分），以及我未发表的关于精神神经症的心理学研究论文。它们可证实，在这种思想的退行性转换情况下，记忆的力量是不容小视的，特别是那些源于童年期的，它们或被潜抑或仍然处于潜意识里。记忆常常会将与此类型的记忆关联并受到稽查作用抑制的思想引入退行形式，即使思想以记忆的形式留存下来。通常，对那些记忆很少是前视觉性的人而言，他们孩童时期的早期记忆一生都保持着感性的鲜明性。

如果我们考虑到幼儿期经验，以及源于他们的幻想在梦念中占有的重要位置，同时没有忽略掉它们的某些部分常在梦境中再现梦的愿望也都源于它们，那么这样一种可能性就不能被我们否认了，即在梦中思想会一同转变为视觉形象，可能是藏身于感性形式的记忆渴求再现的结果。正是这种记忆对那些被禁止在意识之外又挣扎着寻求表达的思想给予的影响，才使它发生了改变。所以，梦可以视为是孩童时期景象的替代，这些景象因移形到某个新近经验中而被加以改造。由于孩童时期的景象自身不能重现，它便满足于成为一个梦。

接下来，我们就来总结一下由梦倾向于将观念内容投射为感性形象的特征的研究发现。尽管还没有展开对这个梦的工作的特征分析，也没有利用已知的心理学定律来解释它，但我们已把它揭示出来，认为它将有助于我们对未知的理解，并形容它的特征为“退行”。有一个观点已被我们提到，即认为这种退行的发生都是抗拒某一思想沿着正常途径进入意识层的抵抗的产物，同时也是具有鲜明感性力量的记忆对这一思想吸引的结果。在梦中，退行还可能因为感觉器官在白天持续产生的感觉流在夜间的停止而发生。在别种形式的退行中，缺失这个辅助因素，就必定会引起退行的他种动机强度加大。但我们需要牢记的是，不管是在这些病理情况下或者在梦中的退行，能量的转换过程必定与正常心理生活中发生退行时的有所不同。在前者，能量转换过程可以使感觉系统产生完全幻觉性的精力集中。而我们前面讲到的“表现力问题”，可能与梦念所引起的感性回忆景象的选择性吸引相关。

此外还需说明的是，同在有关梦的理论中一样，退行在形成神经症症状的理论中也占据着重要的地位。因此，有三种推行现象我们可以分辨出来：①地域性的退行，这是指上述 φ 系统图像的意义；②时间性的退行，是指倒退至旧的精神结构；③形式的退行，是指原始方法替代了表达与常用的表现方法。但从本质上来说，这三种退行说的是一个，而且往往一起产生。这是因为形式上的原始其实就是时间上的旧，而在心理的角度，就是与感觉末端更接近。

在结束对梦中退行的讨论之前，需要提出一个观点，我们曾多次受到这个观点的洗礼，而且在我们对精神神经症更深入的研究时，它一定会以相当的强度出现在我们的记忆里。即：整体看来，做梦是退行到梦者早期情况的个案，是梦者童年期和当时的本能冲动及其表现方法的复现。这个童年期掩盖的是，一个种族进化的童年期，即人类进化的历程，个体的发展不过是在生活的偶然情况影响下对人类发展的一个简短的复演。这使我不得不感慨尼采所说的话的正确性，他说梦中“存在着一种我们现在无法再直达的原始人性”。此外，我们也许可以设想，梦的解析可以帮助我们理解人类的古老文明，了解天赋的精神实质。梦和神经症保存着的人类精神痕迹，或许比我们想象的多得多。因此，对那些试图重构人类起源的最早以及最晦暗的历史时期的学科来说，精神分析应占据一个更重要的地位。

或许我们的这个关于梦的心理的初步研究不令人满意，但可以聊以自慰的是，我们已经在黑暗中摸索出了一条路。如果起步是正确的，那么，终有一天我们的结论会得到别的研究的证实，那时，我们将会真正地感到心满意足。

三、愿望满足

本章开头引述的那个小孩烧着的梦例，给我们提供了一个绝佳的机会来领悟愿望满足理论所面临的困难。若说梦仅仅只是愿望的满足，那我想每个人都会感到惊讶——并非单单是因为焦虑梦与其对立。当前面的分析向我们揭示，梦的背后有一种意义或精神价值藏匿时，我们未曾料想到这种意义在性质上是如此单一。由亚里士多德准确而简短的定义可知，梦是思维在睡眠状态中的发展。那么，既然我们白天的思维能产生如此种类繁多的精神活动，诸如判断、推理、否定、预期、意念等等，为何在晚上单单产生愿望呢？不是有那么多的梦显示，其他精神活动也能转换为梦的形式吗？例如，“担忧”。而本章开头的那个梦不就是这样一个吗？当那位父亲处在睡眠中时，火焰的光芒照射在他的眼睑上，于是他就推演出这样一个他所担心的结论：可能有根蜡烛倒了，并烧着了他儿子的尸体。借由赋之以感性情境和现在式，他用梦表现了这个结论。那么这里的愿望满足体现在哪里呢？难道我们看不出，在此梦中，有一个由清醒时刻延续而来，或是一种新的感觉刺激所激发的思想在起具有垄断式的影响力吗？所有这些考虑都是对的，并使得我们更进一步地探究愿望满足在梦中所扮演的角色，以及频繁入梦的清醒思想的重要性。

依据愿望的满足，我们已将梦分成两大类。我们注意到，有些梦很明显地表露为愿望满足，而有些梦不易察觉是愿望满足，并且通常以各种可能的手段做了掩盖。我们已了解到，后一类梦是稽查作用阻抗的结果。我们也注意到，虽然成人似乎（此字眼，是我要强调的）也做简短的且直接表现愿望的梦，但那些具有不伪装的愿望的梦主要发生于儿童。

我们接下来要问的是，梦中实现的愿望源于哪里？在发出此疑问时，我们的记忆中还浮现了其他什么对比的可能性或选择呢？我想，这正是白天的意识生活和那只有在夜晚才会被我们注意的潜意识的精神活动之间的对比。对于此种愿望，我可以分辨三种可能的起源：①白天可能就受到刺激，但因各种外部原因而没有被满足的愿望，所以，将一个已被意识到但还未被处理的愿望留给晚上。②可能在白天已经出现，但却遭到抵抗的愿望，因此留给夜晚的愿望不是被满足而是被潜抑了。③和白天生活全然无关，受到抑制，并且在夜间才活跃起来的愿望。参照前文述及的精神机构示意图来看，第一种愿望可以被划入前意识系统；第二种愿望从前意识系统被赶到潜意识系统中，并留存下来；而第三种愿望冲动，它们再也无法冲破潜意识系统。于是又面临一个新的问题，即这些不同来源的愿望，对梦的形成是否有同样的重要性和激发力？

如果我们检验一切脑海中已知的梦，那么我们会立刻意识到，要为梦的愿望加上第四个起源，即晚间随时产生的愿望冲动（例如，口渴或性需要）。所以我们可以认为，梦的愿望的起源，可能对它激发梦的能力并没影响。此处，以那个女孩因为在白天推迟了划船游湖的计划而做的梦，以及其他孩子的梦为例证，它们被解释为前一天未满足却没有被潜抑的愿望。一个愿望在白天受到抑制，在晚上入梦的例子，比比皆是。对此类梦，我想追加一个简短的例子：

> 玛丽皇后在马赛港登陆

梦者是位喜欢捉弄人的女

士。有一次，她的一位小她几岁的女友刚刚订了婚。很多熟人都向她询问，认不认识那个年轻人，对他的印象如何。对此，她都是以一些应酬性的赞语作答，而其实她掩盖了她的真实看法，即照实说来，他只是一个“Dutaendmensch”（字面意思是“一打人”，即非常普通的人，这种人可以以“打”计算）。当天晚上，她梦到又被人问及同样的问题，她给了这样的答复：“如果还想要这种的话，只要说出编号就可以了。”在对大量例子做分析后，我们最终发现，所有被改装的梦，其愿望都起源于潜意识，而且在白天是不能被察觉到的。因此初看之下，在梦中所有的愿望都具有同样的重要性和诱发力。

这里，我找不出任何表明事实相反的例证，但我要强调，我确信，梦的愿望的决定是更加严格的。毫无疑问，儿童的梦可以证实白天不能满足的愿望在夜间可以作为梦的诱发因素起作用。但我们不该忘记，那仅仅是一个儿童的愿望而已，是儿童所独具的愿望冲动的力量。我怀疑，就成人而言，白日里没能满足的愿望，其力量是否足以产生梦。反之，随着我们逐渐学会以思维活动来控制本能生活，我们越来越相信，形成或保留如儿童那样的强烈愿望是不适当的。对于此，可能会有个体差异，有些人较之另一些人能把幼儿式精神过程保留得更持久，这和视觉意象的减弱有着相似之处，在生活的早期，视觉意象原本是很鲜明的。总而言之，我的看法是，一个前一天没满足的愿望是无法使成人产生梦的。当然，我同意，源于意识的愿望冲动有助于梦的形成，不过仅止于此而已。如果意识的愿望无法得到外援强化的话，那么梦是不能产生的。

事实上，这种强化的来源是潜意识。我认为，一个意识的愿望，只有在得到与它具备同样意旨的愿望并得到其强化时，才能成功地诱发梦形成。由神经症的精神分析的成果看来，我认为这些潜意识的愿望一直都处在高度警觉状态中，每时每刻都在寻求表达的机会，只要机会出现，它们就和意识的愿望结成联盟，并将自己的较强大的力量传递给较弱的后者，因此表面看来似乎是意识的愿望独立产生了梦。只是梦形成的一些细微特征才显露出，那源于潜意识的痕迹。这些一直处于警觉状态的潜意识愿望，可以说是永不灭亡的。我想推翻之前的那个关于“梦的愿望源于何处是不重要的”的断言，代之以另一个说法：呈现于梦中的愿望一定是孩提时期的。在成人来讲，这种愿望源于潜意识，而对孩童来说，它就是清醒时刻未被满足且未受到抑制的愿望，这是因为孩童的前意识和潜意识之间还没形成分界或仍未产生稽查作用，或者说这个区划正处于慢慢形成中。我明白，这个论断得不到广泛的证实。不过即便是对于一些未知梦例，它也总是属实的，而且，把它当做一个普遍命题时，我们也搜寻不到与其对立的例证。

因此，我认为，在梦形成时，意识在清醒时刻保存下来的愿望冲动被降到了次要地位。就影响梦的内容的因素而言，它们只是赞助者——作为其他因素的作用中介，譬如说，睡眠状态下受刺激的感觉材料等。接下来，我们将以相同的思路来研究除愿望外的其他从清醒生活中残留下来的梦的精神刺激。当我们决定睡觉的时候，我们能够将清醒思维的能量贯注暂时中断。能成功做到此点的人，他的睡眠都会很好。但我们往往不能成功，或者不能绝对成功。未解决的问题，困扰人的烦忧，太多强烈的印象等，这一类的事情都将思维活动延续到睡眠中，并保持着那我们称为前意识系统的心理过程。如果要给睡眠中持续着的思想冲动分一下类的话，可以分成这五种类型：①由于某种原因，在白天没有得出结论的思想；②因为我们心智能力有限，而不能解决的问题；③在白天受到排斥以及抑制的思想；④由于前意识在白天的活动而使潜意识所激发的强烈思想；⑤白天发生的无关紧要并未被处理的印象。

对于自白天残留下来而介入睡眠中的思想残余，特别是那些未被解决的问题，其精神强度的重要性我们要尤为重视。在夜间，这些兴奋一定会继续挣扎以求表达，而且，我们还能够确信，在睡眠中，这种兴奋不能按惯有方式进行处理，并进入意识。在晚上，如果思维过程以惯有方式通向意识界，那么当时一定没处于睡眠状态。虽然我无法确定，睡眠状态究竟会给前意识系统带来哪些变化，但毫无疑问，此系统在睡眠中的能量贯注方面的变化就是造成睡眠的心理特征的主要因素——这个系统亦控制了运动能力，而在睡眠中运动是无法实现的。另一方面，由梦的心理学研究可知，除了继发性变化外，我们实在不能找出睡眠对潜意识中发生的事件造成的其他变化。所以在梦中，除去由潜意识而来的愿望兴奋外，前意识的兴奋没有任何可能出现；而前意识的兴奋需要得到潜意识的强化，并且与潜意识一起兴奋，才得以出现在梦里。不过前一天的前意识兴奋的遗留物与梦有什么关系呢？无疑，它们探寻了大量的入梦途径，而且即使在晚上也试图借由梦的内容进入到意识层去。在某些情况下，它们也确实控制了梦的内容，迫使其继续白天未实现的活动和愿望，白天活动的遗留物也表现出了别的性质。因为如此，我们研究白天活动的遗留物需要满足哪些条件才得以入梦，必然会有不小的发现，或许还对“梦是愿望的满足”的理论有着正面的决定性意义。

我们可以以前文提过的一个梦为例，即那个我的朋友奥托像是患了格罗夫氏病的梦。做梦的前一天，我就曾为奥托表现出的病态面容担忧。而且，这担忧和所有与他有关的事情一样，令我感到忧心忡忡。我想这个担忧一定延续到了睡眠中，可能是我太想知道，他到底怎么了。在做梦的那个晚上，这个担忧终于在我讲述的这个梦中表露出来，但梦的内容不但没意义，而且也非愿望满足。所以我开始研究这担忧在梦中的反常表现来源于哪里。经分析后，我有了一个发现，即我在梦中把他当成了L男爵，而赋予了自己R教授的身份。我之所以会建立起这种联系，唯一的解释是，我在潜意识中一定一直将自己等同为R教授，因为借由这个等同，我就可以实现我孩童时期一个愿望，即自大狂的愿望。在白日里，我敌视朋友的丑恶思想必然会受到抑制，而在夜间它却可以浑水摸鱼，抓住这一机会和愿望一起在梦中实现表达。然而，我白日里的担忧亦借由梦的内容的一个代替而实现了些许的表达。白天的思想并非一个愿望，反倒是一种担忧，它联合一个受潜意识抑制的童午期愿望，经过一定的改装，而后进入到意识之中。这担忧的支配性愈强，那么它建立起的关系也就愈强。所以，在愿望的内容与担忧的内容之间，并不需要什么关联。我的这个梦，即是这样的。

当梦念所提供的材料与愿望满足正好相反时，譬如说，一定的忧虑，自省，烦人的现实，梦会变成什么样的呢？以这一点为切入点来研究上述问题可能是有启发性的。其可能产生的结果可大略地划分为这样两类：①梦的工作可能成功地用相反的观念取代了所有痛苦观念，并将与它有关的痛苦情感抑制住，造就出一个表达满意的梦来，即一个明显的“愿望满足”，仅此而已。②经过一番修饰后，痛苦的观念进入显梦，不过仍旧有隐约的迹象可被分辨出来。正是这类梦引起了我们对梦是愿望满足理论的质疑，因此需要进一步研究。对于这种含有痛苦成分的梦，我们的反应既可以是漠视，也可以是体验到其观念内容所涵盖的全部痛苦情感，甚至会出现焦虑和惊醒的情况。

分析显示，这种令人不快的梦同其他梦一样，也是愿望的满足。存在于意识但不受抑制的愿望（它的满足对梦者本身而言是痛苦的），就抓住前一天的痛苦经验的遗留物仍保有的精力贯注所提供的机会，支援它们，而得以入梦。在第一类梦中，潜意识愿望和意识的愿望相吻合，而在第二类梦中，潜意识和意识之间（被抑制内容和自我之间）的不协调则暴露了出来，于是就出现了那个神仙给妇人三个愿望的神话故事中的情境。受到抑制的愿望被满足而获得满足感，其强度完全可以中和白天遗留物所附带的痛苦情感。在此种情形下，梦的情感基调是漠不关心，虽然它同时实现了愿望与恐惧。或者，睡眠状态的自我在梦的形成中也可能起到了更大的作用，即对受到抑制愿望的满足产生强烈的不满，并最终因焦虑的爆发而中止做梦。因此我们能发现，和那些直接是愿望满足的梦一样，那些不快的梦和焦虑梦同样是愿望的满足，这与我们的理论是一致的。

不快的梦可能也是“惩罚梦”。我们不得不承认，对这些梦的认识在一定意义上为我们梦的理论添加了很多新意。这种梦所实现的也同样是潜意识的愿望，即，梦者因具有某种被抑制并受到禁止的愿望冲动而需要被惩罚的愿望。所以，至此这种梦还能符合下面的条件，即促使梦形成的动机力量，必须由潜意识中的某个愿望供给。通常来讲，惩罚梦不一定起源于日间痛苦的遗留物，相反地，在与之对立的情况——梦者感觉自在时，惩罚梦最容易产生，即白天遗留物的思想的性质令人满意，不过它们所表达的满意是受禁止的。这些思想在显梦中可显露的唯一地方正好是其反面，像上述第一类梦那样。所以，惩罚梦的鲜明特征是，其中形成梦的愿望并不源于受压抑的材料（潜意识系统）的潜意识愿望，而是它所引起的反对它的一种惩罚性愿望——属于自我但同时也是潜意识（即前意识）的愿望。

在此，我想引入一个我自己的梦来说明，我尤其想强调的是，梦的工作用来处理前一天的痛苦预想残余的方式。

“梦的开始有些模糊。我告诉妻子，有些非常特别的消息要说给她听。她表现得十分惊讶，并说她不愿意听。我对她保证，这一定是她有兴趣的事，并开始向她讲述，我们儿子所属的兵团汇给我们一笔钱（五千克朗？）……提到是奖章……分配……同时我和她一起走入一间类似储藏间的小屋找某件东西。在那里我突然看见了孩子，他穿的不是制服而是一套非常紧身运动服（像只海豹？），头上还戴了顶帽子。他借着橱柜边的篮子向上攀爬，像是要往橱柜上放什么东西。我喊他，但却没有回应。我看见他的脸上或前额上像是缚着绷带，像是把什么东西塞进了嘴里，并且最后硬推了进去。他的头发闪着灰色的光芒。我心想：‘他如何会有这么大的损耗？莫不是他装了假牙？’还没顾得上再叫他，就醒了过来。醒后，我没有焦虑的感觉，但是心却跳得厉害。我看了一下床边的闹钟，是凌晨两点半。”

关于这个梦，要做出全面的解释是不可能的，所以我只想就其中几个重点强调一下。前一天的痛苦预想引发了此梦：有一个星期多的时间，我们没接到前线儿子的音讯了。显然梦的内容传递了一个预想，即他可能受伤了或可能死了。梦的开端无疑是在辛勤地用对立面来传达这个令人痛苦的想法，即我要说一些好消息，诸如汇钱、奖章、分配等事情（钱的数目是关于我行医实践中的一件令人不快的事情的，在此出现，纯粹为了与此梦的原来主题相脱离）。

黑尔少爷像

但这些辛勤的工作没能成功，我妻子怀疑是一些可怕的事情发生了，她拒绝听我的消息。此梦的伪装实在是太单薄了，它努力压抑的思想使它漏洞百出。如果我儿子战死沙场，那么他的战友必将会把他的遗物寄回家，而我又一定会把这些东西分发给他的兄弟姐妹以及别人，以留作纪念。通常来讲，阵亡军官都会被授予“奖章”。

如此，梦尽管在挣扎，但却给予了它起先努力否认的思想以直接的表达，并且愿望满足的倾向也借由扭曲的方式发挥着作用（梦中场景的转移，自然可以视为西尔伯勒讲的“阈限象征作用”）。确实，我不能指出是什么东西提供了梦以此种方式展示我的痛苦思想的动机力量。

梦里，我儿子表现得并非是“倒下”，而是“爬上”。实际上，他是一个十足的登山运动迷。他穿的是运动衫而非制服，表明我现在所忧虑他发生意外的地点被先前发生过的取代了。有一次，他在滑雪运动中跌倒，并摔断了大腿。此外，由他穿着像海豹的样子，我立即联想到另一个更年轻的人——我们那活泼的小外孙。而我由灰白的头发产生的联想是关于后者的父亲即我们女婿的，他在一次战争中受了很严重的伤。这又意味着什么？关于此梦，我已说得太多了。场地是储藏室以及我想从那儿拿出某些东西的橱柜（在梦中，表现的是他想放一个东西到橱柜上）——这一切，无疑都指向我二三岁时发生的一次意外。一次，我爬上储藏室里的凳子上，想要从橱柜或桌子上拿下某些好吃的东西，结果把凳子弄翻了，而它不偏不倚地打中我的下颌。之后想起，那时几乎把我全部牙齿都磕掉了。伴随此回忆的是一个告诫：“打得好！”而这似乎又像是指向勇敢士兵的一种敌意冲动。借由更进一步的分析，我找到了在我儿子的可怕意外事件中藏匿着的冲动的所在，那便是老年人对年轻人的嫉妒，而在真实生活中，老年人则以为这种嫉妒已完全僵化了。无疑地，如果这种意外真的发生了，那么正是借此产生的悲痛感情的力量，出于获得一些慰藉的目的，才引发了那种找寻此类被潜抑愿望满足的情绪。

关于潜意识愿望在梦中所扮演的角色，我现在能准确地解说了。我完全相信，有一大类梦，其诱发因素大部分甚至完全源自白天生活的遗留物。同时，我认为，若我前一天对朋友健康的担忧没有延续到睡眠中的话，那么，那个期待自己最后成为一名伟大教授的愿望也会使我舒服地睡到天亮。但担忧本身是不能构成梦的，还应该有另一个愿望来为梦提供形成所需的动机力量。担忧要抓住一个愿望来作为梦的动机力量。

尽管由上述的讨论我们知道白天残余在梦中所占据的重要性并不恒定，但它们仍值得我们多加关注。形成梦的重要成分必然是它们，因为我们由经验中发现了惊人的事实，即每个梦的内容，都与最近的当天印象——通常是最不重要的琐事存有关联。目前，我们还不能解释这附加内容对梦形成的必要性。这点在我们把潜意识愿望所扮演的成分牢记于心，并到神经症心理学中找寻相关资料，就能明显地看到。

由神经症心理学我们知道，潜意识观念本身是不能进入前意识的，它只能借着和已经属于前意识的观念发生关系，并同时把自身的强度转移到这一观念之上，作为自己的"掩饰"，才能对前意识有所影响。这里就是一个"移情"事实，它能够解释神经症病人精神生活的很多惊人现象。由此无端获得强度极大提升的前意识观念，既可能没受到移情作用影响，也可能在那转移内容的压力下经受了一个被动的改变。

我希望读者能谅解我用日常生活打比方，我以为这种被抑制的观念的处境，就如同置身于奥地利的美国牙医的一般：要么他找到一位可以在法律上庇护他的医生，要么不在这里开业。往往和这种医生结盟的正好是那些业务最清闲的医生，同样，与被压抑的观念联合，被选中进行掩饰的，也常常不是那些在前意识中极度活跃且吸引众多注意的前意识或意识的观念。潜意识更喜欢与其建立关系的是这样一些前意识的印象和观念，它们或者是被漠视的并因而不受注意，或是受排挤的因而暂时不受注意。联想理论中有一条人尽皆知的条款，而且已由经验证明，即如果一个观念在某方面已建立了紧密关系，那么它就倾向于排挤其他一切联系。我以前曾想基于此建立起一种关于歇斯底里性麻痹的理论。

如果假设，我们由神经症分析过程中所发现的事实对梦也同样适用，即在梦的工作中亦发生了被抑制观念的移情作用，那么关于梦的两大难题便一下子都得到了解决：一是对每个梦的分析都显示有一些新近发生的印象被编入梦的结构中，二是这种新近成分往往都是最琐碎的。需要补充说一点，即（如同我们在别的地方发现了的）这些新近而又不重要的成分之所以能够不断入梦，替代梦念的最古老者，原因在于它们最不怕稽查作用的抵抗的审查。虽然不重要成分得以入梦的事实可以解释为它们不受稽查作用阻抗的影响，但新近因素的频繁呈现则显示了移情作用存在的必要性。这两组问题都满足了被抑制观念对还未形成任何关联的材料的需要——其中不重要成分是因为它们缺少形成联想的机会，而新近成分则是因为它们还没有时间去形成联想。

因此我们注意到，处于次要地位的白天遗留物在成功地影响到梦的形成后，不但借用了潜意识的某种东西，即转移自被压抑愿望的本能力量，而且还为潜意识供给了某些不可缺的东西，即移情作用所必需的依恋点。如果想由此点更细致地研究心灵过程，我们就应该更深入地了解前意识兴奋与潜意识兴奋之间的相互作用。不过这属精神神经症的研究范畴，与梦的研究毫无关系。

关于白天的遗留物，我再补充说明一点。毫无疑问，它们是扰乱睡眠的真正罪魁祸首，而梦不但不是，反倒还是睡眠的守护者。关于这一问题，我会在后文再来讨论。

到目前为止，我们的研究都是围绕梦的愿望展开的：我们已探究了梦的愿望的潜意识来源，并分析了它们与白天遗留物之间的关系，而白天遗留物既可能是愿望，也可能是一种精神冲动，还可能干脆是新近的印象。同时我们还彻底分析了各种清醒时刻的思维活动在梦的形成中发挥出的作用。我们的研究甚至也可以解释各种极端的梦例。譬如说，梦追随着白天的工作过程，却合情合理地解释了现实生活中未解决的问题。我们所需的就是这样的梦例，对其进行分析，以发现其童年期的或受抑制的愿望来源，正是借着这种愿望的力量，前意识活动才会如此的成功。然而这一切也不足以使我们解决这样一个难题，即为什么在睡眠状态下，潜意识除了是愿望满足的动机力量外，就没再提供其他东西？要想解答此问题，我们需要对愿望的精神实质加以研究。关于此，我想参照前述精神机构的示意图来说明。

我们深信，精神机构是在经过了长期的发展过程，才到达今日这种完善的程度。我们可以先溯源回它发展过程的某个早期阶段。由一些其他领域已证实的假设可知，精神机构的最初结构是为了尽量避免被刺激，而独善其身。所以，它机构的原始形式是遵循着反射规律制造的，而使得所有作用于它的感觉刺激可以快速地经过运动末端被释放。然而这个简单机能却受到了生活环境的各种变化的干扰，另一方面，精神机构的深入发展正是基于此种干预作用。

生活环境的变化最先向它发出的挑战是主要的躯体需要。内部需要所产生的兴奋，力图在运动中寻求发泄，我们可以称之为“内部交换”或“情感表达”。例如，一个孩子会因为饥饿而无助地大哭大闹，然而情况却不会因此而有所改变，因为发自内部需要的兴奋，并不是某个暂时性的冲击力量，它是持续作用着的。只有经由某种方式（婴儿的例子，需要外部的帮助）得到“满足体验”后，情况才会发生改变，内源刺激终止。一种特殊的知觉构成了此种满足体验的核心成分（如婴儿的例子中，是营养知觉），这种知觉在脑海中留下的记忆形象随后就与需要所引起的兴奋的记忆痕迹相关联。此联系的结果是，在下次此种需要产生时，就会立即出现一种精神冲动，以对此知觉的记忆形象重新加强，并再度将知觉本身叫醒，亦即对最初的满足情景进行重建。此种冲动即我们所谓的愿望，而知觉的再现是给予这种愿望以满足。而满足愿望最便捷的途径，就是由需要产生的兴奋直接造成知觉的精力贯注。我们可以假设，精神机构确实曾有过一种原始状态，即愿望终止于幻觉。因此，这种原始精神活动的目标是造成“知觉同一性”，即对与满足需要相关的知觉进行重复。

生活的痛苦经历必然将这种原始的思维活动转变为一种更合适的继发性思维。精神机构内借着退行作用的捷径所建立起来的知觉同一性，与同一知觉构建外部时的精力贯注的结果并不一样。就后者而言，没有满足生成，需求仍存在着。内部的贯注只有在不停产生下才能具备同外部贯注相等的价值。譬如说，在幻觉型精神病和饥饿产生的幻想中，它们将其整个精神活动都消耗在了其愿望的对象上。为了使此种精神力量发挥出最大的功效，就必须在退行作用未结束前中断，使它保留在记忆形象之内，并且能够寻求别的途径达到我们所希望的知觉同一性。这种阻抑退行的现象和跟随其后的兴奋转向的现象，就构成了支配随意运动的第二个系统的工作——通过预期的方式为记忆的目的而使用运动。但是由记忆形象到外部世界所构建的知觉同一性等复杂思维活动，仅仅构成一条经验所要求的愿望满足的迂回途径。毕竟思维只是幻觉性愿望的替代品而已，而明显地，梦是愿望的满足，因为唯一能使我们的精神机构运作的便是愿望。梦借由退行的捷径来给愿望以满足，它只是我们所保存的精神机构的原始运作方式，就这种方式而言，它是一个很好的样本，使我们明白它因为不适用而被舍弃了。这个在心灵尚未成熟——仍年轻且能力不强之前一直操纵着清醒生活的方法，现在被弃置于夜间。梦是那已被替代了的童年期心理生活的一部分。在清醒时，此种精神机构的运作方式往往是被抑制着的，但在精神病病人那里，则又会重新建立，由此泄露了它们不满足我们对外部世界关系的需要的事实。

> 众神

显然，潜意识愿望冲动自然也挣扎着在白天发挥作用，而移情现象和精神病症很清晰地指出，它们使尽全身解数借着前意识系统进入意识，最终获得控制运动的力量。因此，警戒于潜意识与前意识之间的稽查作用可以视为是我们精神健康的护卫者，而梦则是稽查作用存在的证明。但我们是否可以这样说，正是这个守卫者在晚间活动的粗心大意，才使得被抑制的潜意识得以表露，并且使得幻觉性退行成为存在的事实呢？我认为不能这样说，因为即便这个严厉的守卫者休息了——它的睡眠并不深，这是我们可以证实的——它也会将运动的能量之门同时合上。不管正常状态下被抑制的潜意识中有何冲动闯入意识，我们都不必担心，它们是不会造成什么影响的，因为它们不能使运动机构产生运作，而它们唯有借着运动机构才能使外部世界发生变化。睡眠状态保证了必须加以守卫的城堡的安全。然而，如果导致力量移置的是这种力量的病理减弱，或者是潜意识兴奋的病理强化，而同时前意识又持续地获得能量贯注，通向运动的门又敞开时，情况则完全不同了。处于此种情况下的守卫者，被打倒了，前意识败给了潜意识兴奋，并因而成功控制了我们的行为。或者，它们诱发了幻觉性退行作用，进而借助知觉吸引所造成的精神能量分配，而支配着非为它们设计的精神机构的活动。我们称这种状态为精神病。

此时，我们就可以继续在介绍潜意识和前意识时所停顿的心理学桥梁的搭建工作了，不过在这之前，我们可以针对“愿望是建构梦的唯一精神动机力量”的结论继续加以讨论。我们已接受了这样一个观点：梦会是愿望满足的原因，源于它们都是潜意识系统的产物，而潜意识的活动除了有此产物外，再无其他目标，并且除了愿望冲动之外，它也不再需要其他力量。如果我们坚持基于梦的解释而设立一种意义深刻的心理学推论，那么我们就将梦放在一个也能包括别种精神结构的关系之中。若真有这样一个潜意识系统之类的东西（或者与它类似而与我们的讨论目的相关的东西）存在的话，那么它的表现就不可能只有梦。虽然所有的梦都是愿望的满足，但除去梦，一定还有别种形式的愿望满足。实际上，所有与精神神经症症状有关的理论，皆可归为一点：这些症状亦可以被视为是潜意识愿望的满足。对于精神病学家来讲，我们的解释不过是使梦成为一类对他们具有重大意义的一个首要因素罢了，对梦的解释不过意味着对精神病学问题的纯心理学方面的回答。

这一类病态愿望的满足，如歇斯底里症状，还具备一个本质特征，而此特征是梦所没有的。症状的形成至少有两个决定性因素，二者各自源于与此冲突相关的两个系统。同梦一样，其中也会出现大量决定性的因素，症状的“多因素决定”即如此。只有在那起源于不同精神系统的两个相互对立的愿望，能够复合为一个表现的时候，歇斯底里症才会产生。通常来讲，与梦念对立的思想不可能在梦中出现，也不能像梦一样在梦中获得表达。在梦的分析过程中，我们只能偶尔看到有反向形成的迹象，例如，在那个关于黄胡子叔叔的梦中，我对朋友R的深厚情谊。不过，我们却也能在别的地方找到被前意识遗漏掉的成分。当潜意识愿望可以在经历各种扭曲后在梦中得以表现时，那掌控大局的系统就退入睡眠的愿望内，并借由使精神机构内的精力贯注发生改变而实现这个愿望，并使此愿望贯穿于整个睡眠过程中。

这种前意识中对睡眠起着决定性的愿望通常能促进梦的形成。我们可以回想一下章首的那个燃烧梦，那位父亲通过隔壁房间传来的火光，推断出他儿子的尸体可能燃着了。那是梦者在梦中得出的推论，而非被大火惊醒。我们曾指出，造成此种结果的精神力量之一，是他希望使儿子在梦中活得长久些。一定还有我们尚未发现的其他一些产生于被压抑愿望的材料存在，因为这个梦的分析还无法进行。然而，我们可以假定，产生此梦的另一个动机力量是那位父亲对睡眠的需求。同他儿子的生命一样，他的睡眠也因得到了梦的协助而得以加长。其动机为："让梦继续吧，不然我就醒来了。"在出现唤醒的梦里，我们能够明显地看到想要接着睡眠的愿望的作用。这种梦把外部感官刺激装饰成可以与睡眠不相冲突的形式发生，亦即将这些感官刺激编入梦中，从而降低它们代表外部世界的可能性。在每个梦中，这种愿望一定也产生着同样的作用。虽然这种愿望有可能使当事人从睡眠中醒过来。在一些梦例中，在梦境内容变得含糊时，前意识会这样告诉意识："别理会了，接着睡吧，这不过是个梦罢了！"这是我们主导的心理活动对梦的态度的一个大体反映，虽然事实不一定如此。于是我只能这样以为：在整个睡眠过程中，正如我们确定自己在睡觉一样，我们也知道自己在做梦。

四、自梦中惊醒——梦的功能——焦虑梦

现在我们已经了解到，整个晚上潜意识都关注于睡眠的愿望，因此，我们可以再进一步探究做梦的过程。但此前，我要先对所了解的部分进行一个概括。

做梦是这样一种情况，它或者是前一天清醒生活中的遗留物仍旧持续着，并且依然保持对其所含的能量；或者是整个清醒时的活动把潜意识中的某个愿望激发了出来；还有一种可能是这两种事件偶然联合起来（这所有的可能情况我们已经讨论过了）。激发起来的潜意识愿望与白天的残余

产生关系，并且对它产生移情作用，这种情况可能是白天的活动中就已经发生了，也有可能是在睡眠状态中产生的。这样，或者是产生一个转移到新近材料的愿望，或者是一个最近受到抑制的愿望，因为潜意识的强化而得到重生。这种愿望企图借着思维过程的正常途径由前意识通往意识。然而在路上，它却碰上了一直处于警戒状态的稽查作用，并且被它影响。此时，它已是被伪装过的，这种伪装已因转移到新近材料而自成一体。至此，它行走在实现一个强迫性观念，或妄想，或与之类似的东西——转变成一种因转移作用而强化的思想的路上，并且因为稽查作用而做了伪装。

然而在它向下一步逐渐演进时，却又被前意识的睡眠状态阻碍（这可能是，前意识系统通过减少自身的兴奋，来保护自己，以防止潜意识侵入）。因而梦的进程就开始了在退行路上的行走，因为睡眠状态的独特性质，此路对梦敞开大门。而对它产生吸引作用的各类记忆的阻挠都为梦念所接受，部分记忆只是以视觉贯注的形式存在，而还未转译成后续系统的特有字眼。正是在退行之路上，梦的进程才获得了表现力（后文会讨论到压缩问题）。到了这里，梦才完成了其迂回旅程的第二部分。旅程的第一部分是前进的，即由潜意识景象或幻觉进到前意识。而第二部分则是退行的，由稽查作用的前沿退回到知觉。不过，在梦的进程内容变为知觉之后，它就可以绕过潜意识的稽查作用与睡眠状态的阻抗。于是它成功地将注意力转到自己的身上，并得到意识的注意。

意识一直被我们视为理解精神性质的感觉器官，在处于清醒时刻时，它可以接受两个方面的兴奋，其一是来自整个精神机构的边缘部分的兴奋，即知觉器官的兴奋，同时它还可以接受愉快与不快的兴奋。我们已知道，这种兴奋几乎是精神机构内部能量所具有的唯一精神性质。而系统内其他别种过程，包括前意识，都不具有什么精神性质，所以不能成为意识的对象，唯一的例外情况是，它能将愉快与不快带入感官。因此，我们能够这样总结：精力贯注的过程是由愉快与不快的产生自动调控着的。但为了使调节能够更细微地进行，观念的进程应尽量使自己不被不快影响到。为了实现此目的，前意识系统需要具备一些自己的性质来吸引意识。而这些性质极可能是借由把前意识过程与语言符号的记忆系统（一个具备自己性质的系统）建立联系而得来的。因此，原本只是知觉感官的意识，现在借着前意识系统具备的性质，变成思维过程感官的一部分了。因此，意识产生了两个感觉面，一个指向知觉，另一个是对前意识的思维过程而言的。

我需要这样假定，较之意识指向知觉系统的感觉面，睡眠状态使其指向前意识的感觉面更不易受到刺激。此外，夜间失去对思维过程的兴趣具有另一种意义：让思想的活动中断，以使需要睡眠的前意识得以休息。不过，如果梦一旦变成知觉，就能够借着它所取得的新性质刺激意识，并进而使它的主要功能——使前意识中的部分能量贯注转移到引发兴奋的原因上得到发挥。所以，我们必须承认，梦具有唤醒的功能，能够调动起前意识中处于休眠中的部分力量。而后，在这种力量的影响下，梦经受我们所谓的润饰作用的改造，从而维持其连贯性和可理解性。也就是说，梦受到了和这种力量对待其他知觉内容一样的待遇。在梦材料允许的范围内，它亦要忍受预期观念的影响。如果梦进程的第三部分具备了方向性，则表示它又前进了。

在梦的进程进入意识之前，即在梦变为意识前，要维持时间上的顺序，即首先出现的是梦念，之后受到稽查作用的扭曲，再之后方向变为退行。这个次序不过是对描述需要的满足，但事实上无疑是同时发生的。我由某些个人经验获悉，梦的工作获得它的结果所需要的时间绝非仅仅只是一个昼夜。若事实果真如此的话，那么我们就无需因梦形成的巧妙而感到疑惑不解了。在我看来，即便是那把梦变成一种可理解的知觉事件的要求，也在梦吸引意识的注意之前就早早发挥作用了。自这点起，梦的构建进程就加速了，因为这时，梦所受到的对待就和所有被知觉到的事物一样了。

在这个时候，梦的进程或者借由梦的工作获得足够的强度吸引意识的注意，并且将前意识唤醒，而不考虑睡眠的时间和强度的深浅；或者它还未取得进入意识并唤醒前意识的强度，而仍处于准备状态伺机行动，直到要醒来的前一刻，随着注意力的更加活跃而受到关注。多数梦的精神强度似乎都较低，因为它们只有等到醒来后才会实现。这就如同自发醒来的情形那般，我们第一眼看见的是由梦的工作所创造的知觉内容，之后才看见外部世界所提供的知觉内容。

然而那些能够在睡眠中途将我们惊醒的梦，具有高度的理论性。在此，我们可能会问，一个梦，即一个潜意识愿望何以具有干预睡眠，即前意识的愿望的能力？无疑地，此问题的答案存在于一些我们尚不了解的能量关系内。如果我们具备了这种知识，那么可能就会发现，相比于白日里对潜意识的严厉掌控，允许梦自由地发生且给予注意，才是节省能量的一种方式。由经验可知，做梦和睡眠不是互相排斥的，尽管在夜间它多次将睡眠中断。在夜间，我们往往会中途醒来一会儿，而后又立刻睡去，就像赶走干扰睡眠的一只苍蝇一般，那是一种固定的觉醒。如果我们醒后又能再度睡去，则表明已排除了干扰。

圣贝尔纳的幻觉

毫无疑问，潜意识愿望一直保持在活跃的状态，它们表明，只要稍微有一定量的兴奋对它们加以利用，那么梦的路径就会畅通无阻。这种恒久的性质就是潜意识过程的一个明显特征。属于潜意识的任何东西都没有终点，也没有从前，或者是被遗忘。在对神经症，特别是歇斯底里的研究中，此特征更为显著。潜意识所影响的歇斯底里，只要积累的兴奋足够多，就会立刻恢复畅通，重新体验一个三十年前的侮辱。这三十年里，如果它得以和潜意识情绪源泉接近，那么就会和一个新近体验一样发挥作用。若它的记忆被触及，它就会再度活过来，并得到兴奋的贯注，而后导致运动发作的释放。这即是心理治疗所要干预之处。心理治疗的工作是使潜意识过程得到处理并在最后被忘记。而新近的印象在情绪方面的新鲜度的逐渐减弱以及记忆的慢慢遗忘，虽然一向被我们视为是当然的，并认为主要是时间对心理记忆痕迹所产生的特定效应，但事实上却是辛勤劳作所带来的次生变化。这个工作的执行者就是前意识，心理治疗的目标仅仅是将潜意识带入前意识的管辖范围。

所以，任何一个具体的潜意识兴奋过程，都有两种可能的后果。一种可能是触发于潜意识过程下，在此种情况下，它于某一点上实现自我的突破，进而得到将其兴奋释放到运动中的机会。另一种是它受到前意识影响，导致其兴奋非但没得到释放，反而被前意识束缚。产生于做梦过程中的正是这第二种可能。在梦向知觉转化时，借着潜意识兴奋入梦的前意识贯注展开行动，由此将梦的潜意识兴奋束缚起来，避免其再对睡眠进行干扰。如果梦者确实只醒了一会儿，而又进入睡眠，那么他就已成功地将那只干涉它睡眠的苍蝇驱除了。由此我们便知晓了，许多潜意识愿望的发展起退行作用，进而构成一个梦，然后借由前意识的一点努力来约束住梦，这是一种比较便捷和比较方便的方式。尽管梦的起始是个不具有意义的过程，但却在各种精神力量的相互作用下拥有了某些功能，而且，现在我们知道这功能是什么了。做梦过程将原先潜意识那无束缚的兴奋置于前意识的辖权下，通过此将潜意识的兴奋释放掉，使之成为一个安全的活门，仅仅借助稍许的清醒活动就能保持前意识的睡眠。所以，做梦和其他许多精神结构一样，形成一种妥协，同时服务于两个系统，使它们的愿望相互协调，同时给予它们满足。如果我们回头来对罗伯特所提出的关于梦的“分泌理论”加以分析的话，一瞥之下，我们就能确定他有关梦的功能的探究从本质上来讲是正确的，虽然他理论的前提以及对梦过程本身的看法和我们的有所差别。

“除非使这两个愿望彼此和谐”这个条件还暗指着一个可能的情况，即做梦的功能的失败。做梦过程的初衷是要给予一个潜意识愿望以满足。不过，如果这个愿望满足的欲望过于强烈地刺激前意识，而致使睡眠中断，那么这种和谐关系就会被梦打破，而不能继续下面的工作。这个时候，梦会立刻被中断，并有一个完全清醒的状态取而代之。而且，梦还看似是睡眠的干扰者而不是在正常情况下所担当的守卫者角色，这不是梦的过错。此外，我们也不该因为这个事实就对梦的有用价值产生怀疑。就有机体而言，因为情况的改变而使原本有用的某种手段变得多余且碍手碍脚的现象，并非此一例。而这种干扰，至少具有一个目标，即使有机体对条件变化注意并发动有机体重新调整以应付变化的新功能。在此，我的所思所想自然是关于焦虑梦的。为了不引起别人的误解，认为我一直在有意回避和愿望满足理论相冲突的例证，只要一碰到，我就一定提供些解析焦虑梦的线索。

每个产生焦虑的精神过程，最终都能归结为对某个愿望的满足。对于这一个观点，已不会再有异议。可解释这种情况为，愿望属于一个系统——潜意识系统，而它却受到另一个系统——前意识系统的否定和抑制。即便是在精神非常正常的人那里，前意识对潜意识的控制也并不完全彻底。此外，压抑措施可用来衡量我们精神的正常程度。神经症症状正是暂时制止两个系统之间的冲突的产生妥协的产物。它们一方面让潜意识有一个得以释放兴奋的出口，另一方面又能使前意识对潜意识有一定程度的支配。这里，我们可以就歇斯底里恐惧症或广场恐惧症的意义分析一下。我们假设，有一个神经症病人无法独自上街——我们可以准确地称这种情况为一个“症状”。若我们强迫该病人去做他不敢做的事——一个人上街，试图借以消除症状，将会导致他的焦虑发作。而焦虑的发作，往往就是广场恐惧症的导火线。所以，我们能够看到，症状的发生正是对焦虑的发作的避免，而恐怖就像是对抗焦虑的前哨。

如果不去分析情感在这些过程中所扮演的角色，我们的讨论就将面临中断。不过就目前而言，我们只能大略地考察一下情感。我们先假设，情感有必要对潜意识施以抑制，因为，如果任由潜意识中的观念自由发挥，就必然会引发一种原本属于快乐的情感，而在受到压抑后，变为痛苦的。抑制的目的和结果便是对这个痛苦的释放加以阻止。因为痛苦的释放可能是由潜意识的观念内容开始的，所以抑制就扩展到这个内容。这就需要对情感来源提出一个非常特别的假设，即将情感视为运动功能或分泌功能，其神经传导的关键要到潜意识观念中寻找才行。由于前意识起到的是控制作用，所以这些观念就被束缚住，而不能发出可以产生情感的冲动。因为若源于前意识的精力贯注停止的话，潜意识兴奋就可能引发一种危机，有释放出一种体验为痛苦——不愉快和焦虑情感的危险。

如果梦的过程得以进行下去，那么此危险就会真实存在。使它能实现的条件是，压抑需要已发生过，并且被抑制的愿望必须相当强烈。因此，这些决定因素并不是与梦形成的心理学研究相关的问题。若不是我们的讨论有一个问题，关于潜意识在睡眠状态下的自由活动必然会产生焦虑，焦虑梦绝对不会被我放在这里探讨，如果果真这样，就不必面对那些与它有关的模糊部分了。

我已反复说过，焦虑梦的理论，从属于神经症心理学。我们仅仅需要指出它和梦过程相连的部分，别的其他事情就无需再做了。目前，还有一个问题等待我们解决，由于我已经断定，神经症的焦虑源于性，因此我想就几个焦虑梦加以解析，来揭示其中存在着的性的材料。

在下面的探究中，我有足够的理由置神经症病人提供的丰富梦例于不顾，而列举一些年轻人的焦虑梦。

一位二十七岁的男性在大病一场之后，对我讲：大约在十二岁的时候，他曾多次梦见（并感到十分焦虑）自己被一个拿着斧头的男人追赶着，他努力想要逃开，但他的脚像是瘫痪了一般，一点也动不了。这是一个常见的焦虑梦的例子，而且我们几乎不会怀疑和性有关系。分析时，梦者最先想到的是他叔父讲述给他的一件事，说他一天夜里在路上遭到了一个举止可疑的人的袭击。关于这个联想，梦者自己的解释是，他可能在做梦的近期听过和这类似的事。斧头使他想到，差不多就是在那阶段，他在一次用斧头劈柴时伤到了手。紧接着提到的是他和弟弟的关系，他总是虐待弟弟并对他动粗。他异常清楚地记得，有一次，他以穿着靴子的脚踹弟弟的头，并致使其流了血。因为如此，他母亲对他讲：“我担心早晚有一天你会弄死他。”在他的思绪似乎还停留在这次暴力事件中时，他突然忆起他九岁时的一个事件。一天，他父母回来得很晚，他假装熟睡了，父母也就双双上了床。而后不久，便有喘息声和其他一些古怪的声音传入他耳中，并且他还能够判断出父母在床上的姿势。深入的分析表明，他将父母间的此种关系与他和弟弟间的关系做了类比。他的思维将父母间发生的事形容为暴力和挣扎，而且他还为这个观点找到了证据：总会在母亲的床上看到血迹。

我们可以这么想，成人之间日常的性交，在意外看见他们性交的小孩眼中是奇怪和使人焦虑的。我已通过论证分析了这种焦虑产生的原因，即我们所讨论的性兴奋不为小孩所理解。并且因为牵涉父母而被明显贬抑，性兴奋因此转移为焦虑。然而在生命的更早时期，孩子对异性父母的性兴奋还未被压抑，此外，就我们了解的来看，这种性兴奋可以自由发挥。

对于孩子常在夜晚发生且带有幻想的夜惊现象，我坚决地给予一样的解释。在这种情形中，问题也不过是孩子还未了解受到贬抑的性兴奋。夜惊发生的周期性可以得到研究的证明，因为性欲，不但可以因为偶然的兴奋印象得到加强，同时也会得到自发的连续发展过程的强化。

目前，我的这个解释还未得到足够的观察材料的证实。

同时，不管是针对儿童躯体或精神方面，儿科医生似乎都不能寻找到一条路径来理解这些现象。医学神话的蒙蔽将会导致观察者曲解它，在此，我想引述一个梦例以证明。

一个身体孱弱的十三岁男孩，感到焦虑并且多梦。他的睡眠被干扰，并且因为严重焦虑以及伴有幻觉，几乎每周睡眠都会被打断一次。而他关于这些梦的记忆，一直都是清晰的。他告诉我，梦中魔鬼冲他吼道："我们捉到你了！我们捉到你了！"而后有一股沥青和硫磺的味道飘来，接着他的皮肉就被火焰灼伤了。他因为太过恐惧而从梦中惊醒过来，甚至都不能说话。在能发声时，他清晰地听见自己说："不，不，不是我。我什么都没做！"或者是："不要，我再也不会那样做了。"偶尔还会说："阿尔伯特未曾这样干过！"后来，他不肯脱衣服，"因为只有在他没穿衣服的时候，火焰才会来烧他"。在他持续做这类魔鬼的梦时，由于这类梦对他的健康是种威胁，所以他被送到乡村生活。经历了乡村的十八个月生活后，他的健康恢复了。在他十五岁的时候，一次他承认道："我一直拒绝承认，但我一直感觉像被针刺般，我因那个部位的持续高度兴奋而感到神经紧张，甚至我经常会产生想从宿舍的窗户跳下去的冲动。"

我们可以轻松地做这样的推论：①这个男孩在童年期手淫过，他可能拒绝承认它，或者是担心因为这个坏习惯而受到惩罚。②进入青春期后，由于生殖器的刺痒感觉，手淫的诱惑又复活了。③他竭尽全力地抑制，但被他压抑下来的性欲却被他转化为焦虑，而这种焦虑将以前威胁着他的惩罚击败了。

接下来，我们来看一下原作者——迪巴克尔对此例的推论：

1.青春期可使身体孱弱的男孩变得更加孱弱，并且导致一定程度的脑贫血。

2.脑贫血所带来的是性格的变化、魔鬼狂幻觉和极剧烈的夜间（甚至白天）焦虑状态。

3.这个男孩的魔鬼狂想和自我谴责能够溯源回他孩童时期受到的宗教教育的影响。

4.在乡下待了较长的一段时间之后，由于身体的锻炼以及青春期过后的体力复原，症状就不见了。

5.影响此男孩大脑发育状况的先天因素，可能是遗传或者是他父亲过去的梅毒感染。

奏乐天使

作者的最终结论是："这个病例包含在虚弱型和无热性谵妄的概念下，因为我们认为此特殊状态是由于大脑局部贫血的缘故。"

五、原发过程与继发过程：压抑

出于更深入地研究梦的心理过程的目的，我给自己安排了一个极其艰巨的任务，甚至是我的能力无法做到的。包含于其中的全部复杂成分，事实上是同时发生的，不过我只能逐一加以描述。同时，在对每个观点进行描述时，我不打算将它们所依据的基础纳入讨论，因为做成这件难事对我来讲真的异常艰难。我必须承认，在解释梦的心理学时，并没有遵循我的观点的历史性发展。虽然我研究梦的路线，是根据先前对神经症心理学的研究而定的，但在目前的工作中，我不想拿它来作为参考依据。反之，我却想以梦来作为对神经症心理学研究的手段。我明白，这将会使读者遭遇许多困难，但我只能这样做。

关于梦延续了清醒时刻的活动与兴趣的观点，在隐藏的梦念被发现后已得到证实。而这就我们而言，非常重要，并且联系着我们有巨大兴趣的事情。梦似乎一向不会关心琐碎的小事。不过相反的观点又被我们证实，即梦拾起白天所遗留下来的各种无关大局的小事，而不会对同时的什么主要的兴趣加以把握，直到它于某种程度上与清醒时刻的活动分离开来。我们发现，对显梦而言，更是如此，它借着伪装而将改变形式的梦念呈现出来。我们已了解，由于关联联想机制，梦的过程能比较轻松地控制住还未被清醒思维活动封禁的新近或不重要的观念材料，同时，因为稽查作用的原因，它将一些重要的但遭到拒绝的观念材料的强度，转移至其他无关痛痒的观念内容之上。

关于梦具有记忆加强的性质，并且有关童年期的材料的事实，已被我们当做一个理论的基石。我们的观点是，源于童年期的愿望，是梦形成所必要的动机力量。

当然，我们并不质疑睡眠中外部感觉刺激具有的重要意义，这也已得到实验的证实。不过我们也注意到，这类材料对梦的愿望来讲，相当于白天活动所遗留的思想残余。我们也不得不承认，梦解释对象的感觉刺激的方式与幻觉相同。但我们亦发现，这种解释的产生动机，并未被其作者予以说明。关于对象的感觉刺激的解释是这样进行的：没有干扰睡眠，并且服务于愿望的满足。

我们以为的梦是一个短暂且同时发生的过程的观点，以意识对已造好的梦的内容的知觉来讲，是正确的。不过在这之前的进程的几个部分，似乎是缓慢且曲折的。至于梦之难题——将大量材料压缩为一个很短的时间片刻，我们已能够解释，这是将心灵中那些已形成的结构拿来使用的结果。

关于心灵在晚间是否入睡，或它在晚间是否依然像白天那样统帅着各种功能这一难题的争论，我们认为两者都正确，但仅有一面正确。我们已了解，梦念中有极其复杂的理智活动存在，它几乎动用了心理机构内的全部其他资源。然而即便如此，我们也没有理由反对梦念皆来源于白天的说法。也不得不假定，心灵会有类似睡眠的状态。所以，即便是部分睡眠理论，也有其价值，虽然我们已了解到，仅仅这种睡眠状态的特征并不是心理联结的解体，而是白天起控制作用的各精神系统将其精力集中于睡眠的愿望。就我们的理论来说，在晚间心灵活动从外部世界退回的因素有着重要的意义，它促使梦中退行作用得以发挥，尽管它并非是其唯一的决定因素。而“放弃对观念流的随意控制”的说法亦不该被完全否定，但心理生活却不会因此失去目的，因为我们知道，当随意的且具有目的的观念被丢弃后，就会有不随意的目的性观念取代它掌权。我们不但发现梦中包含各种非常松散的联结，而且其松散的程度远比我们想象的要严重。而这些松散联结不过是其他更生动、更重要的联结的勉强替代物。的确，我们会认为梦是荒谬的，但事实也向我们证明，就算梦表面相当的荒谬，它也是有一定意义的。

对梦的各种功能，我们毫无异议。梦是心灵的安全阀，根据罗伯特（1886）所说，所有有害的事物都会在梦中表现得无害，此种观点不但切合我们所讲的梦产生双重愿望满足的理论，而且它对我们的价值要比对罗伯特自己的更大。关于“心灵能自由地建构梦”的观点，也吻合我们的理论，即前意识的活动允许梦自由地发展。

施尔纳关于“梦想象”的重要性的观点以及解释，深得我们的认同，但我们只能从另一个角度来看待这个问题。实际上，问题不在梦创造了想象，而是潜意识的想象活动在构造梦念时发挥了重要的作用。关于梦念的缘由，施尔纳也给了我们极大的启发。但他认为所有梦的工作的事物，几乎皆源于白天的潜意识活动，而它既是梦的诱发动因，同时又是神经症症状的诱发动因。这和我们的关于“梦的工作”的认识是不同的，并且梦工作的含义也比较窄。

最后，我们也一定没放弃研究梦和心理紊乱之间的关系，只是在一个稳固的新基础上开始了这种研究。

所以，我们提出了一个关于梦的全新的理论，它兼容以往作者们所提出的各种不同的对立观点，使之结合成一个更高级的单元。他们的大多数研究发现都为我们所用，只有少数遭到了我们的舍弃。自然，我们的理论大厦还在建设中。除了那些我们在涉足心理学的暗处所遭遇的复杂问题外，我们的面前似乎又出现了一个新的矛盾。我们一方面认为梦念源于正常的心理活动，但另一方面却又发现梦念中存在着大量的不正常的思想过程，并进入了梦的内容，而且在解析梦的过程中又会再现。所有那些我们所谓的“梦的工作”的过程，都明显和我们所知道的理性的思维过程截然不同。为此，先前作者们尖刻地判断梦中发生的是低水准的精神活动，似乎就情有可原了。

我们已发现，梦是对许多源于日常生活并完全符合逻辑秩序的思想的替代。所以，我们并不能对这些思想均来自正常的心理活动产生质疑。我们认为有价值的思想，并使得人类取得更高成就的思想，都能在梦念中发现。不过，我们无须认为，这类思想活动是完成于睡眠中的，不然将会大大地弄乱我们对睡眠的精神状态的理解。反而这些思想有极大的可能是源于近期的，不过是在起始就没有得到意识的注意，并完成于睡眠开始前。由此，我们只能这样认为，可能复杂的思想成就无需意识的协助就能完成。这一事实，得到了所有对歇斯底里患者或强迫症患者的精神分析结果的证实。如果在白天我们不能意识到这些梦念的存在，那么这自然不是它本身的缘故，而是有许多其他原因。梦念成为意识的前提，还需要另一种特殊的精神活动的协助，即要注意力参与才行——注意力是一种具备一定能量的功能，并且可以在两个思想间转移。此外，还存在着另一种方式妨碍梦念进入意识层。意识的反思活动显示，在对注意力的活动利用时，我们顺从着一个特别的进程。如果在这个进程中，我们遇到一个不能经受批判的观念，它就会中断，即注意力对这一观念的贯注停止了。似乎，以这样方式起头又中断了的思想，会接着进行下去，而不会再受到注意，除非它在这一进程中的某点达到了相当的强度，而再次引起意识的注意。所以，如果一个思想在一开始就由于被判定为错的或对目前的理智活动一点儿用处也没有而遭到排斥，那么可能导致的结果是：在未受到意识注意的条件下，此思想继续发展，直到睡眠开始前。

在此，总括一下：我们将这类思想称为“前意识”，假定它是完全理性的，并相信它的可能结局不是被忽略或被中断，就是被抑制。我们能够对观念系列发生的过程做更简洁的叙述。我们认为，当产生某个目的性观念时，就会有一定数量的兴奋——我们称之为“贯注能量”被转移到此观念选择的各种联想途径上。所以，那些被忽略的思想序列，则是未曾得到此种贯注者，而“被压制”、“被拒绝”的思想，则是此种贯注被收回者。在这两种情形下，思想的发展都得靠自身的兴奋。在某些时候，一个具有目的性贯注的思想能够吸引意识的注意，并因意识的参与而得到“过度贯注”。下面，我们就要阐明一下意识的性质和功能了。

在前意识中，以这种方式前进的思想系列最终有两个结局，它可能自发地中断，也可能继续进行。对于前一种情况，我们的理解是：它所具备的能量沿着所有的联想途径发散出去，在这种能量的作用下，整个思想网络兴奋起来，并持续了一阵子，而后又随着企图释放的兴奋转换成静寂的贯注而消退。如果出现这种结果的话，那么在梦的形成过程中，它没有任何意义。不过，各种目的性观念却依然潜伏在前意识中，它们源于潜意识，并也源于一直处于活动状态的愿望。它们可能会接管自行发展的思想兴奋的控制权，并建立这个思想与某个潜意识愿望的联系，将潜意识愿望所具备的能量转移过去。如此，受到忽略或受到压制的思想仍能进行下去，虽然它接收的能量仍不能使它进入意识层。对此，我们可以这样认为，此前意识思想被“带入了潜意识”。

引起梦形成的联结形式还有其他可能。前意识思想可能在一开始就和潜意识愿望相连，并因而遭到主要的具有目的的贯注的排斥。或者，潜意识愿望，可能由于其他原因（如躯体）而变得积极，并自动将自身的能量转移到那个不被前意识贯注的精神残余上。这三种情况造成了一样的结果：前意识的一个思想，不被前意识贯注，却得到了某个潜意识愿望的贯注。

由此点起，这种思想就开始经历一系列的变形，而不再是我们认为的正常的精神过程，并最终产生一个令我们费解的结果，即一个心理病理结构。接下来，我将阐释这些过程。

1.每个单独观念的强度都可以整个释放，由一个观念传给另一个观念，因而某些观念形成时，就具有了极大的强度。同时因为这一过程可以不断重复，因此，整个思想具有的强度会在某个单独观念成分上逐渐集中起来。这便是我们所熟悉的梦的工作中的“压缩”或“凝缩”。梦之所以会表现得如此费解，很大程度上是凝缩作用的结果，因为在我们已知的正常心理生活中，很少有与此相类似的现象。虽然，我们也能在正常的心理生活中看到一些观念，它们作为整个思想的联结点或最终结果存在，具有极高的精神意义，不过其意义却不体现于对内在知觉具有明显感性特征的方式上，并且它们的知觉表征亦没有因为自身的精神意义而变得强烈起来。同时，在凝缩作用下，每个精神内部的相互联系都转化为其观念内容的强化。这就类似于我在写书时，因为某些字句是了解全书内容的关键点，就用斜体或粗体将它们标注出来一样。

> 逃往埃及

梦的凝缩作用的行进方向，一方面取决于梦念和理性的前意识之间的关系，另一方面也受到潜意识中视觉记忆的吸引力的影响。凝缩作用活动的目的，是为进入知觉系统积累强度。

2.通过强度的转移，“中介观念”和妥协一样，也能经由凝缩过程而产生（参看我列举的这类诸多例证）。这也是为正常观念的活动所不具备的，它所主要突出的是选择以及维持“正确的”观念成分。此外，在我们试图将潜意识思想用语言表达时，复合结构和妥协会更频繁地出现，并因而被认为是“口误”。

3.那些能相互转移强度的观念，其相互间的联系是非常涣散的。这种观念所产生的联想，往往是我们正常思维所不屑，而只能用于玩笑中的。特别是我们注意到，那些同音异义以及双关语的联想，与其他联想有着等同的价值。

4.彼此相对的思想，并不致力于消除对方，反而是互不影响地独自发展。它们常常会连接起来而形成凝缩作用，就像它们根本不相互矛盾一样，或者也能对彼此妥协，尽管依然不被我们的意识思想所接受，但却在行为中得到了表现。

以上就是建立于理智基础上的梦念在梦的工作过程中最显著的异常经历。我们之后将会发现，这些过程的全部重点是使贯注能量能够流动起来，并得到释放，而贯注所具备的精神成分内容的具体意义，却是不重要的。亦有人认为，凝缩作用以及妥协之形成不过是为了促进运行，即将思想转变为意象，但对一些不具有意象退行的梦的分析以及综合显示，它们也依然和其他梦一样具有移置和凝缩作用，如，“自学者”的梦。

所以，我们能够得出这样的结论，即梦的形成与两种完全不同的精神过程相关联，一个过程产生和正常思维同样合理且具有一样真理性的梦念，而另一个过程则以最迷惑人和最不合理的方式，来处理这些梦念。在第六章中，我们已把第二种精神过程划分出来，称为梦的工作本身。如今，我们如何来理解这一精神过程的来源呢?

如果不是因为我们已对神经症，特别是歇斯底里症的心理有了进一步的了解，那么我们就答不上这个问题了。研究发现，正是这些不合理的精神过程和其他一些我们没有深入讨论的过程，在歇斯底里症状的生成中发挥了重要的作用。在歇斯底里症的症状表现中，初看下，也包含一些与意识思想一样合理且具有理性的思想。但我们却无法找到，它们是以第二种形式存在的依据，而只能在后来将它探寻出来。只有我们对它们加以注意的时候，借着对形成了的症状的分析，我们才会看到，这些曾是正常的思想也被异常地处理过了。借由凝缩作用和产生妥协，借着表面的联结，在不对其中彼此的矛盾作考虑的情况下，并且经由退行作用，这些正常的思想变为外在所表现的症状。考虑到梦的工作的特征和神经症症状所起的精神活动完全一样，所以我们将研究歇斯底里症所得的结论用到梦上。

所以，我们由歇斯底里的理论中，列出下述命题：一个正常的思想，只有在一个来自童年期并遭受压制的潜意识愿望移置其上时，才会受到上述不合理的精神处理。相反地，我们做了这样的假设，即供给梦动机力量的愿望，皆来自潜意识。不过我曾说过，虽然我们无法反驳此假设，但也还没有广泛的证据证实它，它也经受不了批判。不过，为了阐述我们大量使用过的“压抑”一词的意义，我们还须更进一步地探究我们的心理学基础。

我们已对关于原始精神机构的假设研究过了，其活动的目的是避免兴奋的累积以及全力使自身免于刺激的影响。因而，它是依据反射原理构造的，其运动的能力是使体内状况发生变化的最早方法，受控于它，并是其兴奋释放的一条途径。接下来我们继续讨论了“满足体验”所带来的精神后果。而关于这一点，我们又做了另一假设：兴奋累积（其方式可以有很多种，我们不用去理会）的痛苦体会，而后使精神机构变为活动着的，以减少兴奋，而重新体会满足的体验，并且感到愉快。我们所谓的“愿望”，正是精神机构内的这道兴奋流，它始于痛苦流向快乐。我们还判断，能使这机构活动起来的唯有愿望，而愉快和痛苦的体验则自动调节着机构内的兴奋过程。首个愿望的产生似乎是对满足记忆的幻觉性贯注，不过若这种幻觉不能持续到能量完全耗尽，就无法停止需要，所以也就无从实现因满足而体会到的愉悦。

所以，第二种活动，或按我们的说法称为第二个系统的活动——为我们所需要，这种活动将记忆贯注限制在不超过知觉的水准内，以约束其精神能量。而且，它将自需要而来的兴奋引上一条迂回的道路，最终借着自主的运动控制外部世界，从而使个体能够真正地实现对满足对象的真实知觉。这在解释精神机构示意图时我已经说明过了。其中的两个系统就是我们在完全发展了的精神机构中所讲的潜意识和前意识。

为了能够利用运动能力使外部世界发生较大的改变，就需要在记忆系统内积累大量的经验，以及由各种不同的目的性观念在这种记忆材料内所产生的大量恒久联想。现在，我们的假设就可以向前推进一步。这第二系统的活动不断地探索着前进的路径，交互地发出或收回能量贯注，它一方面需要自发地支配全部记忆材料，然而另一方面，如果它不是出于必要而在各思想方向上发出大量精力贯注，那么将会导致缺少改变外部世界的力量。因此，出于有效性的考虑，我们这样假定：这第二系统成功地保持其大部分能量贯注静止不动，而只将一小部分运用到发挥移置作用上。我对于这些过程的机制还不太了解，如果有人想真正地了解这些观点，那么就该寻找到一个物理学的类比，找到一种方式，用来描述神经兴奋时所伴随的运动。我持有的观点是，第一个系统的活动目标是使多种兴奋得以自由地释放，而第二个系统则借着第一个系统所发射出来的能量贯注，将这种释放成功地压制住，并使它的能量贯注中断，自然，同时也提高了其能量贯注的潜力。因此我假定，第二系统控制兴奋释放的机制，完全不同于第一系统控制兴奋释放的机制。在第二个系统的探索性思想活动结束后，禁止即被解除了，使积累起来的兴奋在运动中得到释放。

如果我们对第二系统对释放的压制和痛苦原则的调控作用的关系进行考察，就会得到很多有趣的观念。譬如说，我们能指出一种基本体验——与满足相对的一面——对外部的恐惧体验。我们假定，最初的精神机构受到某知觉的刺激，并且产生痛苦，所以将会导致失调的运动行为，直到其中某运动释放知觉兴奋，同时也中断痛苦体验为止。如果此种知觉又一次出现，那么此种相应的运动就会立即再度出现，直到知觉又一次消失位置。在这个时候，机构便没有任何倾向借由幻觉或所有别种方式为痛苦来源之知觉继续添加能量贯注。反之，如果因受某些因素的影响，痛苦的记忆印象得以重新表现，它就会立即将其排除掉，因为，此印象的兴奋的进入，必然会引发知觉产生痛苦。准确一点说，是开始产生痛苦。对记忆的回避，事实上就是重复了对当初知觉的回避，这个过程的发生受到下述事实的协助，即记忆不同于知觉，它没有足够的强度来唤醒意识，也因此而不能获得新的意识贯注。精神过程的这种轻松且规则地回避痛苦记忆的方式，提供了我们一种有关精神压抑的原型以及第一个范例。基本上，这种对痛苦的回避方式仍能在成人正常心理生活中看见。

因此，作为痛苦原则的后果，除了愿望以外，所有不愉快的事都被第一个系统隔离在思想大门之外。如果一直保持这种状态不变，那么第二个系统的思维活动就必然不会顺利地进行，因为它需要自由地运用经验记忆。于是，就出现了两种可能性。一种是，第二个系统完全不受痛苦原则的束缚，并因而能在不受痛苦记忆的影响下进行下去。另一种是，它会找到办法对痛苦记忆施加贯注，而使不愉快的情绪无法释放。我们将第一种可能排除掉，因为与第一系统一样，第二系统的兴奋过程显然受着痛苦原则的控制。因此唯一的可能是：第二系统对记忆进行贯注，这是通过抑制其释放的方式施加的，当然痛苦发展的方向亦受到了压抑（同于运动的神经兴奋）。因此，根据痛苦原则和上文已提及的能量消耗最小原则这两个不同起点，我们得到了相同的结论：第二系统的能量贯注同时抑制兴奋释放。对此，我们要牢牢记住，因为它是了解全部压抑理论的关键：就每个观念而言，只有在第二系统得以抑制其所产生的痛苦时，才会对它施加能量贯注。任何观念脱离这个抑制作用，都将不能接近第二系统。因为痛苦原则不会允许它的出现。不过对痛苦的抑制可能是不完全的，因为要在痛苦产生之后，第二系统才能辨认出此记忆的性质，以及它是否适合此时思想过程的目的。

我称第一个系统内的精神过程为“原发过程”，而称第二个系统的抑制作用所引起的精神过程为“继发过程”。

继发过程之所以要修正原发过程，还存在另一个理由。原发过程的目标是使兴奋得以释放，这是因为借着积累起来的兴奋数量，它能建立“知觉同一性”。不过继发过程却合理地将它的这个意图丢弃掉，而以另一个意图——建立“思想同一性”代之。思想不过是由某个满足的记忆绕道至同一记忆的相同贯注而已，它需要将各种观念间的联系通路纳入考虑，而避免将能量浪费在这些观念上。而无疑地，观念的凝缩和中介结构、妥协结构等，都会是取得同一性的阻碍。因为，它们在不同观念之间能相互取代。因此，继发性的思想对待诸如这类过程的态度是极力回避。我们也会轻易发现，尽管痛苦原则在其他方面提供了思想过程重要的标志，不过却为实现“思想同一性”之路设置了阻碍。因此，思想应逐步地由痛苦原则的排他性规定中将自身解放出来，并将思想过程中的情感发展减少到最低。这种高度精炼的活动成果，唯有借着意识的过度的能量贯注才能实现。不过我们知道，这个目标是难以实现的，因为即便在正常精神生活中，我们的思想也仍然会因受到痛苦原则的影响，而常常走入歧途。

然而，这思想（继发性思维活动的产物）屈从于原发性精神过程的行为并不是精神机构中的功能缺陷，我们当前用这种方式来描述产生梦和歇斯底里症状的精神过程。此种缺陷源于我们发展历史中的两个因素的会合。其中之一完全依赖于精神机构，并在一定程度上决定了两个系统之间的关系。另一个因素则是非常不稳定的，它将器质性根源的本能力量带进心理生活。这两个因素都起源于孩童期，是自婴儿期始，我们的躯体和心理所发生变化的全部体验的累积。

在我将心理机构内的一个精神过程命名为“原发过程”时，我所考虑的不单单是相对的重要性和有效性，我还借这个名字体现了这个过程在时间上的先后顺序。没有哪个精神机构单单具有原发过程，因此这只不过是理论上的虚构而已。不过下述却是真实的，即原发过程是精神机构的最早产物，而继发过程则产生于生命的发展过程中，是逐渐形成的，并能对原发过程加以抑制和掩盖。而掌握全部的支配权，则要到壮年之后。由于继发过程很晚才成形，所以，前意识一直都不能对我们的存在本质——由各种潜意识的愿望冲动所组成——实现了解以及抑制。而前意识发挥的作用则受到一经决定就永远无法变更的限制——引领起源于潜意识的愿望冲动走上最便捷之路。随后的所有前意识的心理倾向，都将受到这些潜意识愿望的压迫，而最终的斗争结果是这些心理倾向屈服于这个压力，或将其疏导开来，以将之引向更高的目标。此外，继发过程很晚出现还会导致一个后果——前意识贯注不能施加到大多数的记忆材料上。

圣安东尼的诱惑

在这些来自婴儿期既不能被毁灭，也不能受到压制的愿望冲动中，一些愿望冲动的达成与继发思想持有的“目的性观念”相冲突，这些愿望的达成产物不再是愉快情感，而是痛苦。我们所讲的“压抑”的本质正是这种情感的转变形成的。我们所要了解的问题是，这种压抑是如何生成的？它的动机力量来源于哪里？不过关于此问题，这里我们只做稍微的论述就好。我们需要了解的只是，在发展的过程中，这种转变确有发生，并且是关于继发系统活动的。既然前意识排斥潜意识愿望借以产生情感的记忆，那么它也就不会抑制附着于这些记忆的情感释放了。由于这种情感的产生，观念即便通过将其上的愿望冲动转移给前意识思想，前意识亦接收不到。另一方面，因为痛苦原则掌权，它使前意识与这些移情思想相远离。由此，移情思想就遭到了抛弃——受到“抑制”。因此，自一开始许多童年记忆的沉淀就遭到了前意识的排斥，这是压抑形成的必要条件。

在最理性的情况下，当贯注在前意识内的移情思想停止，痛苦也结束生成，这一结果显示，痛苦原则的干涉也是有一定目的的。然而，如果器质性对压抑的潜意识愿望进行了强化，并又转移给移情思想，那就另当别论了。这个时候，即使前意识收回了对它的贯注，在这个转移能量的作用下，移情思想最终潜入前意识。之后，便生成一种防御性的阻抗，因为前意识对被压抑思想的反抗得到了它本身的强化（即实施反向贯注）。所以，移情思想（潜意识愿望的工具）借着使症状产生某种妥协突破重围来到前意识。但当被抑制的思想被潜意识愿望强力贯注，并且又遭到前意识贯注的舍弃后，这些思想就受到原发性精神过程的支配，这时运动的释放就成为了它们的目标之一，而若可能的话，则会使所希望的知觉同一性的幻觉又一次呈现出来。由经验可知，我们前述的这些非理性过程只能在被压抑的思想中出现。现在，我们的理解又进一步了。发生于精神机构内的非理性过程，实际上，就是作为根本的原发过程。当观念遭到前意识贯注的抛弃，得以自主地施展，并由努力寻找出路的潜意识中取得不受压抑的能量时，这些非理性过程就会发生。这一观点也得到了别的一些观察事实的认可，即这些被称为非理性的过程，事实上并非正常过程的错的形式，即理智错误，而是某些由压抑中解脱出来的精神机构的活动方式。

下述事实得到了精神神经症理论的充分肯定，虽然在孩童时期的发展阶段中，幼儿的性欲冲动受到压制（发生情感转移），不过在随后的各个发展时期中，能够复活的唯有这种性欲冲动（可能是源于个体在最早的双重性欲的性体质的成熟结果，也可能是源于其性过程所接收的不良影响的结果），并因而可提供形成各种精神神经症症状的动机力量。唯有在涉及这些性欲力量的时候，我们才能将压抑理论突出的缺陷补上。而梦的理论是否也一样需要这些性欲的以及幼儿期的因素，我姑且不做推论。目前我只能将梦的理论置于待完善状态，因为做出以下假设，已超出我的能力可验证的范围，即认为梦的愿望都是自潜意识中而来，而对于梦形成时以及歇斯底里症状的形成中精神力量起到的不同作用有何种差异，也是我难以深入探究的，因为我们缺少充足且正确的有关梦的知识，并且无从做比较。

还有另一点是我认为有必要提到的，而且，我正是因为这点才能在这里展开关于两个系统——其活动方式以及被压抑的事实的探讨。目前的问题，不是我是否就与心理相关的因素得到了一个适当且大体正确的了解，或者是我对这些问题的描述是歪曲的和不完善的，虽然这非常可能。尽管在解释有关精神稽查作用及其对梦的内容进行的合理和异常的润饰作用时，我们会造成一些变化，但无疑地，这类过程必定在梦的形成过程中发生着，并且这类过程与歇斯底里症状的发生有着本质上的相似。然而梦绝非病理现象的一种，它并不一定对精神平衡造成困扰，也不会造成功能缺陷。可能有人会这样想，我及病人的梦不能够提供给他们什么关于正常人的梦的结论。在我看来，这些反对意见是不成立的。因为如果我们由现象上溯它的动机力量，那么我们一定会看到，为神经症所应用的精神机制并非是在对心灵的病理性干扰上的创新，而是正常心理机构中早就存在的。这两个精神系统，存在二者之间的稽查作用，不同活动间的压制与掩饰，以及二者和意识的关系——或别的对看到的事实的更准确的解释，等等。这些都是我们正常心理的一个组成部分，而梦正提供了我们一条去了解心理结构的途径。即使我们保守地以已知的正确知识为基础，关于梦我们依然可以说：梦证明，无论是对正常人抑或是对精神疾病的患者而言，那些受压制的材料都是存在的，并且还保有其精神的功能活动。梦自身就是此类受抑制材料的一种表现。理论上讲，每个梦都应如此。由实际经验来说，至少在绝大多数梦中都有体现，尤其是那些具有梦的明显特征的梦例。在清醒时，因为彼此对立态度的中和作用，所以受抑制的材料不得进入意识。而在夜间，借由妥协等手段这些被压制的材料进入了意识。

六、潜意识与意识：现实

进一步研究的结果表明，在前几节的心理学讨论中，我们合理的假设应是有两种兴奋的过程或释放形式，而不是存在两个接近精神机构运动端的系统。不过这对我们来讲没有太大差别，因为只要我们发现更恰当且又更靠近于未知实际的某种东西时，就不会时时都局限在上述理论框架内。所以，让我们来为某些观点修正一下，如果简单地将这两个系统视为是精神机构的两个位置，就易于引起大量误解。如“压抑”和“冲破重围”中蕴含着的错误观念迹象。因此，当我们说一个被压制的潜意识思想试图潜入前意识，而后突破重围进入意识层时，我们的想象并非一个新的思想形成于新的地方，而那个进入意识的思想也并非指位置的变更。类似于争夺地盘，由这些意象我们极容易想到，某个位置上的心理群集真的就像字面意思表达的那样被消灭了，并有另一个新位置上的新的心理群集取而代之。接下来，让我们通过与实际更接近的东西来理解上述比喻：对于某个具体的心理群集能量贯注可以额外施加，也可以收回，进而使所谈论的结构受到某特殊动因的协助，或是被这个动因舍弃。我们的做法就是以一种动力学的观念来替代前述的地形学的理论，如此，变动的就不是精神结构本身，而是其神经传导。

然而我的看法是，通过这种形象化的譬喻来描述这两个系统是合适和正当的。只要我们牢记以下观念，那么所有滥用此种表现方法的可能都将得以避免：通常来讲，观念、思想以及精神结构等都不应视为神经系统内的器质性部分，而是它们之间因阻抗、联想等处理生成的产物。能成为内部知觉对象的所有事物都是虚构的，这和望远镜借助光线造成影像类似。我们的假定——把这两个系统（本身并非精神的，并且永远不能为我们的精神知觉所感知）看成类似望远镜形成影像的透镜类的东西，是适当的。此外，借用这个譬喻，存在于两个系统之间的稽查作用则相当于光线由一种介质进入另一种介质所发生的折射作用。

至此，我们的讨论对象一直局限在我们自己的心理学理论上。下面，让我们换时下流行心理学的理论以及它们和我们的假设之间的关系来讨论。立普斯（1897）关于心理学曾发表过一个激进的说法，他认为心理学中的潜意识问题比较不是心理学上的问题，而是心理学存在与否的问题。若心理学单单由字面意思解释“精神的”是“意识的”，并判定“潜意识精神过程”是明显的胡编乱造，那么就不能用心理学来评估医生对不正常心理状态的观察。医生和哲学家只有都认同“潜意识精神过程”是“一个确定的事实”时，他们方能有可能达成一致。若有人告诉医生“意识是精神事件所必要的特征”，那么医生只能做出无奈的表示，而如果他对哲学家的话仍怀有足够的信心的话，那么他可能会假设，他们说的是两回事或者是他们分属于不同的学科。因为，即便一个人对神经症患者的心理生活仅有一次观察或只有过一次分析梦的经历，他都会对此印象深刻。即便是最复杂和最合理的思想过程，也能够在避开主体意识的注意的情况下发生，而无疑这些思想过程是针对精神过程的。当然，若这些潜意识过程没有对意识产生影响，那么这些潜意识过程就将不会被医生获知，因为唯有对意识到的内容，才可能实现沟通和观察。然而，这意识的结果可能是与潜意识不一样的精神特征，因此内部知觉不会将二者当成是彼此的取代。所以，医生必须自主地通过意识的结果推论出潜意识精神过程，进而知晓，意识的效果不过是潜意识过程的一个次要的精神产物。而且，后者不单单没有变为意识，并且它的存在与运作往往不为意识所觉察。

为了正确理解心理事件的来源，我们必须放弃一种观念，即心理事件是意识不可或缺的。如普斯说的，潜意识是精神生活的一般性基础。潜意识的领域是非常巨大的，意识只占其中的一小部分。所有意识事件都须经历一个潜意识的初始阶段，而潜意识事件有可能停留在那里，不过却具有整个精神过程的功能。潜意识才是真正的精神。我们对其内在本质的了解，如同对外部实际的一样少得可怜。而且，就和我们的感觉器官对外部世界的察觉一样，意识资料对潜意识的表现也是不完备的。

随着潜意识回归到它应有的位置，意识与梦之间长久对立的关系已渐趋消失，为先前作者们所重点关注的许多关于梦的问题都变得没有意义了。所以，某些顺利地在梦中得到呈现的活动，之前会令人惊奇，如今已不再被认成是梦之产物，而是潜意识思维运作的成果。若果如施尔纳所说，梦是对身体的象征性表现，那么我们知道，是某些特定潜意识产生了这些表现（可能源自性的冲动），并且不仅能呈现于梦中，而且还能表现于歇斯底里恐惧症或其他症状中。如果梦中持续白天的活动，并完成它，乃至带来具有价值的新观点，那么我们所要做的就是撕去梦的伪装。此种伪装是在梦的工作和心灵深处隐秘的力量的协作下共同产生的。梦中的理智成就也来源于白天产生同样结果的精神力量。同样，对于智慧以及艺术的成就，我们可能亦倾向于过高地估计属于意识的那部分。在一些极富创造力的人如歌德、赫尔姆霍兹那里，我们获知，他们创造中的真实的本质以及新颖的部分是由灵感产生的，并且差不多是以现成的形式呈现在脑海之中。当然，在一些需要全部理智功能专注时，亦会有意识活动参与进来。然而，如果我们因意识活动的参与而对其他活动视而不见，则未免把它的功能夸大了。

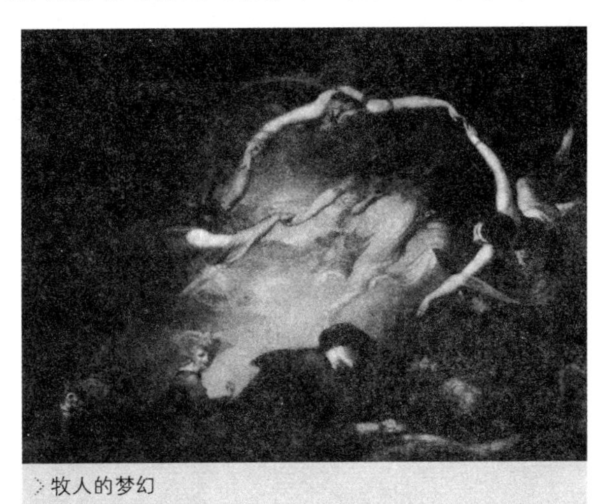

牧人的梦幻

将梦的历史性意义以一个独立的主题加以研究的做法不免有些因小失大。也许在梦的促使下，一个领袖去干一番宏伟的事业，历史可能就因此改变了。然而，只有在认为梦是一种与心灵别的熟知力量不同的神秘力量时，一个新问题才会产生。若认为梦是白天遭受反抗的冲动的一种表现形式，而在晚间却得到了来自心灵深处的兴奋的加强，那么这种问题就消失了。古人之所以会推崇梦，是基于一种正确的心理洞见，是对人类心灵中不可控制以及不可摧毁的敬畏——对形成梦的愿望以及运作于我们的潜意识里的“魔鬼”力量的惧怕。

我在此处提到“我们的”潜意识，并不是漫不经心的举动，因为我所描述的潜意识与哲学家口中的潜意识不是一回事，甚至亦不同于立普斯的。他们对潜意识的理解就是意识的对立面，他们以极大的热情与精力争论的不单单是意识，潜意识的精神过程也是他们的研究对象。立普斯更进一步主张，每个精神事件都存在于潜意识中，而其中一部分亦同时属于意识。然而我们通过梦以及歇斯底里症的现象所要证实的并不是这个论题，因为对这个论题的证实凭借对清醒时的生活的体验就足够了。经由精神病理结构和其主要成员——梦的分析，我们收获了一个新发现：潜意识（即精神）是两个独立系统的功能组合，而且无论对正常人，还是对病态的人都是如此。所以，就存在两种潜意识，但心理学家们至今仍未将它们分辨开来。就心理学意义而言，它们属于潜意识，但我们的看法是，其中我们所谓的潜意识的那一类是不能进入意识层的。而另一类，被称为前意识，是因为它的兴奋可以进入意识——这当然要满足一定的规则，或者经受了新的稽查作用的考核，尽管潜意识不在考虑之内。在进入意识之前，兴奋必须经过一个固定的或连串的动因系列，此事实使我们得以进行一种空间的类比，来形容它们。前文中，我们已对两个系统彼此间关系和其与意识的关系给予了证明，即前意识系统像是一道筛子般立于潜意识系统与意识之间。前意识系统不仅将通往意识的道路阻隔了，而且仍掌握着对随意运动的能量的支配权，负责能量贯注的分布，为我们所熟知的注意力就是其中的一部分。

最近几年，常常会在关于精神神经症的文献中出现“超意识”与“下意识”间的分辨，对此，我们也有必要关注一下，因为它正是在强调精神与意识之间的等同性。

对一些哲学家来讲，他们对于理性的以及极其复杂的思想结构无需经由意识也会发生的事实，感到困惑不解。这使他们在对意识的功能的认识上陷入困境，意识似乎不过是整个精神过程的一种多余的反应而已。然而，我们却借由意识系统和知觉系统之间的类比把这个困境摆脱了。据我们所知，感官知觉的结果，是将注意力贯注专注于传导感觉兴奋的输入途径上，即知觉系统不同性质的兴奋是精神机构内兴奋释放——以量的形式的调节物。我们亦可以认为，意识系统的感官有着同样的功能。意识感官能够恢复对能量贯注的运动量的引导，并经由一种简便的方式加以控制，又通过对快乐和痛苦的察觉，施加给机构内部过程，不然，潜意识结构会借着移至其上的量来运作。尽管痛苦原则也许第一个自动调节贯注的移置作用，不过对这些性质的意识的调节很可能进一步地引进且更精细，甚至可能反对前一种调控。

结合神经症心理学来看，我们发现这些对精神机构的功能活动进行的调节过程对此精神机构产生了极大的影响。痛苦原则的自动调控作用和它的效率上的限度，被感觉调节作用所中断，而感觉调节本身亦是自动作用的。我们看到，压抑较之知觉更容易对记忆产生影响，因为前者尽管是在最初有效，但却在后来失去了精神感官的兴奋的额外贯注。一方面，遭到拒绝的思想不能成为意识，因为它受到了压抑；另一方面，在某些时候此种思想也因其他理由而被压制，最终退出意识层。这里，我们获得了一些治疗潜意识症结的线索，以在一定程度上缓解压制。

由意识的感官对运动量的调节而造成的过度贯注，其价值可由下述事实清晰地表露出来，即此种过度贯注生成了一些新的性质，并因而带来一个新的调节过程，从而造成人类高于其他动物的优越性。思想过程本身是不带什么性质的，除了伴随着快乐和痛苦的兴奋。而由于它们有可能打扰思想过程，所以我们必须对其进行限制。思想过程的目的是取得质的规定性，就人类而言，它们需要与言语记忆联结在一起。在性质上来讲，剩余的言语记忆足以吸引意识的注意，并使思想过程从意识中获得一种新的、可变更的意识贯注。

意识问题具备的复杂性，唯有通过对歇斯底里症的思想过程进行分析后，才能发现和了解。由歇斯底里症的思想过程得知，由前意识能量贯注转移至意识时，也要经受潜意识与前意识之间的稽查作用。这种稽查作用发挥作用的前提是，能量达到一定量的限制，因此低强度的思想结构不会受到它的阻碍。关于一个思想如何会被阻隔在意识之外，或者是需要满足什么样的条件才能进入意识，精神神经症提供了很多这方面的实例。以下，我将用一个例子来为这些心理学研究作结。

一年前，我受一位聪慧且自信的女孩之邀为其进行会诊。她的着装非常古怪。通常来讲，女人会非常注重自己的穿着，但她有一只长筒袜没套上，外衣上的两颗扣子也是开着的。她告诉我她腿疼，并在我没有要求的情况下，主动露出她的小腿。按她自己的说法，她的主要困扰是体内的一种感觉，像是“刺”入了某种东西，并“来回翻动”，不停地“搅动着”，有时她也会感到全身“僵硬”。当时，一同会诊的一位医学同事望着我，显然他认为自己了解她主诉的意义。但使我非常意外的是，她的母亲竟是一副漠然的神情，虽然她自己也一定常常处于她女儿所描述的这种情况下。病人也一定没领会自己的话的意思，不然她就不会这样说了。在此梦例中，稽查作用遭到了蒙骗，因而使一个本来应保留在前意识中的幻想借助伪装以主诉的形式进入意识。

星夜

关于梦的理论价值，我的看法是，梦的研究对我们的心理学知识的积累有所贡献，并且使精神神经症变得容易理解。即使在目前已掌握的知识的情况下，我们仍能用于可治疗的精神神经症，并且取得有效的治疗成果。而如果我们完全了解了心理机构的结构及其功能，这些成果又将具有怎样的重大意义呢？是谁能够想象的呢？不过，我听过这样的质疑，作为了解心灵以及每个人隐匿着的个性的手段，梦的研究到底有何实际上的价值？梦中所表露出的潜意识冲动是否是心理生活中真实力量之意义的体现？我们能轻视被压抑愿望的道德意义吗？这些愿望是否能像创造梦一样，在将来的某一天创造出其他什么东西？

我还不能准确地回答这些问题，我也没有就梦的这一方面的问题进行进一步的考察。不过我认为，罗马皇帝单单因为他的一位臣民梦见刺杀他就被他处死，他的这一做法一定是错的。他理应先弄明白此梦的意义，其意义极可能和其内容是两码事。而一个内容不是弑君的梦，其实际意义也许就是弑君。难道我们不应该牢记柏拉图的格言吗？他说善良的人常常会满足于梦见恶人干坏事。因此，我们最好赦免梦。而我们是否应赐予潜意识愿望以现实性，就不好说了。

当然，所有中介的以及过渡的思想都不应是现实的。如果潜意识愿望以其最原始、最真实的形态出现的话，那么我们自然会果断地判定：精神现实也是一种特殊形态的存在，不应与物质现实混为一谈。所以，我们不必因为梦的不道德而不愿接受。在正确地理解我们精神机构的活动方式以及弄清楚意识与潜意识之间的关系后，我们将发现，梦和幻想生活中的道德问题不见踪影了。如萨克斯（1912）所说：“如果我们想要在意识中寻找那些梦所表述的关于实际情况的某个事件，那么如果借由分析的放大镜看到梦中的庞然大物，在真实生活中不过是一只小小的纤毛虫，我们不必感到诧异。”

通常来讲，在判断人类性格的这个实际目的上，参考一个人的行动和有意表达的观点就足够了。而其中，更应该被考虑且又是最重要参考的是行动。尽管大量冲动能够强行攻入意识层，但它们大多都逃不过被心理生活的各种力量中和掉，不能付诸行动的命运。事实上，这些冲动的进行都会很顺畅，不会有什么精神障碍出来阻挠，因为潜意识非常确定，在某个阶段，它们就会消失不见。无论如何，对有我们的美德自豪生长着的这片沃土进一步了解，是一件对我们有益的事情。在各种动力因素的影响下，人性变得日渐复杂，它已很少或是几乎不可能像古代道德哲学上讲到的那样，实行简单二分法。

在我们认识未来上，梦的价值又何在呢？这无疑是一个不成立的问题，或者准确些说，梦提供给我们的是过去的知识，因为在各方面来讲，梦都源于过去。而古老信念秉持的梦可以预示未来也不是全无道理。梦所表示的愿望满足意义，自然是我们期望的未来。只是，这个未来（梦者的现在），却是依据他长久以来无法摧毁的过去愿望为原型塑造的。